U0170166

教育部人文社会科学研究青年基金项目"人工智能路径下突发事件的传媒预警机制与应用研究(项目编号：17YJC860023)"阶段性成果

人工智能路径下突发事件的模式识别与传媒预警

王　然■著

Pattern Recognition and Media Early Warning of Emergencies in the Path of Artificial Intelligence

华中科技大学出版社
http://press.hust.edu.cn
中国·武汉

图书在版编目(CIP)数据

人工智能路径下突发事件的模式识别与传媒预警/王然著.—武汉:华中科技大学出版社,2022.9

(新锐新闻传播学者论丛)

ISBN 978-7-5680-8566-3

Ⅰ.①人⋯　Ⅱ.①王⋯　Ⅲ.①突发事件-预警系统-研究　Ⅳ.①O035.29

中国版本图书馆 CIP 数据核字(2022)第 160106 号

人工智能路径下突发事件的模式识别与传媒预警　　　　　　　　　王然　著

Rengong Zhineng Lujing xia Tufa Shijian de Moshi Shibie yu Chuanmei Yujing

丛书策划:姜新祺　杨　玲

责任编辑:唐梦琦

责任校对:张汇娟

封面设计:原色设计

责任监印:周治超

出版发行:华中科技大学出版社(中国·武汉)　　　电话:(027)81321913

　　　　　武汉市东湖新技术开发区华工科技园　　　邮编:430223

录　　排:华中科技大学惠友文印中心

印　　刷:武汉科源印刷设计有限公司

开　　本:710mm×1000mm　1/16

印　　张:16　插页:2

字　　数:278 千字

版　　次:2022 年 9 月第 1 版第 1 次印刷

定　　价:89.00 元

前言

　　突发事件,指事发突然并可能造成严重社会危害,需采取措施紧急应对的事件。我国正处于经济与社会转型的加速期,自然灾害、公共卫生、事故灾难和社会安全等各类突发事件时有发生,单一突发事件所引发的链式连锁反应风险增加,给我国的社会安全与人民生活带来了巨大影响。科学的突发事件预警机制有助于及时更改风险演进路径,切断其进一步演化为高风险事件的可能性。随着新媒体时代的到来和信息技术的发展,信息的流通速度大大加快,媒体的职责已不再局限于"事后报道",而是应着眼于"事前预警",很多危机如果能在其萌芽状态即迅速预警、高度重视、果断处置,其负面效应会小得多。然而,传统突发事件信息的出处相对单一,彼此之间缺乏关联而难以发挥数据全部的价值。随着互联网、人工智能、大数据等技术的迅猛发展,以及突发事件的相关报道越来越多地出现在了社交媒体上,让我们看到了突发事件传媒预警的可能性。

　　本书从突发事件传媒预警的必要性和可行性出发,通过梳理人工智能与大数据的相关技术,试图从技术的角度探索突发事件时空分布与风险演化的内在规律,并最终提出一条突发事件传媒预警的可能路径。全书共分为五章,结构如下:第一章为绪论,论述了突发事件传媒预警的必要性和可行性,并在现有的文献基础上分析了相关的国内外研究现状;第二章论述了人工智能、数据挖掘和复杂网络三种智能技术及其概念特征、发展历程、典型应用,它们是突发事件传媒预警的技术基础;第三章以突发事件大数据为基础,从不同角度进行了静态数据挖掘与分析实践,包括突发事件的时空分布特征提取与统计分析,并以暴雨为例,从多源大数据中挖掘突发事件的本体规律;第四章试图利用图论等工具进行数学建模,分析不同类型突发事件之间的关联特征与风险演化规律,从而挖掘突发事件的内在风险传播模式;第五章以不同的突发事件为例,提出相应的传媒预警策略,最后探讨了突发事件传媒预警仍需面临的困难和挑战。

书中各章节列出了主要的参考文献,在此对索引文献中的作者和出版机构表示感谢。华中师范大学新闻传播学院的喻发胜教授、张振宇副教授在作者职业生涯之初给予了宝贵的学术支持与灵感启发。本人的三位研究生和三位本科生参与了研究和本书的编写工作,他们分别是孙楚蕾、王诗月、王诗盼、马世拓、李鹏坤和陈奥威。本人在研究过程中得到了华中科技大学新闻与信息传播学院领导和同事们的大力支持。本书的出版,得到了华中科技大学出版社杨玲老师和唐梦琦老师的大力帮助和支持,在此一并表示衷心的感谢。

本书为教育部人文社会科学研究青年基金项目"人工智能路径下突发事件的传媒预警机制与应用研究"(17YJC860023)的阶段性成果。

需要注意的是,由于本书中涉及的突发事件数据大多来源于社交媒体平台,且海量数据的清洗和结构化过程繁杂,并非我国突发事件的全样本数据,因而结论与实际情况可能存在一定的偏差。但该研究是对突发事件传媒预警的一次有益尝试,希望给予未来的研究以一定的启发。此外,作者自认才学疏浅,水平有限,更由于时间及精力所限,书中难免有错误和疏漏之处,恳请读者批评指正,若能不吝告知,更将不胜感激。

作　者
2022 年 9 月于喻家山

目录

contents ···

随着新媒体时代的到来和信息技术的发展,信息的流通速度大大加快,媒体的职责已不再局限于"事后报道",而是着眼于"事前预警"。很多危机如果能在其处于萌芽状态时即迅速预警、高度重视、果断处置,其负面效应会小得多。因而我们需要对传媒预警进行相关研究,积极建立完善的传媒预警机制,以维护社会稳定与国家长治久安。

本章分为三节,第一节对风险社会视域下突发事件预警和媒体责任分别进行了论述,第二节对我国突发事件传媒预警的必要性和可行性进行了分析,第三节则从七个角度论述了突发事件传媒预警的国内外研究现状。

一、风险社会视域下突发事件预警与媒体责任

(一)研究背景和研究问题

1. 研究背景

突发事件,指事发突然并可能造成严重社会危害,须采取措施紧急应对的事件。在经济与社会转型的加速期,各类突发事件在我国的爆发频次不断增加,政府的治理迎来进一步挑战,实现公共安全的目标迫在眉睫。不同时代有不同的风险,步入新发展阶段,我国面临的风险类型加速变化,可以预见与难以预见的风险相互交织,形成"风险综合体",链式连锁反应风险增加,给社会安全与稳定带来巨大影响。新的风险形势呼唤传媒预警系统的变革,科学的预警机制有助于及时更改风险演进路径,降低其进一步演化为高风险事件的可能性。[①]

随着互联网、人工智能、大数据等技术的迅猛发展,传媒预警功能不断实

---

① 王宏伟,钟其锡. 建以人为本的突发事件精准预警机制[J]. 中国应急管理,2021(5):52-54.

现新突破。中共中央总书记习近平在主持学习实施国家大数据战略时强调,大数据发展日新月异,我们应该审时度势、精心谋划、超前布局、力争主动,深入了解大数据发展现状和趋势及其对经济社会发展的影响,分析我国大数据发展取得的成绩和存在的问题,推动实施国家大数据战略,加快完善数字基础设施,推进数据资源整合和开放共享,保障数据安全,加快建设数字中国,更好服务我国经济社会发展和人民生活改善。[①]

2. 研究问题

在大数据背景下,如何利用现有的数据资源和信息技术去展现突发事件的风险演化以及时空分布规律,从而更好地实现传媒预警功能,或者说大数据技术的发展为传媒预警提供了哪些新机遇? 这是本研究希望着重探讨的问题,就目前而言,本选题具有以下研究意义。

1)政治意义

我国的大众传媒作为联系党和人民群众的桥梁和纽带,担负着上情下达、下情上达的任务,在危难时刻其作用尤为突出。传媒预警使媒体把公共危机带来的威胁和影响,以及民众的反应及时报告给有关政府部门,同时把政府部门应对和处置危机事件的指示传达给群众,形成统一指挥、反应灵敏、运转高效的应急机制,这有利于将危机造成的负面影响降到最低。

2)经济意义

在共同应对危机事件的过程中,政府和媒体的内在社会功能趋于一致,其根基在于消除危机带来的威胁,使全社会获得幸福。以传媒预警为背景建设突发事件数据库,有助于推动传媒行业转型。媒体可通过运用大数据的思维方式和技术手段,利用自身数据优势进行资源整合,建设突发事件数据库。这一举措不仅能够提升不同媒体之间的数据服务、技术合作以及资源整合水平,更能够促进传媒业与金融投资、战略咨询等其他行业的融合,这些都有助于传媒机构向咨询服务商与平台运营商转型升级。

3)社会意义

传媒机构理应发挥自身价值,履行社会预警职责,大数据技术可为其提供数据支持和实践路径。与诸如公安厅、地震局等相互独立的突发事件应急管

---

① 审时度势精心谋划超前布局力争主动 实施国家大数据战略加快建设数字中国[N].人民日报,2017-12-10(1).

理机构相比,传媒机构在数据内容和资源整合上的优势更为明显,因此,传媒机构除去事后积极报道,还应积极利用数据优势,加强事前预警,以期降低突发事件造成的损失,维系社会稳定。

4)学术意义

将大数据挖掘方法与传媒预警相结合,可丰富并发展传媒预警理论。从21世纪伊始至今,传媒预警已从简单的理论发展至庞大的体系建构平台。如今,大数据技术的不断发展为传媒预警提供了更强大的理论支撑与技术支持,促进其进一步发展,并在实践中不断完善。

各种现实或潜在的不稳定因素,当其累积效应达到或超过社会有序组织可能承受的临界值时,在外部条件的刺激下,即会产生危害社会的后果。回顾、审视这些危机产生、发展的过程及应对措施,有经验亦有教训。很多危机,如果在其处于萌芽状态时迅速预警、高度重视、果断处置,其负面效应会小得多。建立社会预警和应急机制,对国家的长治久安尤为重要。新形势下,以报道事实、引导舆论为己任的大众传媒,不仅要当好党和人民的喉舌,同时要强化、提升耳目功能,将社会预警视为自身应尽的职责和一项战略任务,在整个社会预警机制中发挥重要而特殊的作用。此职责非但不能因传媒的产业化而削弱,反而应加强。在传媒预警机制建设过程中,我们需要贯彻新发展理念,转变突发事件预警思维,打破经验思维的藩篱,把前端的技术应用与后端的公众参与紧密结合起来,有效利用适当的传播手段和渠道,适应公众对预警信息的认知。突发事件在实践中涉及多领域、多部门的管理活动,因而需要部门之间广泛、密切地协同合作。在绿色发展理念下,突发事件预警强调尊重自然、顺应自然。习近平总书记2020年8月在安徽考察时强调,中华民族同自然灾害斗了几千年,积累了宝贵经验,要尊重自然、顺应自然规律,积极应对自然灾害,与自然和谐相处。[1] 尊重自然、顺应自然,首先要认识自然、了解自然。除此之外,贯彻开放发展的理念,建设以人为本的精准预警体系必须具有国际视野。在全球化时代,灾害是不受国界限制的,人类面对巨灾应形成一个休戚与共的命运共同体。加强与相关国家在预警方面的双边合作、区域合作、国际合作是开放发展的必然要求。[2]

---

① 杜尚泽,朱思雄,张晓松.下好先手棋,开创发展新局面——记习近平总书记在安徽考察[N].人民日报,2020-08-24(1).

② 王宏伟,钟其锡.建以人为本的突发事件精准预警机制[J].中国应急管理,2021(5):52-54.

（二）风险社会与突发事件

1. 风险社会

风险社会理论是德国学者乌尔里希·贝克于 1986 年出版的《风险社会》一书里首次提出来的。他认为,在当今高科技迅猛发展的全球化时代,某些看似局部或是突发性的事件往往会导致和引发整体性的社会灾难,风险社会是全球化时代毋庸置疑的客观社会现实。另一位与贝克同年代的研究者吉登斯认为,人类所面临的风险主要有两种,一种是外部风险,另一种是人类自己所制造的风险,后者是威胁当代社会的主因。所谓风险社会,是在工业社会以后出现的一种社会发展现象,伴随着生产力的空前发展,人类改造后的世界与社会对人类所生活的环境、自身的心理造成影响,这种影响多半是负面的,与外部环境所带来的风险相比,影响更大,效果更加显著。[①]

风险不同于灾难,不是已发生的损害,而是代表一种招致损害的可能性和潜在性。但风险也具有积极意义,它在附带危险与可能导致灾难的同时,还意味着机会和希望。风险的特殊内涵决定了风险具有以下基本特征。

（1）风险的多样性。人类在尝试借助技术来支配自然和改变传统的过程中,各种风险形态被源源不断地生产出来,致使现代风险的表现形式不断趋于多样化,涉及环境、政治、社会、经济以及技术等众多领域。根据世界经济论坛（WEF）的最新评估,环境将是未来全球风险格局中的核心,其中极端气候发生的可能性最大,而大规模杀伤性武器的存在和扩散被认为是对世界影响最大的风险。

（2）风险的关联性。风险社会中的风险并非孤立存在,而是相互关联甚至彼此叠加的。局部地区的某种风险可能在全球引发巨大的连锁反应,触发其他领域的风险。WEF 的调查表明,结构性高失业率或就业率过低与激烈的社会动荡之间关联最为紧密,而未来 10 年金融风险、气候变化、难民危机、科技创新等因素则可能增加国家间的冲突,从而加剧地缘政治风险。

（3）风险的不确定性和难以预测性。2016 年被称为"黑天鹅"之年,英国脱欧、特朗普当选、意大利公投失败等事件让全世界人们大跌眼镜、猝不及防。人们惊奇地发现,根据以往的知识或经验所进行的分析预测似乎正在失效。

---

① 黄荣昌. 风险社会环境下的新闻报道特点研究[J]. 新闻研究导刊,2018(15):92-93.

2016 年也是数据盗窃、网络攻击和黑客活动频发的一年,而人工智能和机器人技术中潜在的负面影响目前尚无法确定,不过 WEF 的专家估计它们可能是扩大经济、技术和地缘政治风险的首要因素。

(4)风险的阶级性。风险社会中的所有成员,无论贫富都会受到风险的影响,这营造了一种"风险面前人人平等"的假象。贝克犀利地指出,风险分配像财富分配一样是依附在阶级之上的,只不过是以颠倒的方式存在,"财富在上层集聚,而风险在下层集聚"。相对于穷人面对风险的无助,富人的损失往往小得多,甚至还可能从风险中获益。可见,风险并没有消解阶级,反而加大了贫富差距和阶级分化。

(5)风险的全球性。相互依赖和全球化使得风险可以超越国界交叉蔓延。在当下的信息时代,互联网、智能手机等新媒体的广泛应用使得风险一旦产生,便以前所未有的速度在全球扩散,并在传播过程中被不断放大。因此,风险社会中的风险意味着全球风险,其主要效应就是创造了一个"共同世界"或"想象的风险共同体"。但与此同时,风险也呈现出了去全球化或反全球化的趋势。全球风险迫使各国政府依赖民族国家的力量来规避风险,倾向于仅对本国选民和国内市场负责,推卸国际责任,甚至放弃不利于自己的国际机制。[①]

2. 突发事件

人类正处于一个高风险的社会中,各种突发公共事件的发生已经成为影响社会稳定的突出问题。徐学江从舆论传播的角度对突发事件的概念进行了界定:"突发事件,是指突然发生的、出乎人们意料的事件,不以人们的主观意志为转移。正因为其'突发性',重大突发事件总是对社会迅速产生巨大的冲击力和震撼力,在极短的时间里成为社会舆论关注的焦点和热点。"[②]涉及自然灾害、事故灾难、公共卫生和社会治安等领域。换句话说,突发事件,是指突然发生,造成或者可能造成严重社会危害,需要采取应急处置措施予以应对的自然灾害、事故灾难、公共卫生事件和社会安全事件。在人类历史上,突发事件始终伴随着人类社会的发展。突发事件具有如下特征。

(1)突发性。绝大多数突发事件是在人们缺乏充分准备的情况下发生的,

---

① 风险社会的特征、危害及其应对[EB/OL]. (2017-02-22). http://www.xinhuanet.com/legal/2017-02/22/c_129490136.htm.

② 徐学江. 提高突发事件报道总水平的关键[J]. 中国记者,2020(2):6-8.

它的发生经常是猝不及防、突如其来的。这些事件一般会影响到人们的正常生活,严重者还会干扰社会的正常发展秩序。

(2)不确定性。这些突发事件经常超乎人们想象,其发生发展不按套路出牌,具体表现为:发生状态没有规律可循,事态发展变化不可预测,结果不可捉摸。

(3)破坏性。绝大多数的突发事件对社会都有不小的破坏性,比如美国经常发生的校园枪击事件等。其破坏性主要表现为:威胁到公众生命;使公共财产造成不同程度损失;破坏生产生活环境;对社会秩序造成紊乱;使公众心理出现阴影和障碍。

(4)次生性。主要是指突发事件发生后,又产生了相关的次生灾害和后果。比如在别斯兰人质事件发生之后,一些受害者家属变成抑郁症患者或者产生其他精神疾病。

(5)发散性。正所谓"城门失火,殃及池鱼",世界间的这种紧密联系可以用地球村来形容。随着社会的进步和现代交通与通信技术的发展,区域一体化和全球一体化的进程在不断加快,不同地区相互之间的依赖性越来越突出,导致突发事件的影响不再仅仅局限于事件发生地,而会通过互联网等平台或渠道进行跨地区、跨国扩散和传播,其次生效应可能远远超过事件发生时人们的预估和想象。

(6)社会性。主要是指突发事件会对一个群体或者整个社会系统的基本价值观和行为准则产生影响,公众会根据事件本身的性质以及媒体和政府等有关部门的介入程度来形成自己的理解和判断。正是基于这一特点,我们才更加强调媒体在突发事件发生时要注意责任的重构,要学会适时、适度、适量发声。

(7)周期性。突发事件的周期性不是说它的发生有规律可循,而是指它本身虽然类型多种多样,但都具有其独特的生成、发展和淡化过程。总体上看,一般都要经历沉默期、暴发期、影响期和结束期(也可称为淡化期)几个阶段。把握这样的生命周期,对政府应对突发事件发生之后的舆情管控、向有利的方向引导舆论、疏导公众情绪等方面都有着非常重要的借鉴、指导意义。[①]

突发事件的危害性是对突发事件所造成的价值损失的客观描述。突发事

---

① 李凯歌.从典型突发事件看媒体责任的重构[J].新闻传播,2021(10):96-97.

件对人类及其生存环境的价值损害是多方面的,主要涵盖人身危害、经济危害、声誉危害、环境危害四个方面。就各种危害的来源看,有的危害是突发事件爆发后必然出现的(不论是自然灾害还是人为事件都是如此),而有的危害是由于突发事件处置不当造成的(一些声誉危害尤其如此),具体如下。

(1)人身危害。人身危害是指对人的生命和健康安全造成的危害,包括对精神健康的损害,尤其强调对直接受事件影响的人群、脆弱人群的危害。例如,2008年汶川大地震直接导致大量群众伤亡,便是十分严重的人身危害。

(2)经济危害。经济危害是指对个人财产、企业经济利益、行业经济、地方基础设施的直接损害,以及对地方经济发展、国家经济安全造成威胁的情况。部分突发事件甚至会威胁到企业的生存。

(3)环境危害。环境危害是指对自然环境、自然景观、生物物种等的危害。例如,火灾和病虫害会毁坏森林和草原,使生态环境恶化;干旱、风灾往往加速土地沙化;爆炸、化学品泄漏污染事故会直接损害人居环境,等等。

(4)声誉危害。声誉危害包括对官员和民众声誉的危害、对企业和政府声誉的危害等。例如三鹿奶粉事件不仅给广大消费者造成极大的健康损害,也使得该企业和乳制品行业的声誉受到极大损害,曾名列全国乳业前三强的三鹿集团最终倒闭。[①]

(三)媒体责任与传媒预警

1. 媒体责任

媒体责任是指新闻媒体及其从业人员在新闻传播活动中必须履行的对社会安定、国家安全和公众心智健康所承担的法律、道德等公共责任和社会义务。从媒体的特性、作用、功能来看,无论是传统媒体还是新兴媒体,所承担的社会责任都是为社会和大众服务。新闻媒体具有引导舆论、教化公众、维系社会稳定等重要作用,在面临重大突发事件之际,新闻媒体应坚持党的领导,将社会效益放在首位,用理性的声音引导混杂的社会舆论,深度报道、客观报道,还原事实真相,把握基本立场。在重大突发事件中,为坚持媒体责任,国内媒体应当做到以下几点。

---

① 李雪峰.试论突发事件的基本特征及其实践意涵[J].北京电子科技学院学报,2018,26(1):1-6.

（1）坚持党的领导，将党性原则贯穿始终。

新闻出版工作必须坚持党的领导，坚持正确的政治方向。在危机传播中，新闻媒体要坚持党性原则，增强新闻宣传工作应具备的政治素养，充分发挥正面宣传的积极作用，时刻想着如何使主流舆论占据主导地位，积极在宣传报道实践中贯彻主旋律和正能量的主线，在加强主动性的前提下，进一步掌握主动权，增强新闻报道的舆论引导力。

（2）把握正确导向，用主流舆论引领社会共识。

习近平总书记在党的新闻舆论工作座谈会上的重要讲话中强调："新闻舆论工作各个方面、各个环节都要坚持正确舆论导向。"这一论断成为新闻工作的基本指针。对于各级各类媒体以及不同形式的新闻报道、广播电视节目和栏目来说，导向是新闻报道工作的核心和灵魂，不能出现丝毫偏差。

（3）遵循新闻规律，创新传播方式方法。

党的新闻舆论工作要以坚持党的领导、坚持正确政治方向、坚持以人民为中心的工作导向为核心原则。在新闻工作中，遵循新闻传播规律，创新传播方式方法，切实提高党的新闻舆论传播力、引导力、影响力和公信力。

（4）健全应急机制，增强舆论引导主动性。

时效性是新闻报道的重要原则，媒体要建立起一套有效的报道机制来指导危机应对，在事件发生的第一时间介入报道和评论，力求在舆论场上赢得先机，以正确的舆论引导混乱的意见，避免可能出现的被动局面。在危机传播实践中，媒体要高度重视舆情热点所在，加强选题策划，优化议程设置，通过信息的主动发布和正面宣传等工作来引导舆论，抢占舆论制高点，发挥主动引导的优势作用。[①]

2. 案例分析

1）新冠肺炎疫情

2019年12月以来，湖北省武汉市持续开展流感及相关疾病监测，发现多起病毒性肺炎病例，均诊断为病毒性肺炎/肺部感染。2019年12月下旬，身处公共卫生链条下游的武汉临床医生在连续发现不明肺炎患者之后，将有关病情猜测和病毒检测结果作为提醒内容发布在医生内部微信群，随后相关消息流传网络。同时，疑似相关部门发布的内部紧急通知也在网上曝光，有关武汉

---

① 刘建华，李文竹.重大突发公共事件中媒体的社会责任[J].新闻战线,2021(7):93-95.

出现"新型肺炎"疫情的信息开始呈现。但是,这一重要的具有预警性质的信息未得到政府领导层面的重视。政府官方信息的不公开和武汉当地媒体的缺位失声,使得疫情信息只停留于碎片化信息呈现阶段,且主要以自媒体自发披露为主。比如当地最主要的综合性市民报纸《楚天都市报》和《武汉晚报》,在 1 月 20 日之前,鲜少将疫情内容作为头版内容,即使有内版报道,篇幅也比较少,并且基本都是"规定动作"。因此,零碎的自媒体爆料内容与武汉当地媒体的缺位失声,让疫情未受到公众的重视,也贻误了信息公开和扩大社会影响的最佳时机。[1]

在新冠肺炎疫情中,媒体作为沟通政府和人民的重要桥梁,应杜绝长时间的发声缺位情况,自觉履行相关媒体责任,保证信息畅通,稳定社会情绪,具体可包括以下几项。

(1)连接社会,履行媒体职责使命。

对此应做到:快速反应,及时准确传播信息,及时准确发布信息;权威发布,堵塞虚假信息传播,新闻媒体对医学专家及主管部门关于疫情的专业解读,要力求真实、可靠、权威,包括对疫情基本信息的传播要注意说明信息来源及可靠程度,谨防不明来源信息的干扰;全媒行动,发挥媒体融合优势,力争呈现出数字化、移动化、多平台联动等特点。新闻媒体要利用新媒体技术和融媒体优势,快速占领信息传播制高点,不同类型媒体机构之间应相互配合,发挥各自优势,携手共进,实现全媒共动。

(2)服务群众,助力科学规范抗疫。

对此应做到:抚慰心理,凝聚抗疫精神力量。新闻媒体需要努力营造公开透明的信息环境,及时报道抗疫斗争中的热点、焦点和痛点问题,有效回应社会关切,引导群众正确看待疫情,消除群众恐慌无助的心理,提高群众自我防护能力,降低疫情传播风险;满足需求,提供抗疫救助渠道,在突发公共卫生事件报道中,新闻媒体作为一种信息传媒,应该为受众搭建科学防护与医疗救治的桥梁,畅通抗疫救助的渠道,尽可能满足群众防控疫情的需求;体现温情,彰显抗疫人文关怀,新闻媒体要以高度的政治热情和强烈的社会责任感,对医务工作者表达温情与关爱,做好相关报道。

---

① 栾轶玫,张雅琦."新冠疫情"传播中的信息呈现与媒体表现[EB/OL].(2020-02-20).http://baijiahao.baidu.com/s? id=1659026274833130498&wfr=spider&for=pc.

（3）守护国家，做好舆论宣传引导。

对此应做到：全局站位，解读国家抗疫战略；科学引导，增强民众防范能力；凝聚民心，弘扬民众家国情怀。在这场抗疫斗争中，人人都是战士，个个都在战斗，疫情防控已成为社会共识、全民行动、举国任务。新闻媒体要广泛宣传一线医务工作者、人民解放军指战员、公安民警、基层干部、志愿者等每个参与抗疫斗争人员的感人事迹，以在全社会激发正能量、发扬真善美，激励群众共同投入战斗，携手打赢抗疫斗争。此外，沟通世界，积极影响国际舆论也是媒体的重要责任之一。①

2）H7N9 型禽流感

H7N9 是一种新型禽流感病毒，于 2013 年 3 月底在上海市和安徽省两地被发现感染人类，被该病毒感染者均在早期出现发热等症状。H7N9 型禽流感当时尚未纳入我国法定报告传染病监测报告系统，至 2013 年 4 月尚未证实此类病毒具有人传染人的特性。后经调查，H7N9 型禽流感病毒来自东亚地区野鸟和中国上海、浙江、江苏鸡群的基因重配。

在面对 2013 年 H7N9 型禽流感疫情暴发时，作为一场战"疫"报道，国内媒体对于此次公共危机的报道愈加成熟与理智。以"新京报"官方微博，具体如下。4 月 7 日至 8 日发布的消息为例：4 月 7 日发布安徽省卫生厅通报，称安徽省新确诊 1 例人感染 H7N9 型禽流感病例。4 月 7 日发布福建省宁德市政府通报，称 4 月 6 日网友方某在微博上以"宁德市人民政府"的名义发布的"宁德市发现首例人感染 H7N9 禽流感病例"的信息为假消息，宁德市福安市警方对违法嫌疑人方某处以治安拘留的处罚。4 月 7 日发表《关于板蓝根，你有认识误区吗？》，梳理了四条人们在使用板蓝根防病过程中存在的问题。4 月 8 日发布《八问 H7N9 禽流感》，称截至 7 日晚，全国已报 20 例 H7N9 型禽流感确诊病例，并发表记者从专家处了解到的目前已有定论的 H7N9 知识及可借鉴的防控办法。面对公共危机，大众媒体对社会的责任显得尤为重要。媒体维护新闻安全就如同军人维护国家安全一样重要，在紧急时刻，必须做好国民思想的指引和行为的导向工作。"只有坚持正确的舆论导向，才能发挥媒体的积极作用，维护社会稳定，推动社会发展。②

---

① 郑保卫，赵新宁.论新闻媒体在新冠肺炎疫情传播中的职责与使命——基于我国疫情传播和抗疫报道的分析与思考[J].新闻爱好者，2020(4)：9-16.

② 吴婧.以 H7N9 禽流感报道为例分析公共危机中的媒体责任[J].新闻传播，2013(4)：277.

从上述 H7N9 型禽流感事件网络舆情演变的规律可以发现,人们对于事件的关注和反应与事件的发展和处置结果有密切的联系,发达的网络为信息的传播提供了载体。一方面,这容易造成人们对突发公共卫生事件的紧张情绪,引起恐慌;另一方面,如果充分把握网络舆情的规律,积极引导民众情绪和行为,有利于对突发公共卫生事件的处置和社会的稳定。媒体具体可做到以下几点。

(1)保证信息及时透明发布。

H7N9 型禽流感事件中,原国家卫计委通过其官方网站每日发布 H7N9 型禽流感感染状况和死亡状况,并介绍全国疫情趋势;同时各地也通过网络、电视、广播、新闻发布会等各种形式的媒介及时地向社会通报 H7N9 型禽流感疫情进展,介绍相关防治知识,力求信息发布通畅、透明和及时。

(2)对网络舆情及时监测预警。

网络为民众关注突发公共卫生事件的处置提供了便捷的渠道,民众往往会在第一时间通过网络表达对事件的反应和需求。网络舆情预警是指对网络舆情做出评价分析、预测其发展趋势,并及时做出应对未来事件的反应。

(3)积极引导网络舆论。

由于网络舆情与传统的舆论传播方式不同,其更具开放性和互动性。我国目前处于社会转型期,难免出现各种社会矛盾,当出现网络舆情危机时,政府部门如果以"维稳"的方式应对,采取"堵、压、瞒"的策略对待网络舆论,往往适得其反。因此,需要变控制舆情为疏通舆情,在突发公共卫生事件产生后,及时疏通网络上消极的声音,用权威的声音引导人们消除恐慌,及时制止谣言的扩散,维持民众情绪的稳定和社会秩序的稳定。[①]

3)"5·12"汶川地震

"5·12"汶川地震,又称"汶川大地震",发生于北京时间 2008 年 5 月 12 日,震中位于四川省阿坝藏族羌族自治州汶川县映秀镇(北纬 31.0°、东经103.4°)。"5·12"汶川地震严重破坏地区约 50 万平方千米,其中,极重灾区共 10 个县(市),较重灾区共 41 个县(市),一般灾区共 186 个县(市)。"5·12"汶川地震是中华人民共和国成立以来破坏性最强、波及范围最广、灾害损失最重、救灾难度最大的一次地震。

---

①　刘鹏程,孙梅,李程跃,等. H7N9 事件网络舆情分析及其对突发公共卫生事件应对的启示[J].中国卫生事业管理,2014,31(10):784-786.

　　回顾这场灾难中媒体的表现,可以说是有得有失。总体上表现优秀,也有不尽如人意的地方。优秀之处在于:①信息公开快速、透明;②媒体报道规模宏大;③报道主角锁定平民,且更加重视人的生命;④组织导向的功能得到了很好的发挥。但仍有一些媒体以及一些报道在报道观念、报道方式和体制等方面存在问题。例如:①媒体人文关怀有待进一步提升,一些不规范的采访报道方式和不规范的言行依旧存在,不论在任何时候,人的生命与尊严高于一切,这是新闻工作者必须明确的原则;②在报道中存在过度煽情的情况,媒体应该尽可能地让外界了解灾难真相,在采访中以合适的态度谨慎发问,而不是过分地煽情,利用伤者的痛苦和泪水,以博取更多的关注;③不断对灾民进行"轰炸",灾难中的灾民需要精神上的关爱,也需要平静,如果媒体一遍又一遍地进行采访报道,会对受灾者产生反复刺激,不利于灾民的心理健康。对于媒体来说,理应认真思考如何改进,以期更好地发挥媒体作用。[①]

　　在危机报道中,各类媒体可利用自身优势,成为沟通灾区群众与外界的桥梁,为救灾贡献自己的力量。对于报纸媒体来说,可以注重深度报道,利用纸质媒体擅长进行深度报道的优势,对各类信息进行加工与整合。还可以运用好版面语言,合理设置文章的字体字号,以及文章在版面中的位置等,使读者在最短的时间内了解到新闻的核心内容。对于广播媒体来说,可以做到直击现场,再现真实。广播媒体只需要对现有信息稍加整合,再让主持人进入录音棚即可开始播报新闻。除此之外,广播还具有双向沟通、抚慰民心的作用。广播的信号覆盖优势极强,因此,只要在电波覆盖范围内就可用接收设备收听广播。对于电视媒体,可发挥自身的专业性和权威性,因为与其他媒体相比,电视媒体最大的优势在于其权威性和公信力。在重大突发事件发生后,人们往往会更加信任电视媒体所做出的报道。此外,作为声画并茂且感染力较强的媒体,电视可以利用声画感染受众,从而达到更好的传播效果。对于新媒体来说,无论是 2008 年的汶川地震还是 2013 年的雅安地震,新媒体在时效性方面一直遥遥领先,其速度之快使传统媒体望尘莫及。新媒体具有草根性,在互联网时代"人人都是记者",普通群众发布信息的门槛越来越低。且网络 24 小时滚动更新,重大新闻随时可以插入网站页面进行发布,不需要排版印刷等工序。这一切都为互联网的迅速反应奠定了良好的基础。总之,在突发性灾难

---

　　① 张志伟.汶川地震中媒体表现反思[J].新闻世界,2009(1):64-65.

事件中,应当充分利用线上线下媒体资源,形成传统媒体与新媒体联动的报道矩阵,以达到信息全方位覆盖的效果,稳定民心,降低损失。[①]

4)"7·20"郑州特大暴雨

据河南省委宣传部消息,2021年7月18日18时至21日0时,郑州出现罕见持续强降水天气过程,全市普降大暴雨、特大暴雨,累积平均降雨量449毫米。真实性是新闻的生命。但在暴雨发生之际,仍有许多媒体捕风捉影,为抢占先机争夺流量,散布未经核实的消息,有违身为媒体的责任与担当。诸如"郑州进入特大自然灾害一级战备状态""河南郑州常庄水库爆破决堤"等相当多流言在网络上流传。

总体来讲,媒体的表现虽然有不足,但也有许多可圈可点之处,例如在本次暴雨中,媒体并没有刻意回避灾情,而是选择及时公布受灾地区的伤亡情况和救援情况,让社会公众得以了解到真实的信息。诸如《人民日报》等官方媒体的微博率先发起直播,通过即时还原现场情况画面,保证了信息传播的即时性与真时性,安抚了公众与社会情绪。

在媒介融合背景下,信息的传播渠道增多,速度增快,传播主体也有了分化。因此,主流媒体作为党和政府的喉舌,要及时地向公众发布权威信息,以客观的事实、准确的判断,引领诸多媒介信息传播向好的方向发展,从而做好对灾难性新闻的报道。在类似郑州特大暴雨的重大突发灾难中,媒体可以采取如下科学对策。

(1)均衡报道比例,平衡舆论生态。

在媒介融合发展的当下,一味地采用"以我为主"的报道模式的时代已一去不复返,新媒体的强互动性可以让传受双方处于平等的地位。面对公众的质疑,在报道中进行答疑解惑是媒体进行灾难性报道的一个重要方面。灾难发生后,人们的正常生活秩序被打破,如果各大媒体依旧对灾区受灾情况进行大规模的立体报道,让受众所接收到的信息都是灾难场景,这极易形成灾难拟态环境,让人们产生不安全感。因此,为安抚民心、稳定局势、改变局面,就需要新旧媒体合理扩展议程设置,及时更新信息,进行深入调查,及时了解并报道真相,有意识地均衡报道比例。将重点放在分析灾害发生的原因,以及灾情后能否妥善安置灾民上,让人们逐渐从灾难阴影中恢复过来。

① 许媛媛.浅谈媒体在危机报道中的表现——以雅安地震报道为例[J].新闻世界,2013(7):352-353.

（2）创新报道形式，丰富报道内容。

在媒介融合的大趋势下，直播已不再是电视媒体的独家手段，在此次的暴雨灾害中，多家媒体诸如澎湃新闻等，利用航拍、直播等多种方式进行直观报道，让受众对灾区状况有了清楚的了解。虽然直播可以丰富传统纸媒的报道形式，例如在呈现一线灾难现场的情况方面，直播画面有文字描述难以匹敌的巨大优势，但媒体往往将关注点倾斜到有强烈视觉、听觉刺激的图片、音频、视频上，而忽视了文字报道的深度和内涵，从而使灾难性新闻报道成了夺人眼球的猎奇活动。因此，新媒体和传统媒体需要互相取长补短，融合灾难性新闻的报道内容，创新报道形式，拓展传播渠道，生产出及时、准确、深刻而全面的灾难性新闻，力图使报道模式最优化。

（3）进行健康传播，普及暴雨自救知识。

每一次灾难的代价都是惨重的，但面对灾难，我们不应只有沉痛惋惜，媒体的使命也不应只有传递伤亡消息那么简单。在每一次灾难出现的时候，及时发布相关的科普知识，传播灾难来临时的自救指南，也是媒体的职责和使命之一。从主流媒体到自媒体，都在这次暴雨事件中积极传播了暴雨自救知识，这种"未雨绸缪"的做法，是媒体积极承担社会责任的体现。[1]

（4）健全应急机制，增强舆论引导主动性。

时效性是新闻报道的重要原则，媒体要建立起一套有效的报道机制来指导危机应对，在事件发生的第一时间介入报道和评论，力求在舆论场上赢得先机，以正确的舆论引导混乱的各方意见，避免可能出现的被动局面。在危机传播实践中，媒体要高度重视舆情热点所在，加强选题策划，优化议程设置，通过信息的主动发布和正面宣传等工作来引导舆论，抢占舆论制高点，发挥主动引导的优势作用。[2]

5）"8·12"天津滨海新区爆炸事故

"8·12"天津滨海新区爆炸事故是一起发生在天津市滨海新区的特别重大安全事故。2015年8月12日22时51分46秒，位于天津市滨海新区天津港的瑞海公司危险品仓库发生爆炸事故。截至2015年12月10日，依据《企业职工伤亡事故经济损失统计标准》等规定，已核定的事故直接经济损失68.66亿

① 陈盼盼.新媒体时代灾难性新闻报道研究——以2016年南方暴雨灾害为例[J].西部广播电视，2017(11)：42-43.

② 刘建华，李文竹.重大突发公共事件中媒体的社会责任[J].新闻战线，2021(7)：93-95.

元。经国务院调查组认定,"8·12"天津滨海新区爆炸事故是一起特别重大生产安全事故。

以《人民日报》官方微博为例,媒体在本次"8·12"天津滨海新区爆炸事故的信息传播中大致呈现如下特点。

①信息发布秉承 3T 原则,及时满足公众知情权。在事故发生后,微博即时发布的优势弥补了传统媒体时效性的不足,可以快速满足公众知情权;一共发布 151 条微博说明媒体依托微博信息平台密切关注事件的进展,充分发挥其媒介功能。

②微博内容的可视化呈现,提升了网民的关注度。图片与视频的可视化既弥补了文字符号表达信息的不足,又降低了获取信息的难度,激发了受众的阅读欲望,微博的转发量和评论数自然增加。

③以受众本位为发布理念,多维度提供相关信息。如对《人民日报》官方微博所发相关事故的报道进行分析后,其各类信息占比情况如下:救援动态(50%)、伤亡情况(37%)、温馨提示(4%)、辟谣信息(4%)、科普知识(3%)、急救常识(2%)。《人民日报》官方微博多维度进行信息发布,信息覆盖面广,信息量大而全,满足了公众的信息需求,有利于消除公众对于此次灾难事件认知的不确定性,用真相遏制了谣言的传播。

综上所述,以《人民日报》为代表的官方媒体微博面对突发事件及时发声,抢占舆论制高点,纠正议题偏差,满足公众知情权,缓解社会焦虑,其媒介表现值得肯定。同时,也难免暴露出一些问题。

①微博信息传播深度不足,缺乏内容聚合和数据分析。微博作为传统媒体的候补性媒体机制,以其滚动化、全天候、裂变性的传播优势,在灾难性事件的报道中发挥着不可忽视的作用。但由于信息在网络空间的碎片化传播和受众浅表化阅读的习惯,微博的信息传播通常"广"而不"深",且内容同质化现象严重。

②媒体与受众交互性缺失,官民舆论场错位分化。研究《人民日报》官方微博可以发现,很多网友以"@"的形式向其发问,但官方微博并未及时给予回复。同时,分析网友的评论可以看出,媒体议题与网民议题错位分化,两大舆论场各说各话,媒体微博与网民的交互性沟通严重缺失。官方媒体微博应秉承受众本位的传播理念,主动观照网民话语空间,多从民意角度设置议题,推动两大舆论场之间同频共振,如此才能营造有利于危机处理的舆论环境。[①]

---

① 李珂.媒体微博对突发性灾难事件的应对——以人民日报对"天津港 8.12 爆炸事故"的报道为例[J].新闻研究导刊,2016,7(14):347.

面对多元舆论环境,媒体要从用好新媒体、及时准确报道事件、把握报道分寸、创新叙事视角、避免刻意煽情、体现人文关怀等方面入手,全面提升舆论引导力。

①善用新媒体,掌握舆论主动权。在灾难性事件中,新媒体的舆论引导力不容小觑。在"8·12"天津滨海新区爆炸事故中,天津本地媒体通过官方微博及时、准确地发布信息,开展后续服务互动,并通过官方微信整合多方舆论,发布重大、深度、有人文关怀的报道。

②要快、要准。对媒体尤其是本地媒体来说,做好新媒体监测,第一时间及时、准确报道灾难性事件是掌握话语权、提升舆论引导力的前提条件。据统计,天津本地媒体的微博在应对此次突发事件方面,反应都比较迅速。

③深度报道引导舆论。在灾难性事件中,媒体除了通过官方微博发布信息满足公众知情权外,更要发挥微信公众号的优势,对事故现场、发生原因及救援等内容进行深度报道。

④把握报道分寸,创新叙事视角。纵观"8·12"天津滨海新区爆炸事故,天津本地媒体在爆炸发生初期,救援报道篇幅要远高于事故报道篇幅。但公众最为关注的依然是灾难本身的前因后果和灾难中人们的真实状况,而不仅仅是来自救援现场的感动。

⑤避免刻意煽情,体现人文关怀。不刻意煽情并不代表没有情感因素。灾难性报道既要客观理性,也应彰显人文关怀。媒体在灾难性报道中应尽量还原生命个体在灾难中的真实情况,挖掘生命在灾难中的尊严与价值,让人们感受到人性的光辉。[①]

6)香港"修例风波"

自2019年6月以来,香港反对派和一些激进势力借和平游行集会之名,进行各种激进活动。他们以"反修例"为幌子,得寸进尺、变本加厉,暴力行为不断升级,社会波及面越来越广。从6月开始的游行屡屡演变为暴力冲突,其行动完全超出了和平游行示威的范畴。激进分子有组织袭击警察事件开始发生,警察总部两度被包围,政府部门受到滋扰,特区立法会大楼更遭到严重冲击和大肆破坏。

群体性事件的频繁发生,让我们不得不思考,媒体在预防小事件演变成大

① 董向慧,吴阿娟,陈杰.灾难报道如何提升引导力——以天津港"8·12"火灾爆炸事故报道为例[J].新闻战线,2015(10):35-37.

风波中该承担什么样的责任,怎样才能又快又准确地发布信息。媒体具体应做到如下几点。

①传统媒体应确立自身在舆论方面的引导地位,确保新闻真实性,及时回应人民群众的疑问与需求,善于维护自身公信力及权威地位,在此基础上,传统媒体才能真正发挥舆论的引导作用。

②群体性事件在萌芽初期,媒体就应及时注意到目前的舆论风向,本着捍卫真相、对公众负责的原则,针对该事件主要矛盾点进行积极辟谣,确保新闻真实性,将舆论引向更加积极的方向,将危机萌芽扼杀在事件初期,避免事件进一步发酵。

③群体性事件爆发后,新闻媒体必须要发掘事件中的积极因素,正确引导,将潜在的破坏因素转化为正面的力量。面对事件中的各种谣言,媒体要做到深入走访、探寻真相,及时地向公众和社会传达真实消息,并坚持以人为本,在报道过程中注重保护隐私与他人尊严。

④传统主流媒体应善于与新兴媒体嫁接共生、整合互动。在引导网络群体性事件中的舆论时,传统媒体应该率先占据舆论制高点,引导新兴媒体的舆论走向。新兴媒体则可以利用自己的优势拓深报道层面,二者整合互动,营造一个理性、健康、多元的社会舆论氛围,共同推动社会进步。

3. 传媒预警

传媒预警是社会预警的组成部分,它是指在公共危机即将来临或处于萌芽状态之时,大众传媒以社会预警为直接目的进行信息的采集和处理,并将采集和处理后的信息传播出去以起到防患于未然、最大限度减少损失的活动。从近代的"预防"思想浮现到新中国成立初期坚持"预防为主"方针,再到改革开放时期坚持完善预防组织体系,直至今日正式建立并完善预警机制。我国的传媒预警发展经历了一个长期的发展过程,逐步走向全面完善。传媒预警的建设工作不仅是大众传媒独特的优势与新的内涵,更是一项基于现实挑战的战略任务。

首先,新闻工作者活跃于社会各个阶层,触角广泛,渠道畅通,对社情民意了解深入、反应迅速,对预警信息的处理较少受部门、行业利益的"牵绊"。充分发挥大众传媒的作用,对建立科学、高效的社会预警系统,有效制衡负面行为甚为重要。大众传媒发挥社会预警职能,并不只是向公众传播政府有关机构授权发布的预警信息,而是通过自身的信息触角,发现处于"未然态"的各种危机因素,有效甄别,科学判断,及时向有关部门或公众预警的行为。

其次,各种现实或潜在的不稳定因素,当其累积效应达到或超过社会有序组织可能承受的临界值时,在外部条件的刺激下,即会产生危害社会的后果。很多危机,如果在其萌芽状态即迅速预警、高度重视、果断处置,其负面效应会小得多。[①]

因此,建立并且强化包括传媒预警在内的社会预警应急机制,既是燃眉之急,也是国家长治久安、世界和谐发展的大计所需。[②]

二、我国突发事件传媒预警的必要性与可行性

(一)高度重视突发事件

我国社会目前正处于转型期,利益、文化及价值观念的多元化与冲突加剧,突发事件频出,以习近平同志为核心的党中央高度重视突发事件及其预警工作。

2016 年 7 月 28 日,习近平总书记在视察唐山时强调指出,防灾减灾救灾事关人民生命财产安全,事关社会和谐稳定,是衡量执政党领导力、检验政府执行力、评判国家动员力、体现民族凝聚力的一个重要方面。要总结经验,进一步增强忧患意识、责任意识,坚持以防为主、防抗救相结合,坚持常态减灾和非常态救灾相统一,努力实现从注重灾后救助向注重灾前预防转变,从应对单一灾种向综合减灾转变,从减少灾害损失向减轻灾害风险转变,全面提升全社会抵御自然灾害的综合防范能力。

2017 年 10 月,习近平总书记在十九大报告中强调,树立安全发展理念,弘扬生命至上、安全第一的思想,健全公共安全体系,完善安全生产责任制,坚决遏制重特大安全事故,提升防灾减灾救灾能力。

2018 年 7 月,习近平总书记对汛情工作高度重视并作出重要指示。当前,正值洪涝、台风等自然灾害多发季节,相关地区党委和政府要牢固树立以人民为中心的思想,全力组织开展抢险救灾工作,最大限度减少人员伤亡,妥善安排好受灾群众生活,最大程度降低灾害损失。要加强应急值守,全面落实工作

---

① 刘建华,李文竹.重大突发公共事件中媒体的社会责任[J].新闻战线,2021(7):93-95.
② 喻发胜,宋会平."传媒预警"与"预警新闻"[J].青年记者,2008(21):9-10.

责任,细化预案措施,确保灾情能够快速处置。要加强气象、洪涝、地质灾害监测预警,紧盯各类重点隐患区域,开展拉网式排查,严防各类灾害和次生灾害发生。国家防总、自然资源部、应急管理部等相关部门要统筹协调各方力量和资源,指导地方开展抢险救灾工作,全力保障人民群众生命财产安全和社会稳定。

2018年10月,习近平总书记主持召开中央财经委员会第三次会议强调,"加强自然灾害防治关系国计民生","要建立高效科学的自然灾害防治体系"。提高全社会自然灾害防治能力,为保护人民群众生命财产安全和国家安全提供有力保障。

2019年11月29日,习近平总书记在主持中共中央政治局第十九次集体学习时强调,"我国是世界上自然灾害极为严重的国家之一,灾害种类多,分布地域广,发生频率高,造成损失重,这是一个基本国情"。同时,我国各类事故隐患和安全风险交织叠加、易发多发,影响公共安全的因素日益增多。加强应急管理体系和能力建设,既是一项紧迫任务,又是一项长期任务。习近平指出,要健全风险防范化解机制,坚持从源头上防范化解重大安全风险,真正把问题解决在萌芽之时、成灾之前。要加强风险评估和监测预警,加强对危化品、矿山、道路交通、消防等重点行业领域的安全风险排查,提升多灾种和灾害链综合监测、风险早期识别和预报预警能力。各级党委和政府要切实担负起"促一方发展、保一方平安"的政治责任,严格落实责任制。要建立健全重大自然灾害和安全事故调查评估制度,对玩忽职守造成损失或重大社会影响的,依纪依法追究当事方的责任。要发挥好应急管理部门的综合优势和各相关部门的专业优势,根据职责分工承担各自责任,衔接好"防"和"救"的责任链条,确保责任链条无缝对接,形成整体合力。

2020年8月,习近平总书记在安徽考察时强调,中华民族同自然灾害斗了几千年,积累了宝贵经验。尊重自然、顺应自然,首先要认识自然、了解自然。

2020年9月16日出版的第18期《求是》杂志发表了习近平总书记的重要文章《构建起强大的公共卫生体系,为维护人民健康提供有力保障》。文章强调,人民安全是国家安全的基石。只有构建起强大的公共卫生体系,健全预警响应机制,全面提升防控和救治能力,织密防护网、筑牢筑实隔离墙,才能切实为维护人民健康提供有力保障。文章指出,要立足更精准更有效地防,在理顺

体制机制、明确功能定位、提升专业能力等方面加大改革力度。要把增强早期
监测预警能力作为健全公共卫生体系当务之急。

（二）传媒预警必要性分析

在气候变化背景下，自然灾害风险及其造成的损失有增加的趋势，随着全
球经济一体化的深入，自然灾害的脆弱性将越发凸显。经济一体化的深入一
方面促进了社会经济的发展与进步；另一方面也产生了不利影响，比如某个国
家或地区发生自然灾害时，全球经济都会受到影响。因此，利用传媒机构进行
及时有效的预警，具有非常重要的意义。下面我们将从提高政府部门的应急
管理效率、保障社会民众财产安全和拓宽传媒机构的生存发展路径三个方面
阐述对突发事件进行传媒预警的必要性。

1. 提高政府部门的应急管理效率

首先，对于政府部门来说，传媒机构可达到快速传递灾害预警信息的效
果。预警的前提是预报，以暴雨灾害为例，其预留的有效预警时间实际上是非
常短暂的，暴雨的突发性与局地性较强，一般预报尚可，但定时定点的精准预
报难度较大，而且对暴雨的预测一般以区域性预测为主，精准程度较低，气象
部门常见的预报表达并不能定位到准确地点，只能粗略表达"局部地区有暴
雨"。虽然通过卫星、雷达能定位到准确地点，但最多也只能提前一个小时，预
警信息发布的时效性有所欠缺，因此，政府部门应利用好传媒机构，快速传递
预警信息，提高信息发布效率。

其次，政府部门可利用传媒机构实现预警信息的有效传递。预警信息拥
有严格的发布流程和等级规范。一方面，气象机构需要保证气象监测的实时
性，另一方面，对于尚未达到预警标准的降雨量，气象机构也不能随意发布预
警信息。预警信息的发布牵一发而动全身，相关部门一旦依照不准确的预警
信息启动暴雨应急响应预案，便会造成巨大的资源浪费。因此政府相关部门
对于预警信息的发布应当保持谨慎的态度，借助传媒机构发布的准确预警信
息可避免造成更大的损失。

2. 保障社会民众财产安全

突发事件预警的延迟往往会造成严重的社会危害，损害社会大众的生命、
财产安全。传媒机构预警内容缺失，政府部门技术支持不足，公众危机意识缺

乏,都是导致突发事件造成严重社会危害的原因。

以暴雨灾害为例,媒体对暴雨灾害的报道内容大致分为以下三种:第一种是对未来暴雨做简单的气象描述,类似于"天气预报";第二种是在灾情发生后,以评论或反思的方式来缓解群众的灾后焦虑;第三种是报道暴雨灾害对经济、文化、社会等层面的影响,内容也多集中在经验、教训、总结等方面。传媒机构在突发事件中通常充当"事实重现者"和"经验总结者"的角色,预警思维不清晰,预警意识薄弱。

暴雨灾害造成损失的大小,客观上取决于暴雨强度,主观上取决于群众的防灾意识。公众缺乏对暴雨相关知识的了解,通常倾向于将暴雨默认为普通的灾害天气,对暴雨可能触发的灾难性后果知之甚少。因此,传媒机构有必要通过发布具有针对性的预警信息来提高公众的危机意识。建设突发事件数据库,有助于我们更好地把握风险演化的规律,保障社会大众的生命财产安全。

3. 拓宽传媒机构的生存发展路径

随着传播技术、理念的不断更新,传媒的内容和形式随着时代的演变发生了翻天覆地的变化。话语权下沉,我们真正进入了"人人都有麦克风"的时代。随着互联网资源及可提供内容的日益丰富,人民群众对于信息的需求层次也在不断攀升。传统媒体如果依旧只能进行事前事后的信息传递,或是仅仅发挥娱乐功能,就会逐步为民众所抛弃。因此,传统媒体应该做到与时俱进,及时更新自身功能,满足时代的发展和群众的需求。而通过整合媒体报道和政府资源建立突发事件数据库,可为传媒机构的发展提供一种新的思路。

首先,传统媒体的核心竞争力是新闻生产和传播能力,但未来传媒机构的核心竞争力在于对大数据资源的利用。一般的自媒体和非专业媒体机构很难同时具备庞大的数据资源、专业人才和资金平台,而这些都是传统媒体所具有的,传统媒体应当加以利用。其次,更新传媒机构的资源整合方式。过去传媒机构的分类整合主要停留在较浅的表层次,这种整合方式容易检索但不适合对大数据资源的深层利用,而突发事件数据库的建设可以最大限度地挖掘数据本身的价值,持续发挥其效用。最后,创新传媒机构的传统服务方式,通过建设突发事件数据库,可以探索各类突发事件的风险演化和时空分布规律,以此为基础,不仅可以提供相应的行业咨询服务,还可以为政府部门提供决策依据,或是为相关部门提供数据支持。

（三）传媒预警可行性分析

在漫长的社会发展历程中，人类面临着各种各样的风险与挑战，并不断尝试采取各种方式进行有效预警。古代通常采用神灵性预警，即采取占卜的方式来预知吉凶。随着技术的累积，人类逐渐进入经验预警阶段。经验预警主要指在分析已多次发生现象的基础上预知未来，然而随着经济和社会的不断发展，各类复杂矛盾不断涌现，经验预警已无法满足当下时代发展的要求，因此以数据驱动决策为核心的传媒预警应运而生，传媒机构建设突发事件数据库的条件也日趋成熟。

1. 突发事件的特性提供了预警契机

根据美国危机管理专家史蒂芬·芬克在 1986 年出版的《危机管理：对付突发事件的计划》一书，危机的生命周期可被划分为四个阶段：潜伏期、爆发期、持续期和解决期。也就是说，突发事件的发生并不是毫无预兆，相反，是经过了一段时期的积累。因此，绝大部分突发事件实际上都提供了预警契机。

以自然灾害中的洪涝灾害为例，降水过度或分布不均往往持续一个月至两个月才会导致洪涝灾害，这就是洪涝灾害的延时性。降雨期间实际上是传媒预警的契机，传媒机构可以根据过往经验，迅速做出相应预警，以期降低洪涝灾害造成的损失。再以公共卫生中的食品安全为例，食品安全危机在爆发之前也会存在各种各样的警示，包括小范围的食品安全事件、风险食品的大流行等，同样存在危机的潜伏阶段，这也是食品安全突发事件预警的良好契机。

2. 大数据技术为传媒预警提供了技术保障

传媒技术在信息处理和应用领域一直存在短板，受制于我国国情，以及相关技术不够成熟，我国传媒预警的功能始终未能得到充分发挥。大数据技术的出现，是我国传媒预警早日突破技术瓶颈的关键所在。

大数据有 4 个特点，分别为 volume（大量）、variety（多样）、velocity（高速）、value（价值），一般被称为"4 V"。在大数据时代，任何微小的数据都可能产生不可思议的价值。基于已有的海量数据，我们能够以更加客观的思维方式探索不同事件之间的相关关系，一定程度上有利于破除对主观思维的依赖，拓宽我们看待事物的深度与广度，帮助传媒机构更好地利用数据资源。

首先，传媒机构所持有的数据资源有限。互联网对传统媒体的用户体量所产生的巨大冲击使得传媒机构所能获得的数据资源相当有限。在过往,传统媒体通常通过记者采访、政府公告等方式获取突发事件相关信息,这与大数据时代的要求相差甚远,在信息发布的时效性上,传统媒体较之新媒体常处于下风。而大数据技术的出现,使传统媒体与新媒体得以"共生",通过集合海量交互数据,使突发事件在潜伏期被发现成为可能。

其次,不同领域之间数据的交换利用为传媒机构提供了更精确的数据处理方法。过往对于事物本质的考察基本基于记者个人的立场和经验,其视野有限,现象背后的本质难以被准确洞察。而大数据技术能够对海量数据进行深度挖掘,从复杂多变的事物中准确洞悉其演变规律,进而提供科学的预警思路。因此其判断往往更客观,更有助于做出防患于未然的有效引导。

3. 传媒在突发事件预警中具有独特优势

第一,传媒预警包含信息收集、数据分析、信息发布和舆论引导四个重要环节。在信息收集阶段,传媒机构拥有一定的历史数据资源和强大的数据整合能力。一方面,传媒机构拥有庞大的记者队伍和通信网络,信息触觉非常灵敏。我国不同地区的信息系统和数据库相对独立,数据共享较难实现,而传媒机构能够充当桥梁、纽带的作用,在多区域实现沟通协调。另一方面,在我国"数据共享,媒介融合"的政策背景下,传媒机构得益于其较强的公信力,更容易从政府部门处获得突发事件的有效数据与资源。第二,在数据分析阶段,传媒机构拥有规范的突发事件新闻报道格式和强大的新闻真假甄别能力,大数据的爆炸式增长对数据的分析处理能力提出了更高的要求,这正是传媒机构的优势所在。第三,在信息发布阶段,传媒机构拥有强大的突发事件新闻号召力和多元化的新闻发布渠道。传媒机构充当着政府和公众之间的桥梁,以其权威性和可信度立足,并对社会矛盾、社会危机的处理产生重大影响。得益于互联网技术的发展,传媒机构进行预警信息传递的形式更加多元,渠道更加畅通,信息所能触及的地域与阶层更加丰富。第四,在舆论引导阶段,传媒机构拥有强大的舆论引导能力。首先,政府或群众的评论及意见都需要借助媒体平台呈现;其次,媒体可以利用收集到的舆论洞察民意;最后,媒体可发挥自身的桥梁作用,将政府的措施和意见及时传达给社会大众,使舆论朝社会有利的方向发展。

4. 政府积极推进信息公开和大数据发展进程

数据资源的开放和共享在大数据时代尤为重要,但针对突发事件的高质量权威数据通常存在于政府相关部门,传媒机构必须通过这些专业权威的基础数据来有效实现传媒预警。可喜的是,我国政府正逐步放开数据的使用权限,政务信息资源的整合与共享工作已成为我国政府治理体系与治理能力创新的重要组成部分。政务信息资源属于大数据的重要类别,因此,优化政务信息资源的整合与共享机制正成为新时代的新命题。

三、突发事件传媒预警的国内外相关研究现状

(一)突发事件的应急管理

2001 年美国的"9·11"事件引起了国内专家对应急管理问题的关注。其后,随着各国通力应对于 2003 年出现的非典型肺炎疫情,国内学者正式开启了我国对于突发事件危机管理的学术探索。徐泽春(2016)在《政府公共应急管理能力提升》中称,中国政府应事先做好预防、信息采集,危机救治、善后处理等各环节的应急管理工作,为我国逐步建立健全科学合理的突发事件应急管理流程提供了理论依据。国内的许多学者均强调,在积极应对各类突发事件的过程中,应当建立一个以政府为主导、社会各界人士密切配合的多元化应急管理机制,段鹏(2019)等学者指出,当公共危机事件爆发后,社会媒体既能够及时向全社会发出预警,同时也为政府与民众之间、民众相互之间提供了一个通畅的交流平台,有利于发动社会各界人士积极参与事件的应对。周榕、张德胜(2014)以 2008 年至 2013 年为考察期,将我国在这一期间所发生的各类危害比较大的公共事件作为研究案例,对各级政府在应对此类事件过程中无法与社会媒体展开有效沟通的问题展开了全面探讨,并对其中的内在机理进行了理论分析。相关研究具体可分为以下几个层面。

(1)"一案三制"体系的研究。薛澜(2010)把国内的应急管理发展过程分成两个时期,第二个时期表现为第二代应急管理体系的建立与全面推广应用,该体系是我国在总结非典型肺炎应对经验的基础上建立的,而"一案三制"则是该体系的重中之重,与之前的体系相比,新体系在功能方面更加健全,并且运行也非常稳定高效,从而促使我国在应对各类突发事件方面的能力得到了

显著的增强。钟开斌(2009)表示"一案三制"应急管理体系属于一个典型的从多维度出发建立的管理体系,其中,应急预案构成了整个体系的基石,而管理体制是体系的核心,管理机制是应对的具体方法,法制则是体系运转的必要保障,上述任何一个部分均承担着不同的功能,且都是不可或缺的。

(2)预警机制的研究。张维平(2006)表示国内预警机制在风险识别、应急预备以及考核评价等方面都有所不足,在预警机制方面必须大胆创新,打造预警数据传输途径以及突发事件报告机制,完善预警领域的电子政务与知识体系等。晃阳(2009)于充分汲取发达国家现行的预警管理系统、预警设施和网络等先进经验之后,主张国内需打造预警措施多元化、网络化体系,以及应急事件处理核心指挥与信息系统等。

(3)应急管理法律法规研究。李朔(2006)认为一些应急管理法规的制定中存在程序不当等现象,她表示若想改进国内危机事件管理的法律建设,必须进一步强调事件信息的披露,改进领导成员的重大事件追责体系,打造应急事件管理的补偿体系等。马怀德(2012)与于安(2009)两人表示《突发事件应对法》依然是不完善的,在实践中具体表现为责任规定不明确、责任主体不清晰以及部分责任划分不具体等现象,有碍危机处理措施的有效落实,制约了该法效能的彰显,损伤了其法律尊严。若想尽可能展现这部法律对于危机事件管理领域的应有效能,应当对其条款进行补充修订,清晰地确立相应责任主体,提升责任划分的刚性,将各方面的责任紧密连接起来。

(4)信息沟通机制的研究。陈虹、沈申奕(2011)两人以云南省发生的部分危机事件作为样本进行深入探讨,表示政府部门应形成信息沟通观念,加强沟通效率、扩大沟通渠道以及快速披露翔实的信息,以实现应急事件的有效解决。辛立艳、毕强以及王雨(2013)将雅安地震事件作为样本开展研究,探讨政府部门同群众、非营利机构与媒体机构的沟通状况,表示政府部门应当打造健全的舆论监督制度、信息传播网络以及良好的沟通制度。

(5)国外应急管理机制的研究。相比于西方国家,我国应急管理研究时间较短,国内学者在学习他国的应急管理制度以及应急管理体系建设方面做了很大的努力。贾抒、尚春明等学者(2005)指出西方发达国家对于应急管理制度建设十分重视,对应急管理部门内部的职责做了清晰划分,成立专职的处理团队开展对危机事件防范体系的探索,打造联动高效的危机事件信息披露制度。同时要求社会各界具备高度的安全意识与全员参与的理念,只有这样才能大幅加强危机事件管理的效能,从而能够更好地应对城市突发事件。周洋毅与曹伟(2008)两位学者共同研究了伦敦、东京以及纽约这三地的应急管理体系,表示国内城市危机事件管理应当充分汲取上述地区的先进经验,创建统一健全的法律制度框架,加强组织建设,开辟畅通的信息交流渠道,提升各责任主体的协调力度,推广风险知识体系,强化群众风险意识等。

(6)国内城市应急管理机制存在问题的研究。针对国内城市应急管理的学术探索,我国专家就京、沪等城市的突发应急管理展开分析,整理出其普遍存在的不足,比如政府部门独挑大梁、社会整体风险意识欠缺、指挥协调低效、预警以及信息披露制度不完善等。之所以如此,最终还得归结于当前国内城市体制机制的不完善,不利于城市危机事件管理体系的建立。

综上所述,我国对城市应急管理进行探索的时间不长,目前主要集中在宏观层面,实证研究较少。[①]

(二)突发事件的舆论引导

舆论引导是通过对社会信息的控制、整合,运用传播活动影响社会舆论,引导社会公众的意向,控制人们的思想行为,使他们按照权力部门或社会管理者的意图从事社会活动。进入21世纪以来,国内外一些公共卫生领域非常规突发事件的发生,如2003年的SARS、2004年的禽流感、2005年的安徽疫苗事件、2009年的甲型H1N1流感、2013年的H7N9型禽流感、2014年的西非埃博拉病毒疫情、2020年的新冠肺炎疫情等,都给人们造成了巨大的损失,对社会正常运行秩序造成了严重影响。加强对非常规突发事件舆论的引导十分重要。学术界对非常规突发事件舆论引导的研究主要集中在以下方面。

(1)一般理论探讨。江大伟(2020)在《完善坚持正确导向的舆论引导工作机制》中分析了舆论引导的主导力量和基本方针、重大舆论引导机制、舆论传播体系建设与监督体系等。秦汉、涂凌波(2020)在《再造共识:智能媒体时代的舆论引导与新宣传》中分析了智能媒体时代舆论引导观念的内涵及其呈现的新特征。付海钲、涂凌波(2019)在《新时代我国舆论引导观的历史溯源与主要特征》中分析了舆论引导观的基本范畴与语境,以及新时代我国舆论引导观的主要特征。郭小安(2019)在《舆论引导中情感资源的利用及反思》中探讨舆

---

① 王月. 城市突发事件应急管理机制研究[D].武汉:湖北省社会科学院,2021.

情引导中情绪资源使用的可能性及路径,并建构一种新型舆论引导机制。蒙胜军、李明德等(2017)在《社交媒体的舆论引导研究:理论分析、效果影响因素与实践模式》中提出协同引导观点。Siwei Fan 等(2019)从民粹主义群体说服力视角研究了网络舆情演变。Lu Tang 等(2018)综述了社交媒体的舆论引导的主要媒介、途径等。

(2)借鉴外媒的舆论引导的经验与教训。赵飞(2009)在《精确化、隐形化:从甲型流感事件看危机传播新思路》中分析了美国卫生部门在甲型流感暴发期间采取的媒体策略和传播手段。Allgaier(2015)总结了埃博拉病毒在西非暴发时舆论宣传工作的教训。上述研究大多从新闻传播学的角度出发,用新闻传播学的思维进行,明显存在以下不足。

①阐述网络舆论引导现象多,探求网络舆论引导规律少。公共卫生非常规突发事件是研究者关注的主要焦点,研究者对网络舆论引导仁者见仁,智者见智,但大多局限于对现象的阐述。

②新闻传播学及相关专业研究者多,其他专业研究者少。公共卫生非常规突发事件往往是热点,非常适合从新闻传播学角度进行研究,但也因此存在理论性与操作性不强等局限。[①]

(3)关于网络舆情热点的形成、发展、现状及引导。姜胜洪(2008)认为互联网的高速发展在赋予社会公众自由表达权利的同时,也带来噪声和有害信息,这是不可避免的。其在网络舆情热点的引导策略层面提出了几点措施,如增强对热点的预见性、在重大突发事件中争取舆论引导"第一落点"、坚持正确的舆论导向、推动传统媒体和新媒体互动、培养网络意见领袖等。

(4)关于重大突发事件与微信舆论。贾雯宇(2020)针对天津滨海新区爆炸事故,结合微信场域的表现进行分析,提出传统媒体和微信平台在新时代下的关系转变,从传统媒体控制到传统媒体与微信平台相互合作,再谈及两者合力可以引爆舆论场的愿景。同时也指出了当下舆情相对模糊、舆论引导的信息源头不够明确的问题。

(5)关于重大突发事件的舆论引导。李泽文(2020)提出在重大突发事件中要坚持舆论引导的三重维度。在力度层面,通过全平台传播,把握时度效区;在信度层面,通过提供权威信息,及时平息舆情;在暖度层面,通过发掘事

---

① 李冬生.公共卫生非常规突发事件网络舆论引导系统建模与应对策略[J].法制与社会,2021(22):81-82.

迹引发共鸣。其目的是通过以上举措打造出有信度、有暖度、有力度的新闻作品,真正打好舆论引导主动仗。沈整赋(2020)认为从社会治理层面去看待重大突发事件舆论引导机制创新,建立全媒体传播体系、建立突发事件的舆论引导机制、媒体充分履行舆论监督的职能。对于舆论引导力建设的创新之处在四大机制的建立,包含信息的收集、舆情的分析以及突发事件的协调。①

此外,国外学者将舆情称为"公众意见"(public opinion),相关研究始于 20世纪前叶,主要集中在两方面:政府、媒体、公众三者关系的宏观解释;舆情演化过程与舆情引导的建模分析与规律验证。②

(三)突发事件的媒体社会责任

媒体行为对于危机事件的解决具有举足轻重的作用,媒体应承担起应有的社会责任,加强自律,建立强烈的责任意识,做好政府的协助工作,从而形成较强的社会凝聚力,为危机事件的解决创造稳定、积极的舆论环境。新闻传播学界对媒体社会责任问题的研究成果主要体现在以下几个方面。③

(1)从社会角度探讨媒体的社会责任。如童兵(2008)从保障人们的知情权、参与权、表达权、监督权的角度探讨了媒体的社会责任。杜志红(2006)分析了媒体的政治责任和经济责任的"异化",提出了建立传媒自律和他律制度的重要性。薛瑞汉(2008)认为在建构和谐社会的过程中,大众传媒应遵循新闻传播规律,实现新闻传播使命,处理好热点问题的报道,发挥传媒的社会监督作用和社会调节职能。

(2)一些学者结合媒体事件和新闻热点讨论媒体社会责任问题。此类论文较为多见,如"5·12"汶川地震之后,《新闻与传播研究》《现代传播》等刊物组织了专题讨论,任金州等(2008)认为,中央电视台对"5·12"汶川地震的直播报道,不仅体现了电视媒体在灾难时刻与灾区人民携手并肩、共克时艰的态度,也展示出危急时刻不辱使命的媒体责任。芮必峰(2008)通过评述"5·12"汶川地震中媒体的表现,指出各级媒体在工作中所展现出的积极主动、自觉承担、创造性,从一个侧面反映了经过多年的改革开放后,中国的舆论环境已发生变化,媒介环境变得更加开放。此类针对突发性灾难和新闻热点问题的论

① 杨欢. 重大突发事件中的网络舆论引导创新研究[D].哈尔滨:黑龙江大学,2020.
② 郝雅立.网络舆论系统熵增与舆情引导机制的优化[J].天津商业大学学报,2021,41(4):38-44.
③ 李晓静. 新媒体时代突发事件舆论引导与媒体责任[D].长春:吉林大学,2011.

文,时效性较强,能够引起一定的社会反响。但此类论文往往就事论事,学理性较为欠缺。

(3)针对传媒社会责任问题的理论探讨。如尤雅文(2005)认为,社会责任构成新闻传播活动的基础,提高新闻作品的文化品位是社会责任的题中应有之义。逯改(2007)从跨学科的视角分析了责任的概念,并从伦理学的角度指出了媒体社会责任既受既得利益的驱动,又受到理论内部混乱不清和传媒主体素质不高等因素的影响。[①]

(4)关于媒体及相关传播者责任的研究。媒体是公共危机管理中的重要参与者,赵士林(2006)在《突发事件与媒体报道》中表示,媒体在危机信息传递方面必须全面考虑自身在突发事件中的功能定位,媒体从业者必须按照媒体从业人员规范去履行自己的职责。谈悠(2004)认为,媒体在危机信息传递中起到"社会舆论的减压阀"的作用,并且有及时公开危机信息、解释危机信息、防止小道消息滋生和蔓延、安抚公众情绪等的责任;媒体是政府在危机决策中强有力的外脑,有协助政府决策部门提供决策信息的重要作用。吴宜蓁(2005)认为媒体的重要任务之一就是为政府提供决策,搭建政府、社会和公众之间的交流平台,其中媒体的主要作用就是信息传递,传播内容的及时性、全面性和准确性直接关系到危机处理的效果。赵志立(2008)认为,媒体在危机事件中坚持如实报道,揭示事实真相,有利于化解危机,以及尊重和保障公民的知情权。吴美娜(2006)的《高校危机传播管理的媒体策略研究》也指出,媒体是危机控制的关键,危机状态下组织的管理能力主要体现在媒体对信息的把握和传递技巧上;人是危机管理的主体,以人为本、一切为了公众利益是政府进行危机管理的出发点和落脚点。赵志立(2009)在《危机传播概论》中指出,媒体在危机信息的传播过程中必须坚持以人为本、预防第一、全局利益、效率优先、协调沟通、诚信负责的原则。

总的来说,国内学者的研究多注重媒体作为传播者角色的责任,而忽视了在突发性公共事件中,媒体在多重角色下的责任问题,从而很有可能使媒体陷入理论上的道德困境之中。而且国内的论文比较重视媒体社会责任的理论探讨,但具有影响力的观点仍然比较少见。而国外由于较早进行了产业革命,社会经济飞速发展,社会矛盾较早显现,相对国内来说,对公共危机管理和媒体

---

① 汪洋. 突发性公共事件处置过程中的媒体责任[D].湘潭:湘潭大学,2014.

责任的研究起步比较早,内容也比较充实和完善。他们的研究领域主要涉及政府公共危机管理的治理模式研究、媒体的作用研究、危机信息的传递和沟通研究等几个方面。[①]

(四)突发事件的演化规律

自人类文明伊始,突发事件就一直侵袭困扰着人们的生活,然而直至 20 世纪初,科研人员才开始开展突发事件的相关研究工作。进入 21 世纪后,伴随着社会组织程度的增强,突发事件表现出其难预测、不确定、高度复杂等潜在的危害性特征,给人类社会造成了巨大的破坏,逐渐引起社会各界关注。突发事件的演化,即突发事件发生、发展,逐步演变升级直至消解平息的过程。系统分析突发事件的演化机理可提供经验性知识,对事件演化态势做出预估,同时也有利于组织突发事件相关知识。目前,已有不少学者从不同的角度出发对突发事件的演化过程进行了研究,从研究对象角度出发,可将现有研究分为两类:特定事件演化过程的研究和非特定事件演化过程的研究。

1. 特定事件演化过程的研究

突发事件根据其发生过程、性质和机理可划分为自然灾害、事故灾难、公共卫生事件、社会安全事件四类事件。

(1)在自然灾害方面,陈长坤等(2009)基于复杂网络理论对冰雪灾害危机事件的演化构成和衍生链特征进行了分析,构建了冰雪灾害危机事件演化的网络结构。谢自莉(2012)、Yahya(2011)等对地震灾害的成灾机制进行了研究,分析了城市地震次生灾害的发生机理及相关脆弱性因素。魏一鸣等(2002)开展了洪水灾害的时空演化模拟,并由此得到了洪水灾害的时空演化规律。Francois(2007)、Lim(1996)等分别从地质力学机制和暴雨诱发机理两方面分析了滑坡发生过程。范海军(2006)等针对自然灾害的链式关系结构构建了相应的数学关系模型,通过数学分析揭示了自然灾害系统在外部环境作用下的复杂响应规律。

(2)在事故灾难方面,余廉等(2011)分析了水污染突发事件演化的动力因素,构建了水污染突发事件演化的动力因素体系。王凯(2012)基于模糊认知图模型,对事故灾难事件的发生及演化要素进行了分析。陈长坤等(2011)运

---

① 李建树. 公共危机管理中的媒体责任研究[D].济南:山东师范大学,2014.

用粗糙集理论和灾害演化网络分析方法,分析了城市燃气管网破坏事故灾害演化的一般过程。李润求等(2010)通过案例分析与辨识,对煤矿瓦斯爆炸事故特征和耦合规律进行了分析。湛孔星等(2010)基于事故致因理论与突变理论,探索城域突发事故灾害发生机理,指出城域突发事故灾害演化是一个"流变—突变"的过程。

(3) 在公共卫生事件方面,杨青等(2012)运用复杂 CA 系统原理和多agent 理论,通过对突发传染病事件的特征分析,建立了传递演化模型。刘德海等(2012)运用演化博弈论,将社会演化理论与病毒传播的自然机理融合起来,建立了重大突发公共卫生事件的疫情传播方程。倪顺江(2009)基于复杂网络理论,研究了大尺度传染病传播这一问题。

(4) 在社会安全事件方面,范巧等(2009)通过实证研究,对我国公共场所发生的突发事件建立了事件结构方程模型,给出了突发事件演化机理路径图和因果关系图。曹雪艳等(2013)采用最小二乘法对舆情数据进行拟合,通过引入指数函数和高斯函数得到了能揭示各案例演化周期和演化特点的数学公式。刘德海(2013)从信息传播和利益博弈协同演化的视角,解构了环境污染群体性突发事件的演化过程。周磊(2014)通过对群体性突发事件进行案例梳理,系统分析了群体性突发事件中群体行为的演化机理、群体行为的发展态势及谣言信息的扩散模式。

突发事件类别多样,不同类型的突发事件具有各自复杂的成因机理和演化过程,表现出来的个性特征存在着很大的差异。但随着社会系统组织程度的增强,突发事件越来越突破传统的事件分类体系,表现出前所未有的新情况。面对这种情况,应急管理活动尤其是对事件发展态势的预估就必须回归到事件的深层基础,探索突发事件演化过程中更具普适性的规律。

2. 非特定事件演化过程的研究

非特定事件演化过程的研究并不局限于某一特定事件类型,而是寻求突发事件演化过程中的一般规则和特征。目前,国内外运用不同理论和方法对此进行了探索。国外学者多侧重采用生命周期理论从宏观上对事件的演化过程进行划分,建立突发事件演化的一般抽象模型。如 Turner 于 1976 年提出了灾害的生命周期模型,将事件的演化过程分为开始点、解化期、急促期、爆发期、救援和援助期,以及社会调整期。芬克(1986)借鉴疾病的发展过程,将突发事件的发展演化划分为潜伏期、爆发期、持续期和解决期。Burkholder

(1995)将突发事件的演化过程分为前期紧急事件阶段、晚期紧急事件阶段、后期紧急事件阶段,并提出应急处置应该根据各阶段的特征采取相应的措施。Cozzani(2005)等则从微观上提取事件对象,并根据其属性关系构建多米诺效应的场景概率模型,给出了普适的突发事件链定量风险分析方法。

国内学者则基于上述研究从更微观的视角探索了突发事件构成及突发事件演化过程中不同事件之间的耦合关系。如李藐等(2010)针对突发事件发生规律,提取了突发事件构成的四要素——致灾因子、承灾体、孕灾环境和相互作用形式,并给出了一种描述事件链式效应的方法。杨保华等(2012)针对非常规突发事件灾害衍生的耦合问题,分析了突发事件耦合作用方式,提出了共力耦合概念,并给出了共力耦合算子参数的求解方法。于海峰(2013)通过将知识元引入突发事件应急管理研究中,构建了突发事件系统的共性结构,对突发事件系统的演化规律进行了辨析。陈雪龙等(2013)从本原角度出发,构建非常规突发事件知识元网络模型,揭示了突发事件演化的个体要素运动行为及综合联系机理。荣莉莉等(2011)通过共现分析,构建了以突发事件为节点、引发关系为边的突发事件关联网络模型,并对其网络特性进行了分析。

综上所述,可见目前国内外学者从宏观和微观两个角度运用了包括系统动力学、复杂网络、贝叶斯网络、多米诺效应、概率论、熵与自组织理论、博弈论、粗糙集等众多理论方法对突发事件的演化问题进行了系统的分析与研究。其中,非特定事件演化过程的研究相对于特定事件演化过程的研究,其成果具有更好的普适性;而特定事件演化过程的研究凭借抽取的经验性知识构建的模型在应急管理中则更具可操作性。在突发事件愈演愈烈的今天,突发事件的发生往往是多种事件类型的耦合态,机理复杂。在这种情况下,普适的可操作的突发事件演化模型更能为应急管理提供支持。[①]

此外,余廉、吴国斌(2005)梳理了国外关于突发事件的演化模型,并在突发事件应急决策研究中强调要加强突发事件演化路径与动力研究、突发事件演化耦合模式研究、突发事件演化系统脆弱性研究。吴国斌(2006)在其博士论文中分析了突发事件扩散中的次生事件关系,确定了突发公共事件扩散的路径,并依据各个次生事件扩散中的影响因素,确定了突发公共事件影响因素的测度内容和指标,建立了针对三峡坝区突发公共事件扩散的SD模型。在此

---

① 卢丹. 突发事件演化过程控制的关键要素识别方法[D]. 大连:大连理工大学,2016.

基础上研究突发公共事件的扩散机理,总结了突发公共事件在扩散过程中的单向式扩散、辐射式扩散、汇集式扩散三种扩散方式,以及突发公共事件原发动力源、次生事件循环扩散动力源、次生事件极限扩散动力源、次生事件互发扩散动力源、次生事件耦合动力源五种扩散动力源。付允等(2008)综合利用感染理论、紧急规范理论、价值累加理论和社会燃烧理论等构建了群体性突发事件演化过程的概念模型,然后利用社会燃烧理论深入分析了群体性突发事件演化过程中的各个阶段及燃烧物质、点火物质和助燃物质,提出了未来群体性突发事件演化机理的研究方向。吴国斌等(2008)指出了扩散过程在突发公共事件演化中的普遍性,阐述了影响突发公共事件扩散的影响因素种类,分析了事件之间的扩散方式、事件之间的性质、事件扩散动力的各自类型,指出了影响突发公共事件扩散的因素之间的关系。罗成琳、李向阳(2009)通过过我国现阶段群体性突发事件的典型案例,提出了群体性突发事件演化的七个主要影响指标,指出聚集群众、政府部门、媒体三个演化系统中的主要影响因素,从系统分析的角度构建了群体性突发事件的静态结构和动态流程,揭示其演化机理对预防和应对群体性突发事件的启示。马建华、陈安(2009)从突发事件一般性规律出发,研究突发事件机理,分析了突发事件演化的规律,讨论了突发事件不同阶段的模式。张乃平、陈军(2009)通过对价值累加理论和社会燃烧理论的分析和总结,构建了群体性突发事件的演化过程概念模型,分析了群体性突发事件演化过程中的各个阶段和关键控制点,借鉴全面应急理论提出了实施重点有效控制的建议对策。①

(五)突发事件的数据基础

1. 传媒数据库研究现状

目前,学界对传媒数据库的研究主要集中在三个方面:一是建设传媒数据库所用技术的研究;二是传媒数据库建设的研究;三是传媒数据库对传媒产业经济影响的研究。

(1)建设传媒数据库所用技术的研究现状。盛蕊(2014)以吉视传媒股份有限公司 BOSS 系统为例,提出用历史数据分离的技术手段分离优化数据,以优化数据库系统的运行速度。传媒机构为便于信息交换和存储提出了

---

① 曹荣强. 群体性突发事件演化机理研究[D].上海:上海交通大学,2011.

NewsML 标准,NewsML 文档在一定程度上相当于一个数据库,马晓龙(2003)认为如果用户量大、数据完整性要求高,则不能用 NewsML 作为数据库。林英(2013)将分众分类技术引入传媒数据库建设中,可实现数据库快速、自动信息聚类。王良鸣(2008)在节目信息管理中应用数据整合技术,实现了集团范围内工作流程的统一、节目资源的共享,提高了节目素材利用率,降低了制作成本。数据库技术的飞速发展使得数据库安全成为一个严重问题,吴戈(2017)提出数据安全立体化保障的理念,在数据库全生命周期的每个阶段应用安全保障技术。

(2)传媒数据库建设的研究现状。郭庆(2009)认为读者数据库是传媒机构谋取分众化生存的途径,读者数据库应包含读者报纸内容需求数据库和读者消费需求数据库两类。传媒数据库可以为全媒体新闻集团带来更优的效益,宋宣谕(2015)认为在全媒体新闻集团中应建立待发数据库、成稿数据库、反馈数据库三个数据库。不少学者也关注到传媒数据库建设过程中出现的问题,陈丹(2013)认为当下新闻资料数据库建设存在定位不明确、标准不统一、资源分散、开发深度不够等问题。

(3)传媒数据库对传媒产业经济影响的研究现状。作为市场组织的一部分,传媒机构经营好自身产业,获得利润,是其在市场环境中得以生存的必要条件。李红秀(2009)认为数据库营销已成为一种市场营销手段,传媒市场可以通过四个程序来完成数据库营销:搜集数据,建立数据库;分析数据,确定目标;使用数据库营销;维护和更新数据库。黄建远(2013)认为传统媒体开发数据库对自身经营具有重大意义,一方面丰富了传播内容,另一方面有利于传统媒体向内容供应商转型。

2. 突发事件数据库的研究现状

学界对突发事件数据库的研究集中在对突发事件数据库的建设研究和通过数据库加强突发事件应急管理研究两方面。例如,徐敬海(2011)就将多比例尺技术应用到南京市地震应急数据库的建设中。李保俊(2004)从中国自然灾害应急管理的现状出发,认为要改变灾害应急管理中以人为主的管理方式,将数据库技术和 3S(CIS,RS,GPS)技术引入灾害管理工作中,提高灾情获取和评估能力。李纲(2013)认为,互联网的发展促使突发公共卫生事件信息传播速度加快、范围变广,他提出一种语料库构建方法,作为对突发公共卫生事件网络舆情进行有效管理的途径。①

由余廉、黄超(2017)所著《突发事件案例生成理论与方法》一书可知,从理论研究角度来看,典型案例是资料分析、总结规律、获取新知的重要素材,无论是对突发事件案例的纵向剖析还是横向比较,都可以弥补当前应急管理中的漏洞,加深我们对突发事件的认知。从应急处置实践角度来看,决策者面临情况紧急的复杂决策问题时,更倾向于利用经验而不是知识来解决问题。从教学培训角度来看,丰富的历史案例提供了大量的教学培训基础。利用案例中的经验知识来指导决策,对应急管理实践具有重要的指导意义。突发事件案例库作为重要数据基础,主要可分为汇编式案例库、结构型案例库、网络舆情案例库三种。

(1)汇编式案例库。

从编制主体的角度来说,汇编式案例一般可以分为政府应急部门案例、行业监管单位案例及人文社会科学类研究机构案例三类。不同的编制主体,在汇编式案例的事件类型上各有侧重,政府应急部门和人文社会科学类研究机构编制的多为综合性案例,即覆盖了《中华人民共和国突发事件应对法》规定的四大类突发事件,而行业监管单位编制的案例,多为其行业内的专业案例。具体分析如下。

①汇编式综合案例库。当前体制下,涵盖各类突发事件的综合性案例的编制工作一般由政府应急部门负责,其早期典型代表有广东省应急管理厅官方网站上发布的典型案例库资料,包括省内典型案例20多个,国家典型案例40多个。目前汇编式综合案例存在不少问题,表现在案例的信息来源和内容有待完善、组织和表达缺乏统一标准等方面。

②汇编式行业案例库。行业监管单位编制的案例多为其行业内的专业案例,如气象部门编写发布的气象灾害年鉴,安监部门公布的事故查询系统,地震局发布的地震灾害信息通报,消防部门建立的火灾案例库,等等。行业汇编案例一般只针对特定行业范围内的突发事件,其内容和形式具有明显的行业区分。行业汇编案例的优势是可以借助专业知识设计案例结构,尤其是可以在相关法规条例的支持下达到较高的统一性,具有较高的实

---

① 舒丽娜.传媒数据库建设的理念、流程和规范——以突发事件数据库为例[D].武汉:华中师范大学,2019.

用价值。

(2)结构型案例库。

针对结构型案例表达方式的研究主要由理工类科研单位主导,从结构形式角度大致可以分为三类,分别对应三种案例表达方法,即单一类型突发事件案例的框架结构、基于本体和知识元的树状结构与基于自然语言处理(NLP)技术的网状结构。

①单一类型突发事件案例的框架结构。单一类型突发事件案例可以借助专业知识设计案例的框架结构,确定案例应包括的各项属性,再根据历史记录形成结构化案例。这种框架表示方法多应用于较为频繁的突发事件类型中,如火灾、气象灾害、煤矿事故等。

②基于本体和知识元的树状结构。由于单一类型突发事件案例表达方法存在不足,很多研究开始关注通用型的突发事件案例表示方法,利用本体和知识元来表达不同类型突发事件的共有特征。这种结构建立在单一类型突发事件案例的结构化表达基础上,是对通用型案例表达方法的一个尝试。

③基于自然语言处理技术的网状结构。随着自然语言处理技术的发展,计算机对文本等非结构化信息的处理能力越来越强,一些学者开始尝试利用文本信息建构文本案例,直接利用文本案例进行推理。基于自然语言处理的文本案例表达方法,可以利用互联网上丰富的信息资讯来构建突发事件案例,为突发事件案例库建设提供了一个新思路。但是在当前的信息爆炸时代,互联网上充斥大量冗余信息,实际有价值的信息较少,文本处理的精度还有待提高。

(3)网络舆情案例库。

在网络舆情案例方面,随着互联网的发展和人们上网习惯的转化,网络逐渐成为一种主流的媒体形式。在宽松开放的网络环境下,民众对公共问题和社会管理者产生和持有的社会政治态度、信念和价值观都会得到直接的体现,并且会随着事态的发展而迅速演化。由于网络舆情事件具有爆发性、信息泛滥、危害性大、控制难度大等特点,同时具有信息公开、容易获取的优势,很多学者开展了大量的定性和定量研究,包括网络舆情指标体系建立、舆情热度预警、舆情状态监控、舆情分析技术等。

舆情分析报告一般包含事件脉络、传播途径分析、热点周期变化、观点汇总、总结与启示几个部分,通常是在海量信息采集和定量数据分析的基础上形成的,因此具有较高的结构性和较好的可读性。另外,可视化程度高也是网络舆情案例的一个特点,由于存在大量的数据支撑,网络舆情案例中包含详细的统计列表和趋势分析图表,具有形象直观的表现力。网络舆情案例的缺点在于其侧重于网络影响和社会安全事件,对其他类型的突发事件涉及较少,可以看作一类特殊的行业案例,但是缺乏统一的行业标准。[①]

3. 其他领域数据库的研究现状

除去传媒领域的数据库之外,在人文社科领域,对信息管理类数据库、语言文化类数据库及历史文化类数据库的研究也值得关注。[②]

(六)突发事件的相关技术

近年来,有关数据挖掘的研究热度居高不下,使用数据挖掘方法去提取繁杂信息的模式是目前灾害链建模最有效的手段。基于数据挖掘的灾害链模主要依赖于以聚类算法和群体智能算法为主要代表的两大算法体系,但也仅局限于稍小的一个数据集,这些算法在海量数据集上会造成很大的开销。另外随着自然语言处理等技术的成熟,我们能够从网络上的文本中提取出突发事件的一些特征。

1. 复杂网络研究综述

在灾害链体系的研究过程中,基于共现矩阵与复杂网络的建模是一种简单而有效的研究方法。复杂网络是一种图论模型,具有相对较为复杂的拓扑结构。复杂网络建模试图解决三个问题:第一,找出可以刻画网络拓扑结构和行为的统计特性,并且给出衡量这些统计特性的方法;第二,构建复杂网络模型以便帮助我们理解这些统计特性背后的真正意义;第三,基于这些统计特性,研究复杂网络中的行为与局部规则。对于复杂网络的研究,目前比较多地集中于网络的社团特性挖掘,尤其是基于演化聚类的社团发现。近年来,随着深度学习技术的发展,越来越多的研究者也采用深度学习来进行复杂网络的

① 　余廉,黄超.突发事件案例生成理论与方法[M].北京:科学出版社,2017.
② 　舒丽娜. 传媒数据库建设的理念、流程和规范——以突发事件数据库为例[D].武汉:华中师范大学,2019.

建模。基于灾害成灾的历史数据进行复杂网络的建模,可以从各灾害形成的系统中建立图论模型,从而分析其拓扑结构并发现其特性。共现矩阵与复杂网络理论模型较为简单且容易实现,计算量比较小,但目前基于复杂网络的灾害链模型受限于历史数据,且研究的灾害种类有一定局限性,所以需要在更庞大数据集的背景下对模型进行改进。[①]

2. 群体智能算法研究综述

群体智能算法是启发式算法中的一个重要分支,也是计算机科学中一类非常重要的问题。群体智能算法试图模拟现实中群体生物的行为,对一些问题(如 TSP 问题等)进行优化。1992 年,Marco 从蚂蚁依据信息素浓度做决策的行为中获得灵感,提出了蚁群算法,将所有可能路线设置为待优化问题的解空间,通过信息素矩阵反复迭代来保存最优信息。但蚁群算法存在收敛速度慢、容易陷入局部最优等缺点。1995 年,Kennedy 基于对鸟群行为的研究提出粒子群算法,该算法是目前为止应用最为广泛的群体智能算法:粒子通过当前位置和对于自己最优位置之间的距离以及与群体最好位置的距离迭代来获得最优解。虽然这种方法有收敛速度快等优点,但仍存在精度低、易发散等缺点。2008 年,Yang 等人提出的萤火虫群算法根据相对亮度来决定萤火虫的移动方向,萤火虫会向最优位置集中,从而找到全局的最优个体值,不仅可以优化单峰函数也可以优化多峰函数,适用范围更广。但这种方法只能在一定的前提下实现,所以还存在一定的局限性。群体智能算法在灾害链建模中有重要作用。我们把灾害的爆发地点在二维平面上的横纵坐标与爆发时点作为某一突发事件在时空维度下的特征,并将事件的类别作为点的标记。按照时间顺序,将地区相近的突发事件用有向边进行连接,构建一个具有三维拓扑结构的图论模型。从而问题被抽象为:如果相似于网络中某一向量的向量在立体网络中多次出现,就可以认为该类空间向量是一种灾害关联向量,从而确定出该向量对应节点位置的成链规则。胡明生、贾志娟等人(2012)基于改进的萤火虫群算法对灾害网络进行了建模,分析了一些地区灾害链形成的规律。此方法具有一定的新意与独特性,如将灾害链转化为路径优化问题进行求解,但

---

① 胡明生,贾志娟,雷利利,等.基于共现分析的历史自然灾害关联研究[J].计算机工程与设计,2013,34(6):2015-2019.

目前此方法尚未得到大规模应用,而且当数据量过于庞大时,计算量也会十分复杂。[①]

3. 数据挖掘在灾害链研究中的应用综述

近年来,数据挖掘技术的热度只增不减,而将数据挖掘技术融入灾害链建模是很重要的一种方法。一些聚类算法能够对突发事件的密集爆发区域进行聚类,从而得到这些突发事件在时空维度上的特征。其中,基于密度的聚类算法的簇只需要考虑样本间密度,无须事先确定簇的个数。只需要提前设置好邻域半径,便可以描述样本与样本之间、聚类簇与聚类簇之间的关系。过去的一些研究也对时空数据的挖掘提供了一些可行的策略。Ray 等人(2002)提出概念迁移的概念,将时间序列进行切片,对每一个切片考虑其状态,然后考虑状态随时间推移的变化规律。另外,在时空数据中,我们通过对 K 均值聚类算法的目标函数进行改进调整,得到了调和 K 均值聚类算法用于描述时空数据的属性特征。Karine 等人(2007)考虑将时间序列元素的下标作为分析特征引入时空序列的分析流程中来。对于时空聚类的高效算法,Vladimir 等(2001)提出了 AUTOCLUST＋算法,对原有时空序列聚类的效率进行了更高程度上的优化。这些研究都为我们分析突发事件的时空分布提供了很好的方法,但目前这些研究缺乏对整个时空域上聚类结果动态变化的效果评估。

有关网络上突发事件的传播数据挖掘目前主要是一些基础统计学方法。Chen 等人(2019)基于时空序列的统计学特征与文本情感识别方法,对美国 Harvey 飓风事件的影响与信息传播进行了挖掘。Yao 等人(2019)发现转发行为表现出聚合特征,具有不同属性的用户在新浪微博上有特殊的转发习惯。Zhong 等人(2020)从特征工程的角度,对比支持向量机、随机森林、CatBoost 和 LightGBM 四种算法,从文本以及用户行为等多个角度挖掘了突发事件在微博传播中的重要特征。这些研究都从数据挖掘的角度对网络上的突发事件进行了建模分析,但事件局限性比较强,未能包括各种突发事件,而且对灾害相互引发的机理与特性并未做出讨论。

---

① 胡明生,贾志娟,吉晓宇,等.基于改进萤火虫群的区域灾害链挖掘方法[J].计算机应用与软件,2012,29(11):29-31,86.

（七）突发事件的传媒预警

从新闻传播学的角度分析危机信息预警，就是新闻媒体应该在灾害发生前发挥预警功能。我国很多学者都对自然灾害的传媒预警进行了多方面的研究。刘颖璐、王凯（2013）提出了媒体存在预警功能缺失的现象，以"7·21"特大自然灾害为例，具体从市场、媒体和国家三个层面分析了传媒预警功能缺失的原因。针对传媒预警功能弱化的现象，罗晓华、黄幼民（2005）则强调传媒预警的重要地位，认为传媒预警实际上起着稳定剂的作用，有利于促进社会稳定。杨晓丽（2009）以美国自然灾害的信息传播为研究对象，从中总结出美国的经验教训，提出我国媒体在自然灾害的潜伏期要重视预警功能的发挥。而杨瑞萍（2010）在《传媒预警预则立——浅谈灾难性事件中如何发挥传媒预警的重要作用》中指出，大众传媒不仅要采写报道预警新闻，而且要与政府形成良性互动，让政府充分利用媒体的预警信息，及时采取应急措施。张斌（2013）则将电视灾难报道置于传媒预警的视角，认为在加强与各电视台联系的基础上，电视预警新闻还应该兼顾不同媒体，注重与报纸、网络等媒体的合作，实现信息的共享，将预警作用发挥到最大。国内对于传媒预警的研究情况具体还可分为以下几方面。[①]

1. 传媒预警的理论研究

德国社会学家乌尔里希·贝克在 1986 年首次提出"风险社会"一词，他认为自工业社会以来，人类社会面临着更多潜在风险。这些风险不仅来自地壳运动、大气运动等不可抗的自然因素，还来自人类的社会实践活动，例如冷战时期美苏之间的军事竞赛。除此以外，人类活动大大增加了山体滑坡、泥石流等灾害发生的风险，科技发展的"副作用"则带来了金融危机、道路交通事故等新的风险。所幸，这些风险在一定程度上是有规律可循的。而媒体作为社会的监管者，也具备预知风险的敏锐"直觉"。2003 年，华中师范大学喻发胜教授首次定义了传媒预警的概念。他认为，媒介的社会预警功能，不仅仅是向社会大众传递由权威机构公开的预警信息，还可以通过媒体自身对信息的采集和挖掘，甄别和判断出各种潜在的危机因素，并迅速有效地向相关政府机构或社

---

① 罗瑶. 武汉都市类报纸对高温灾害报道的传媒预警研究——以《楚天都市报》和《武汉晚报》为例[D].武汉:华中师范大学,2015.

会大众进行预警。罗晓华、黄幼民(2005)认为,传媒预警对于社会稳定有积极的作用,并提出从三个维度来增强传媒预警功能:首先建立完善的社会预警信息采集系统,从建制上保证预警的可行性;其次,完善新闻发言人制度,做到预警及时,保证传播渠道通畅;最后,为传媒预警提供法制保障,确保预警有法可依,依法预警。李朝、康兰平(2014)认为,媒体与政府应形成良性互动的生态环境。从媒介的角度来说,媒体要坚守真实性的职业操守,准确地报道新闻事实,不仅要有认真专业的态度,还要有专业人士的分析指引;从政府的角度来说,政府要做好信息的甄别和筛选,及时发布来源可靠的信息;媒体与政府协同合作,进而构建完善的传媒预警建制。宋健提出传媒应该通过实时大数据舆论检测联结多种媒介场,多维度做好预警工作。杨瑞萍(2010)则通过分析媒介预警功能的弱化现象,反向归纳强化媒介预警的着力点,即拓展新媒体阵地、监督政府、引导舆论和寻求制度保障等。

2. 传媒预警的应用研究

目前媒介预警的研究主要分两派:第一种主要研究灾难事件的媒介预警,如马汇莹(2011)研究海啸的预警报道,张斌(2013)研究旱灾的报道策略;第二种主要研究媒介舆论的引导与重塑,如袁甲(2011)的《传媒预警与新闻舆论引导建构研究——基于汶川地震的新闻报道分析》。在各种突发事件中,道路交通事故受灾范围相对较小,不易激起社会舆论,但日常发生频率非常高,与每个公民日常出行息息相关。从技术角度而言,与道路交通相关的预警研究和相关产品的研发逐年增加,但在传媒预警领域,并没有给予道路交通事故足够重视。①

3. 选择大众传媒为预警新闻发布机构的原因研究

喻发胜教授认为,原因主要在于大众传媒所特有的优势使其有着其他机构所不可替代的作用。第一,警示公众。大众传媒的时效性、广泛性、可信性等多项特性有利于大众传媒报道预警信息,使其及时被尽可能多的社会公众所接收,并迅速果断做出预防措施。第二,监督政府。大众传媒强大的舆论力量有利于督促政府在预警信息公布之后采取有效措施,减少损失。第三,引导舆论。危机伴随着谣言与恐惧,预警新闻能够安定民心、维护社会稳定,引导

---

① 于清. 道路交通事故数据库建设与传媒预警研究[D].武汉:华中师范大学,2018.

大众做好危机预防工作。此外,喻发胜教授还认为:我国正处于人口、资源、环境、公共卫生等制约最为严重的非稳定时期,因此近年来突发事件频频发生。喻教授认为许多突发事件看似突然,实则"蓄意已久""冰冻三尺非一日之寒",如果相关部门能够在危机产生的萌芽时期就将其扼杀在摇篮之中,或是在不可避免的危险发生之前准确做出预警,势必会大大降低社会风险,减少人民群众的经济损失和身心损害。由此,喻教授强调了大众媒体的耳目功能。大众传媒不仅应该努力做好党和人民的喉舌,报道已经发生的事实,还应该发挥自身优势,开拓四方渠道,接收全方位信息,对即将到来的灾害做出预警,发布预警新闻,将国家和人民的损失最小化。①

① 杨婵. 我国食品安全事故(2005—2014)数据库建设与传媒预警研究[D]. 武汉:华中师范大学,2015.

第二章
突发事件传媒预警的关键技术与典型应用

传媒预警是技术发展下的相应产物,事先预警不同于事后报道,对于传媒预警来说,不论是对预警数据的挖掘还是对预警形式的创新,都必须建立在一定的技术基础之上,例如数据挖掘、人工智能技术等。

本章以突发事件传媒预警的智能技术与实现路径为主题,论述了人工智能、数据挖掘和复杂网络三种智能技术及其概念特征、发展历程、典型应用。对传媒预警相关的智能技术进行了详细论述,以进一步探寻其具体实现路径。

一、人工智能技术与应用

(一) 概念特征

人工智能(artificial intelligence),英文缩写为 AI。它是研究、开发用于模拟、延伸和扩展人的智能的理论、方法、技术及应用系统的一门新的技术科学。人工智能是计算机科学的一个分支,它企图了解智能的实质,并生产出一种新的能以与人类智能相似的方式做出反应的智能机器。人工智能作为一种使计算机、计算机控制的机器人或软件以与人类的思维类似的方式思考的工具,是将关于人类大脑如何思考以及人类在尝试解决问题时如何学习、工作和做决定的研究结果用作开发智能软件和系统的基础来实现的。近年来,对人工智能的定义逐渐发展为"系统正确解释外部数据,从这些数据中学习,并利用这些知识灵活实现特定目标和任务的能力"。

历经多年发展,人工智能领域的研究大致可被划分为符号学派、连接学派和进化学派。符号学派基于数理基础,主张事实公理和逻辑推导,具有较强的可解释性、可验证性。在人工智能的早期发展中这一学派功勋卓著。虽然让符号学派早年名声大噪的专家系统逐渐淡出人们的视线,但自然语言处理仍然扮演着重要的角色。启发式搜索、知识图谱等重要成果也得到了广泛应用。

连接学派则强调利用简单的单元互联构成网络,并使用这些网络忠诚地学习数据中隐藏的规律和特征,而不执着于对问题给出外显的模型和判据。早期由于算力与数据的匮乏,连接学派发展缓慢,但也有 SVM 等闪光点。近年来,深度神经网络在 BP、ResNet 等技术的加持下逐渐发挥威力,连接学派逐渐占据主导地位。虽然长期以来连接学派与符号学派争论不断,但 2014 年 Deep Mind 发表的论文《Neural Turing Machines》却给出了二者融合的方案。

进化学派着眼于自然选择与基因突变理论,希望程序在选择、遗传与突变中找到精妙的最优解。其核心在于生存压力的模拟、遗传成分的选取和基因突变的产生,多见于运筹优化领域的多目标优化算法。

(二)发展历程

1. 大事记

1936 年,图灵将人类的计算过程进行抽象,提出了模拟该过程的图灵机,可用来计算所有函数。

1949 年,唐纳德·赫布提出赫布理论,描述了在被激发的神经元 A 对神经元 B 的激发做出一定贡献的前提下,反射活动的持续和重复会导致神经元稳定性的持久提升。而这为连接学派的机器学习方法提供了生物学基础。

1950 年,冯·诺依曼出版了《自复制自动机理论》,其中利用自指技巧("蒯恩"程序)构建了能够抵抗熵增,实现自我复制、进化和升级的自动机。同年,图灵发表了 *Computing Machinery and Intelligence*,提出了让计算机在试错中学习的理论。

1952 年,图灵在 BBC 的一次广播中提出了图灵测试的雏形。

1954 年,图灵在一篇未得到出版的论文 *Intelligent Machinery* 中阐述了连接主义的基本原理,并提出了通过适当的干扰和模仿教育使 A、B 两种无组织机器有组织化的想法,这可以视为早期的随机连接神经网络。

1956 年,达特茅斯会议上,"人工智能是制造智能机器的科学和工程,特别是智能计算机程序"这一概念正式被约翰·麦卡锡和马文·明斯基提出。在这之后,符号主义学派和连接主义学派开始走上历史舞台。

1968 年,历时三年的 DENDRAL 专家系统研发成功,标志着人工智能的一个新领域——专家系统的诞生。作为新领域的开创者,此系统被用于预测分子结构。

1981 年,日本政府斥巨资开发第五代计算机,引起欧美等国的积极追赶。但不久,其过度乐观的预期和成果产出之缓慢形成的鲜明对比使得大量资本退出人工智能领域,这也成为人工智能进入寒冬的导火索之一。

短暂沉寂之后,1982 年,计算机博士、科幻作家弗诺·文奇在美国人工智能协会年会上首次提出了人工智能的"奇点"假说——超人剧变,并于 1993 年 NASA 会议上发表论文系统阐述这一理论,他认为当人工智能发展到一定程度后会快速超越人类并最终毁灭人类。这件事标志着人工智能发展的复苏。

1997 年.经历了前一年的失败,IBM 公司旗下的超级计算机"深蓝"以两胜三平一负的战绩战胜国际象棋冠军卡斯帕罗夫。

2011 年,IBM 公司的 Watson 自然语言问答系统在美国的智力问答比赛中战胜两名实力强劲且经验丰富的选手取得冠军。

2015 年,谷歌推出开源机器学习训练系统——TensorFlow,同年,剑桥开设人工智能研究所。

2016 年,谷歌的 AlphaGo 战胜围棋世界冠军李世石,并于次年战胜世界排名第一的棋手柯洁。至此,围棋的桂冠亦不再为人留存。

2. 技术发展历程

1957 年,罗森·布拉特提出了最早的感知机模型。1965 年,伊瓦赫内科提出多层人工神经网络的设想。但 1969 年,马文·明斯基等人证明单层感知机甚至不能拟合异或问题,而多层感知机的拟合能力也暂时没有数学理论支持。这一结果使该领域陷入短暂的停滞。

但在此期间仍有不少发现。1962 年,斯图亚特·德莱福斯发表了仅基于链式法则的反向传播推导方法。1970 年,林纳因马提出了一种即使在稀疏网络也很有计算效率的计算方法,即大名鼎鼎的反向传播的前身。很快,1974 年,保尔·沃博斯首次提出使用反向传播算法来训练人工神经网络的观点。

1982 年,约翰·霍普菲尔德提出单层反馈神经网络——霍普菲尔德网络,这是循环神经网络(RNN)的雏形。

1986 年,昆兰提出 ID3 决策树算法,以信息增益作为节点判断标准,昆兰也给出了其改进算法 C4.5 算法,以信息增益率作为判断标准。

1989 年,杨·勒存使用反向传播算法,用美国邮政系统提供的近万个手写数字的样本来训练神经网络系统,错误率为 5% 左右。1993 年,他在此基础上开发出首个卷积神经网络——LeNet 与配套的反向传播算法。虽然 LeNet 成功商业化,但仍未能开启 AI 的浪潮。

1990 年,罗伯特·夏柏尔提出 Boosting 算法,而后弗雷德对其进行了改进。1995 年,柯特斯提出机器学习的经典算法——SVM。同年,罗伯特和弗雷德予以改进得到了 AdaBoost 算法。

1997 年,施密杜伯提出长短期记忆网络 LSTM,使用门控循环单元和记忆机制极大地缓解了早期 RNN 受制于梯度消失与爆炸而难以训练的问题。同年,舒斯特提出双向 RNN 模型。

2000 年,辛顿发明快速学习法,这使得斯摩棱斯基于 1986 年提出的受限波尔兹曼机逐渐为人所知。

2001 年,布雷曼提出随机森林,其使用特征随机选择、套袋控制集合方差、随机节点优化等思想,可完成回归、分类和数据降维等工作。

2007 年,英伟达发布了一种新型的 GPU 计算框架——CUDA,其强大的并行能力极大地促进了深度学习的发展,也为随后深度学习的井喷奠定了基础。

2010 年,托马斯·米科洛夫基于 NNLM 改进得到 RNN LM 语言模型,大大提升了语音识别精度。

2011 年,微软和谷歌分别将 DNN 技术应用于语音识别领域,这既是语音识别领域多年来的首个突破性进展,也是深度学习技术在这个领域的首个突破。

2012 年,辛顿等人提出 AlexNet,借此一举夺得 ImageNet 挑战赛冠军,力压位居第二的 SVM 算法。这一届挑战赛中出现了 ReLU 激活函数、纯监督训练、Dropout 层、GPU 加速计算等在以后被广泛使用的技术。AlexNet 的出现也正式标志着深度学习风口的到来。

2013 年,米科洛夫提出 word2vec 模型,为语言模型中的词生成语义化向量以进行离散化表示。次年,本吉奥团队和谷歌团队几乎同时提出 seq2seq 架构,将 RNN 用于机器翻译,前者又对该架构进行改进,提出 attention 机制,至此,机器翻译进入全神经机器翻译时代。

2014 年,陈天奇提出 XGBoost 算法,这是一种基于 CART 的 Boosting 算法,该算法由于自身计算特点和强大的可并行性,训练速度很快,且二阶导数的引入进一步加速了收敛。2014 年,西蒙尼杨和齐瑟曼提出 VGG-16 网络。同年,谷歌提出含 Inception 块的 Googlenet,其中采用了 NIN 的全局平均池化技术,并在训练时额外引入两个辅助的 softmax 分支。2015 年,何恺明、张祥雨等人提出 ResNet,其 Residual Block 叩开了超深层网络的大门。同年,吉尔希克基于 CNN 提出了 R-CNN 用于 BBox 的两阶段目标检测,并于次年提出改进版本 Fast R-CNN,其基于 VGG-16 的端到端网络,通过共享卷积、RoI Pooling 和多任务损失等方法在准确率,尤其是速度上取得较大的进步。同在 2015 年,任晓庆提出 Faster R-CNN,实现了实时目标检测。

2017 年,黄高等人基于 ResNet 提出 DenseNet,将前者层与层之间的直接连接拓展为该层与之后所有层连接,从而得以进一步缓解梯度消失问题、加强特征传播、鼓励特征复用、减少特征参数。

2017 年,脸书使用带门控循环单元的 CNN 替换 RNN,提出了基于卷积神经网络的 seq2seq 架构,大幅提高了训练速度。很快,谷歌又使用多头自注意力机制替代 CNN,提出 transformer 架构,进一步降低了模型复杂度,提升了效率。

2017 年一篇名为 *Trojaning Attack on Neural Networks* 指出了神经网络面对木马攻击的脆弱性。文中通过对神经网络进行反求、生成通用木马触发器,再通过逆向工程训练数据对模型再训练来注入恶意行为,得到只会被带有木马触发器的输入激活的恶意行为。由于深度学习不直观,难以理解,这种针对模型的攻击极具隐蔽性且可能造成极其严重的后果。这促使人们对深度学习模型可解释性进行研究,如欧盟提出"解释权"概念。[1] 近年来,人们对深度学习模型可解释性日益高涨的需求促使其逐渐发展并成为深度学习中的一个子学科。对于关于系统给出的解释,需要从可解释性以及完整性两方面来评判。可解释性的目标是以一种人类可以理解的方式描述系统的内部,其完成还与用户本身的认知、知识和偏见有关;而完整性的目标则是以精确的方式描述系统的操作。因此,这个子学科的难点在于如何权衡二者之间的比重,特别是在人类普遍对更简单的描述有强烈的偏好情况下,如何避免为了隐藏修饰性解释导致误解的情况产生。[2]

---

① Liu Y,Ma S,Aafer Y,et al. Trojaning Attack on Neural Networks[C]. Department of Computer Science Technical Reports,2017:1781.

② Gilpin L H,Bau D,Yuan B Z,et al. Kagal,Explaining Explanations:An Overview of Interpretability of Machine Learning[C]. 2018 IEEE 5th International Conference on Data Science and Advanced Analytics (DSAA), 2018:80-89.

2018年，艾伦人工智能研究所提出基于BiLSTM的上下文相关的表示学习法ELMo。很快，OpenAI以Transfomer为基础架构提出了GTP（Generative Pre-trained Transfomer），共有1.17亿个参数。在次年2月提出的GTP-2中，参数量增加至15亿个，并在2020年5月的GTP-3中跃升至1750亿个。而谷歌为了对标GTP，也于2018年开源了BERT模型，其使用了12层双向transformer结构来学习掩码语言模型。

2018年，约瑟夫·雷蒙发布YOLOv3，这也是当前业界使用最为广泛的单阶段目标检测模型。2020年，格伦·乔谢尔仅以代码形式提出YOLOv5。

（三）典型应用

1. 聊天机器人

在实践中，对话系统通常是为了情感互动、客户服务、信息获取等目的而构建的，大致可分为闲聊机器人、面向任务的对话机器人和面向特定领域的对话机器人三类。其中闲聊机器人通常设计用于模拟人类在对话中的反应。随着深度学习的发展，聊天机器人的设计方法逐渐从基于检索、基于匹配或基于机器学习的方法转变为利用seq2seq架构。

而要提高用户满意度，具有情感沟通的功能不可或缺。但由于语义稀疏性和人类情感的复杂性，很难从一个给定的句子中模拟人类情感，这使得预先指定便签一类的专家系统式方法难以取得成效（见图2-1）。

最新提出的EACM网络基于统一的seq2seq架构，嵌入自注意力增强的情绪选择器和情绪偏向的响应生成器，通过模拟的方式来建立文段中的情感和语义信息模型，用来自动生成对情绪有感知的、合适的回复（见图2-2）。这种网络不需要最优情绪响应类别的先验条件，而是自己从对话中学习情感交互模式，从而形成情感感知反应。[①]

2. 预测国家或地区的能源消耗

机器学习作为最早成熟落地的AI算法模型，被大量应用于能源消耗预测方向，譬如爱斯维尔数据分析公司就各国家和地区的电力能源消耗进行分析

---

① Wei W, et al. Emotion-Aware Chat Machine: Automatic Emotional Response Generation for Human-like Emotional Interaction [G]. Proceedings of the 28th ACM International Conference on Information and Knowledge Management, 2019: 1401-1410.

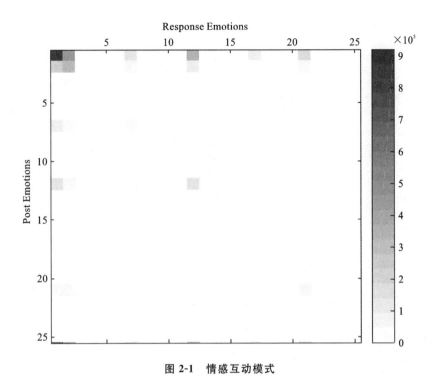

图 2-1　情感互动模式

（图源：Wei W, et al. *Emotion-Aware Chat Machine*：*Automatic Emotional Response Generation for Human-like Emotional Interaction*［G］. Proceedings of the 28th ACM International Conference on Information and Knowledge Management，2019：1401-1410.）

预测。其 1999 年刊发的论文 *Long Term Distribution Demand Forecasting Using Neuro Fuzzy Computations* 基于土地利用状况对配电负荷进行预测，使用 RBFN 网络结构完成全局建模和负载建模，同时结合人的直觉、预测、经验，采用模糊系统理论完成空间建模（见图 2-3）。这种基于模糊逻辑的方法相较于传统的启发式算法具有更好的处理不确定性和常识的能力。[①]

该公司另于 2010 年刊发 *Greek Long-term Energy Consumption Prediction Using Artificial Neural Networks*，文中使用多层感知机、线性回归方法和支持向量机方法对希腊电力消耗进行预测，并在和历史数据的对比中发现预测结果和

---

① Padmakumari K，Mohandas K P，Thiruvengadam S. Long Term Distribution Demand Forecasting Using Neuro Fuzzy Computations［J］. International Journal of Electrical Power & Energy Systems，Volume 21，Issue 5，1999.

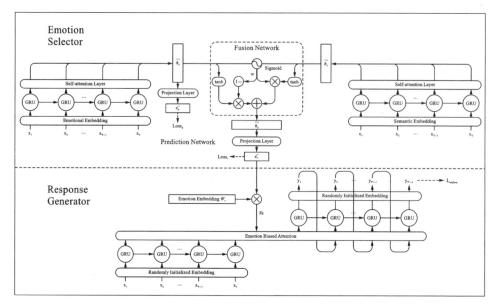

图 2-2 EACM 框架

（图源：Wei W，et al. *Emotion-Aware Chat Machine*：*Automatic Emotional Response Generation for Human-like Emotional Interaction*［G］. Proceedings of the 28th ACM International Conference on Information and Knowledge Management，2019：1401-1410.）

事实吻合得很好（见图 2-4）。

3. 医学影像处理——糖尿病性视网膜病变的深度学习检测

深度学习最早被应用于视觉领域，完成图像分类、目标检测、语义分割、目标追踪、行为识别、超分辨率重构、3D 场景重建等任务。

深度学习在医学图像处理领域主要用于影像分类，器官、区域和界标定位以及目标或病灶位置检测、图像分割、图像配准、影像复原、影像生成和增强等。经典网络结构如 U-Net 利用较小的网络结构和多粒度、多模态的特征实现对医学图像的语义分割与稀疏投影 CT 成像。中国医学人工智能的发展丝毫不亚于发达国家，并且正以难以置信的速度前进。最重要的原因是中国医疗数据的量级远远超过其他国家，而数据规模对于深度学习算法起到了非常关键的作用。当然，我国基于深度学习的医疗影像产品还不够成熟，主要体现在诊断准确率不足、假阳性率高和鲁棒性较差三个方面。[①]

---

① 李彦冬，郝宗波，雷航. 卷积神经网络研究综述［J］. 计算机应用，2016，36（9）：2508-2515.

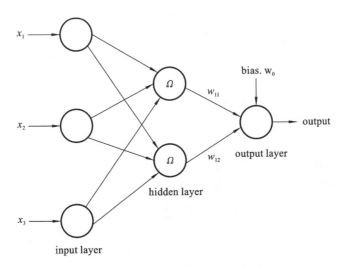

图 2-3　RBFN 结构

（图源：Padmakumari K，Mohandas K P，Thiruvengadam S. *Long Term Distribution Demand Forecasting Using Neuro Fuzzy Computations*［J］. International Journal of Electrical Power & Energy Systems，Volume 21，Issue 5，1999.）

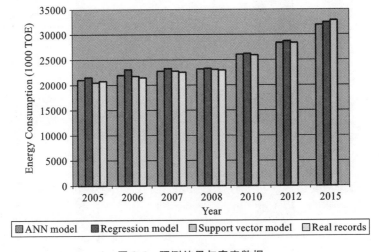

图 2-4　预测结果与真实数据

上海交通大学附属第六人民医院贾伟平教授课题组构建了糖尿病视网膜病变辅助智能诊断系统 DeepDR。该系统是一个迁移学习辅助的多任务网络，用于评估视网膜图像质量、病变和 DR 等级（见图 2-5）。其利用标注图像训练开发,实现了对糖尿病视网膜从轻度病变到增殖期病变的全病程自动诊断,并能对眼底图像的质量进行实时反馈,高效识别眼底病变,对 DR 从早期到后期的全过程检测都具有较高的灵敏度和准确性。贾伟平教授课题组以 *A Deep Learning System for Detecting Diabetic Retinopathy Across the Disease Spectrum* 为题将成果发表在 Nature 子刊 *Nature Communications* 上。

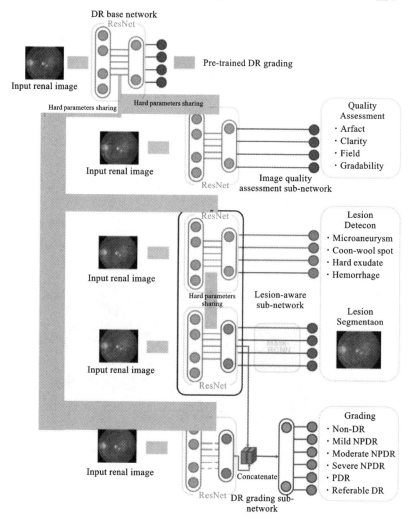

图 2-5 DeppDR 框架

(图源:Dai L,Wu L,Li H,et al. *A Deep Learning System for Detecting Diabetic Retinopathy Across the Disease Spectrum*[J]. Nature Common,2021:3242.)

DeepDR 系统由三个深度学习子网络组成：图像质量评估子网络、DR 分级子网络和病灶感知子网络。图像质量评估子网络使用了 466247 张图像进行训练，对图像能否分级进行二分类，并识别是否存在伪影、清晰度不足等特定图像质量问题。DR 分级子网络使用了 415139 张无质量问题的图像进行训练，将图像划分为非 DR，轻度、中度或重度 DR，PDR，并判断是否存在 DME 的二元分类。病灶感知子网络使用了 10280 张已标记的视网膜病变图像进行训练，以实现微动脉瘤、CWS、硬渗出物和出血的检测和语意分割。

训练过程中采用迁移学习方案，用预训练权重作为 DR 网络基底，再对上层网络进行 finetune，并将病灶感知子网络的分割模块提取的病灶特征和 DR 分级子网络提取的病灶特征进行级联，以提高分级性能。使用 20% 数据作为早期停止验证集来避免过度拟合。

本地和外部数据集的测试结果表明该系统对此类病变具有较高的准确率和优秀的泛化能力，图像质量和病灶感知子网络的引入也使其以一种更贴近眼科医生的方式思考。该系统可以应用于获取视网膜图像时实时判断图像质量是否达标，还可以提供视觉提示、帮助用户识别不同类型病变的存在和位置，提高诊断速度与质量。[1]

在同一领域，Google 公司研究者 Gulshan 团队在 2016 年采用深度学习网络对 128175 张已由 54 名美国专家标注过的视网膜眼底图像进行训练，然后在单独的测试数据集上进行了验证，准确率达到曲线下面积 91%，检测效能可与人类专家相当。这项研究证明了糖尿病视网膜病变人工智能自动检测的应用前景，可大大提高检测效率和可复制性，扩大筛查范围，减小患者就诊难度，实现早诊早治。[2]

4. 新闻写作与谣言检测

在新闻文本写作中，自然语言处理中的文本生成技术被广泛地用于自动生成简短的新闻报道、文段概括与摘要、谣言检测等。在国外有 WordSmith（美联社）、Quakebot（《洛杉矶时报》）、Quill（*Narrative Science*）等，国内有快笔小新（新华社）、DreamWriter（腾讯）等 AI 写手撰写财经分析、体育事件速报等新闻稿件。

---

[1]　Dai L，Wu L，Li H，et al. A Deep Learning System for Detecting Diabetic Retinopathy Across the Disease Spectrum[J]. Nature Communication，2021：3242

[2]　李彦冬，郝宗波，雷航.卷积神经网络研究综述[J].计算机应用，2016，36(9)：2508-2515.

人工智能在协助生产新闻的过程中自动与受众需求相匹配,旨在满足受众对新闻的个性化需求,受众偏好、认知习惯等影响着新闻生产,传统的线性新闻生产规律被打破。同时新闻的时间线不再重要,被忽视乃至被删除的内容可能关乎新闻的全貌,使得智能化时代下的新闻仅能让受众看到有关事件的一角。不仅如此,由于个体跨时空不断填充新闻,其内容可能因此失焦、产生矛盾,不同媒介及个体就相同新闻发声导致时空重叠现象,新闻的质量也随之降低。[①] 而这种鱼龙混杂的情况进一步混淆了读者视听,让假新闻更有可能乘虚而入,加之谣言本身的高速传播属性与现代推荐系统的契合,使谣言识别这一课题日益重要。

在这一方向近年来提出了基于多模态识别的 EANN 事件对抗生成网络,一种通过移除事件特定特征,保留共享的可转移特征来检测谣言通用框架的模型(见图 2-6)。该模型由多模态特征提取器、虚假新闻检测器和事件鉴别器组成。

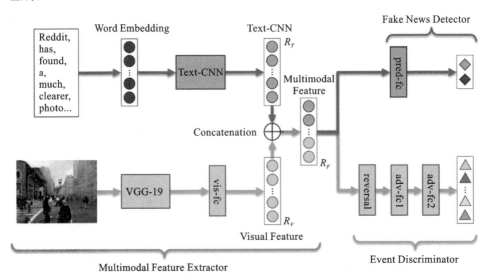

图 2-6　EANN 框架

对于多模态特征提取器,该模型使用改进的 TextCNN 提取多粒度的文本特征,使用预训练的 VGG-19 作为视觉特征提取器处理配图,而后将二者

---

①　廖路.探析智能化时代新闻媒体的生产模式[J].新闻前哨,2021(11):54-55.

拼接起来形成多模态输入。对于虚假新闻检测器，使用二分类交叉熵判别新闻真假，但这不足以训练出泛化能力强的检测模型。对于事件鉴别器，其训练目标反常道而行，通过随机梯度下降和梯度反转层训练得到尽可能大的交叉熵损失，借此来删除事件独有的特征，提高模型泛化性能。同时，事件鉴别器也使得该模型无须像 GAN 一样分段固定训练，使之做到了端到端的训练。[①]

其实验结果显示出图像较文本更易传递，而多模态识别模式比单独的视觉识别模式更加有效，并且整体较 Baseline 有了很大提升。

二、数据挖掘技术与应用

(一)概念特征

从文明创始之初的"结绳记事"，到文字发明后的"文以载道"，再到近现代科学出现后的"数据建模"，数据一直伴随着人类社会的发展变迁，承载着人类基于数据和信息认识世界的努力和取得的巨大进步。然而，直到以电子计算机为代表的现代信息技术出现后，数据处理有了自动运行的方法和手段，人类掌握数据、处理数据的能力才实现了质的跃升。信息技术及其在经济社会发展方面面的应用（即信息化），推动数据（信息）成为继物质、能源之后的又一种重要战略资源。

大数据作为一种概念和思潮由计算领域发端，之后逐渐延伸到科学和商业领域。大数据，或称巨量资料，指的是所涉及的资料规模巨大到无法通过主流软件工具，在合理时间内达到撷取、管理、处理，并整理成为帮助企业经营决策等目的的资讯。

大多数学者认为，大数据这一概念最早公开出现于 1998 年，美国高性能计算公司 SGI 的首席科学家约翰·马西在一个国际会议报告中指出：随着数据量的快速增长，必将出现数据难理解、难获取、难处理和难组织等四个难题，并用"BigData"（大数据）来描述这一挑战，在计算领域引发思考。2007 年，数

---

① Wang Yaqing, et al. EANN: Event Adversarial Neural Networks for Multi-Modal Fake News Detection[J]. Applied Doita Scieuce Track Paper,2018(8):19-23.

据库领域的先驱人物吉姆·格雷指出大数据将成为人类触摸、理解和逼近现实复杂系统的有效途径，并认为在实验观测、理论推导和计算仿真等三种科学研究范式后，将迎来第四范式——数据探索，后来同行学者将其总结为"数据密集型科学发现"，开启了从科研视角审视大数据的热潮。2012 年，牛津大学教授维克托·迈尔-舍恩伯格在其畅销著作《大数据时代：生活、工作与思维的大变革》[①]中指出，数据分析将从随机采样、精确求解和强调因果的传统模式演变为大数据时代的全体数据、近似求解和只看关联不问因果的新模式，从而引发商业应用领域对大数据方法的广泛思考与探讨。

大数据于 2012 年、2013 年达到其宣传高潮，2014 年后其概念体系逐渐成形，人们对其认知亦趋于理性。大数据相关技术、产品、应用和标准不断发展，逐渐形成了包括数据资源与 API、开源平台与工具、数据基础设施、数据分析、数据应用等板块的大数据生态系统，并持续发展和不断完善，其发展热点呈现出从技术向应用、再向治理的逐渐迁移。经过多年的发展和沉淀，人们对大数据已经形成基本共识：大数据现象源于互联网及其延伸所带来的无处不在的信息技术应用以及信息技术的不断低成本化。在当时，大数据泛指无法在可容忍的时间内用传统信息技术和软硬件工具对其进行获取、管理和处理的巨量数据集合，具有海量性、多样性、时效性及可变性等特征，需要可伸缩的计算体系结构以支持其存储、处理和分析。

大数据的价值本质上体现为提供了一种人类认识复杂系统的新思维和新手段。就理论上而言，在足够小的时间和空间尺度上，对现实世界数字化，可以构造一个现实世界的数字虚拟映像，这个映像承载了现实世界的运行规律。在拥有充足的计算能力和高效的数据分析方法的前提下，对这个数字虚拟映像的深度分析，将有可能理解和发现现实复杂系统的运行行为、状态和规律。应该说大数据为人类提供了全新的思维方式和探知客观规律、改造自然和社会的新手段，这也是大数据引发经济社会变革最根本的原因。

综上，大数据是一个较为抽象的概念，正如信息学领域大多数新兴概念，大数据至今尚无确切的、统一的定义。当前，较为统一的认识是大数据有四个基本特征：数据规模大（volune），数据种类多（variety），数据要求处理速度快

① Mayer-Schinberger V,Cukier K. Big Data:A Revolution That Will Transform How We Live,Work,and Think[M]. Harper Businss,2014.

(velocity),数据价值密度低(value),即所谓的"4V"特性,这些特性使得大数据区别于传统的数据概念。大数据的概念与海量数据不同,后者只强调数据的量,而大数据不仅用来描述数据量大,还更进一步指依据数据的复杂形式、数据的快速时间特性,以及对数据的专业化分析、处理等,最终获得有价值信息的能力[①]。

大数据时代早已来临,相关的数据处理方法也是研究的热门,其中数据挖掘作为研究数据的一门技术,无疑是现今研究的热点。

严格地说,数据挖掘是指从数据集合中自动抽取隐藏在数据中的那些有用信息的非平凡过程,这些信息的表现形式为规则、概念、规律及模式等。它可帮助决策者分析历史数据及当前数据,并从中发现隐藏的关系和模式,进而预测未来可能发生的行为。数据挖掘的过程也叫知识发现的过程,它是一门涉及面很广的交叉性新兴学科,涉及数据库、人工智能、数理统计、可视化、并行计算等领域。数据挖掘是一种新的信息处理技术,其主要特点是对数据库中的大量数据进行抽取、转换、分析和模型化处理,并从中提取辅助决策的关键性数据。数据挖掘是 KDD(Knowledge Discovery in Database)中的重要技术,它并不是用规范的数据库查询语言(如 SQL)进行查询,而是对查询的内容进行模式的总结和内在规律的搜索。传统的查询和报表处理只是得到事件发生的结果,并没有深入研究事件发生的原因,而数据挖掘则主要了解事件发生的原因,并且以一定的置信度对未来进行预测,用来为决策行为提供有力的支持[②]。

数据挖掘概念自 1966 年在统计学中被提出,之后的几十年中并没有引起人们的广泛关注。直到 1989 年 8 月,在美国底特律举办的第 11 届国际人工智能联合会议上召开了以知识发现为主题的学术研讨会之后,数据挖掘才开始得到人们的关注。尤其是近 10 年来,随着大数据时代的到来,数据挖掘在学术界、工业界受到极大的重视。目前,数据挖掘还没有明确的定义。很多学者通常用另一个词来表示数据挖掘,即从数据中发现面临的挑战。还有一些学

①　马建光,姜巍.大数据的概念、特征及其应用[J].国防科技,2013,34(2):10-17.

②　王桂芹,黄道.数据挖掘技术综述[J].电脑应用技术,2007(69):9-14.

者认为数据挖掘仅仅是知识发现的一个必要过程。①②③④⑤ 虽然,从不同领域来看,可能得到不同的概念(例如软件工程数据挖掘⑥),但是与大数据处理基本流程一样,数据挖掘是一个系统工程,其中任何一个步骤都可能会进行反复的操作。在文献的基础上,归纳出数据挖掘过程如下。

1. 数据预处理

数据预处理指把采集到的原始数据进行初步处理,加工成可以用来进一步处理的数据源。这一阶段主要有数据清洗、数据稽查、数据提取及格式化数据。数据预处理是整个数据挖掘过程中十分费力、费时的阶段。数据质量的高低是数据预处理效果的重要标志。同时,数据质量将会直接影响到数据挖掘的结果。数据预处理的数据类型主要包括不一致性数据、缺失数据、重复数据、不合理数据、虚假数据、异常数据、逻辑错误数据等。从公共数据库的角度出发,数据清洗应尽量满足如下要求:尽量放松清洗规则,保证数据的原样性;在清洗过程中,只能做数据映射,不能修改用户数据,不对错误数据进行纠正;清洗的数据要进行保存。这些要求的目的是最大程度上保证数据的真实性,避免在数据清洗阶段造成数据所隐藏的信息丢失。第三点间接说明了数据清洗不是一次就能达到要求的。

2. 数据融合

在信息工业中,比较流行的观点是把数据清洗与数据融合结合组成数据预处理阶段。在此,为了强调大数据环境中数据清洗与数据融合的困难性及重要性,把它们分开进行论述。大数据环境下,数据的多样性(例如表现形式

---

① Meng X F, Ci X. Big Data Management: Concepts, Techniques and Challenges[J]. Journal of Computer Research and Development,2013,50(1):146-169.

② Li G J,Cheng X Q. Research Status and Scientific Thinking of Big Data[J]. Bulletin of Chinese Academy of Sciences,2012,27(6):647-657.

③ Han J W, Kamber M, Pei J. Data Mining: Concepts and Techniques[M]. 3rded. Burlington: Elsevier Science,2011.

④ Feng D G, Zhang M, Li H. Big Data Security and Privacy Protection[J]. Chinese Journal of Computers,2014,37(1):246-258.

⑤ Liu Z H,Zhang Q L. Research Overview of Big Data Technology[J]. Journal of Zhejiang University: Engineering Science,2014,48(6):957-959.

⑥ Liu W Q. Modeling Data Quality Control System for Chinese Public Database and its Empirical Analysis[J]. Science China: Information Science,2014,44(7):835-856.

多样化、数据格式多样化、数据来源多样化等)表明了通过各种渠道获取到的数据形式与结构是十分复杂的。面对以非结构化和半结构化为主的大数据(据统计,目前采集到的数据85%以上是非结构化和半结构化数据),数据融合的地位变得更加突出。

3. 数据分析

数据分析是从大量数据中发现有趣、有价值的信息的过程,是整个数据挖掘过程的核心部分。而数据分析的成功与否不仅与研究者所运用的一系列理论、算法有关,还与数据分析所涉及的具体领域有着重要的关系。例如,面对时空数据中海量、高维、高噪声及非线性等特性时,时空频繁模式[1]、时空聚类[2][3]、时空异常检验[4][5]等方法被提出,以解决传统数据挖掘算法无法应对的难题[6]。

4. 结果评价与展示

数据分析的目的是让用户能够从中获得有用的信息并对结果进行评价。其难点在于用户并不具备相应的专业知识,因此需要更加具体与形象化的表示,例如采用可视化技术。这也正是大数据环境下数据挖掘中的一个研究热点与难点。大数据处理的基本流程是数据挖掘思想在大数据环境中的具体表现,因此有很多的相似之处。

随着人工智能技术的发展,数据挖掘更多地使用了机器学习相关的算法,

①　Tsoukatos Ⅰ,Gunopulos D. Efficient Mining of Spatio Temporal Patterns[M]. Berlin,Heidelberg:Springer,2001.

②　Pelekis N,Kopanakis I,Kotsifakos E E,et al. Clustering Trajectories of Moving Objects in an Uncertain World[C]. Proceedings of the 9ᵗʰ IEEE International Conferenceon Data Mining,Miami,USA,Dec6-9,2009. Washington,DC,USA:IEEE Computer Society,2009:417-427.

③　Rosswog J,Ghose K. Efficiently Detecting Clusters of Mobile Objects in the Presence of Densenoise[C]//Proceedings of the 2010 ACM Symposiumon Applied Computing,Switzerland,Mar22-26,2010. NewYork,NY,USA:ACM,2010:1095-1102.

④　Adam N R,Janeja V P,AtluriV. Neighborhood Based Detection of Anomalie sin High Dimensional Spatio Temporal Sensor Datasets[C]// Proceedings of the 2004 ACM Symposiumon Applied Computing,Nicosia,Cyprus,Mar14-17,2004. NewYork,NY,USA:ACM,2004:576-583.

⑤　Kut A,Birant D. Spatio-temporal Outlier Detection Inlarge Databases[J]. Journal of Computing and Information Technology,2006,14(4):291-297.

⑥　Liu D Y,Chen HL,Qi H,et al. Advance Sinspatio Temporal Datamining[J]. Journal of Computer Research and Development,2013,50(2):225-239.

例如曾被评为数据挖掘十大算法的 C4. 5 算法、K-Means 算法、Support vector machines、The Apriori algorithm、最大期望（EM）算法、PageRank、AdaBoost、k-nearest neighbor classification、Naive Bayes、CART 等。

数据挖掘现在随处可见，而它的故事在《点球成金》出版和"棱镜门"事件发生之前就已经开始了。下文叙述的就是数据挖掘发展史上的主要里程碑，讲述数据挖掘是怎样发展以及怎样与数据科学和大数据融合的。

（二）发展历程

数据挖掘是在大数据集上探索和揭示模式规律的计算过程。它是计算机科学的分支，融合了统计学、数据科学、数据库理论和机器学习等众多技术。

1763 年，托马斯·贝叶斯的论文在他去世后发表，他所提出的贝叶斯理论将后验概率与先验概率联系起来。因为贝叶斯理论能够帮助理解基于概率估计的复杂情况，所以它成了数据挖掘和概率论的基础。

1805 年，勒让德和高斯使用回归分析确定了天体（彗星和行星）绕行太阳的轨道。回归分析的目标是估计变量之间的关系，在这个例子中采用的方法是最小二乘法。自此，回归分析成为数据挖掘的重要工具之一。

1936 年，计算机时代即将到来，它让海量数据的收集和处理成为可能。在1936 年发表的论文《论可计算数及其在判定问题上的应用》中，图灵介绍了通用机（通用图灵机）的构想，通用机具有像今天的计算机一般的计算能力。现代计算机就是在图灵这一开创性概念上建立起来的。

1943 年，沃伦·麦卡洛克和沃尔特·皮茨首先构建出神经网络的概念模型。在名为 *A logical calculus of the ideas immanent in nervous activity* 的论文中，他们阐述了网络中神经元的概念。每一个神经元可以做三件事情：接受输入、处理输入和生成输出。

1965 年，劳伦斯·福格尔成立了一个新的公司，名为 Decision Science Inc.，目的是对进化计算进行应用。这是第一家专门将进化计算应用于解决现实问题的公司。

20 世纪 70 年代，随着数据库管理系统趋于成熟，存储和查询百万兆字节甚至千万亿字节成为可能。而且，数据仓库允许用户从面向事物处理的思维方式向更注重数据分析的方式进行转变。然而，从这些多维模型的数据仓库中提取复杂深度信息的能力是非常有限的。

　　1975 年,约翰·霍兰德所著的《自然与人工系统中的适应》问世,成为遗传算法领域具有开创意义的著作。这本书讲解了遗传算法领域中的基本知识,阐述了理论基础,探索其应用。

　　到了 20 世纪 80 年代,HNC 为"数据挖掘"这个短语注册了商标。注册这个商标的目的是保护名为"数据挖掘工作站"的产品的知识产权。该工作站是一种构建神经网络模型的通用工具,不过现在早已销声匿迹。也正是在这个时期,出现了一些成熟的算法,能够"学习"数据间关系,相关领域的专家能够从中推测出各种数据关系的实际意义。

　　1989 年,术语 KDD 被格雷戈里·皮亚特斯基-夏皮罗提出。同一时期,他合作建立起第一个同样名为 KDD 的研讨会。

　　到了 20 世纪 90 年代,"数据挖掘"这个术语出现在数据库社区。零售公司和金融团体使用数据挖掘分析数据和观察趋势,以扩大客源、预测利率的波动和股票价格,以及探索顾客需求。

　　1992 年,协哈德·E.博泽、伊莎贝尔·M.盖恩和弗应基米尔·N.瓦尼克对原始的支持向量机提出了一种改进办法,新的支持向量机充分考虑到非线性分类器的构建。支持向量机采用了一种监督学习方法,用分类和回归分析的方法进行数据分析和模式识别。

　　1993 年,格雷戈里·皮亚特斯基-夏皮罗创立"Knowledge Discovery Nuggets (KDnuggets)"通信。本意是联系参加 KDD 研讨会的研究者,然而 KDnuggets.com 的读者群现在似乎广泛得多。

　　2001 年,"数据科学"这个在 20 世纪 60 年代就已存在的术语,终于被威廉·S.克利卡兰以一个独立的概念加以介绍。根据 *Building Data Science Teams* 所著,帕蒂尔和杰弗·哈梅马巴赫随后使用这个术语介绍他们在 LinkedIn 和 Facebook 中承担的角色。

　　2003 年,迈克尔·刘易斯写的《点球成金》出版,它改变了许多主流联赛决策层的工作方式。奥克兰运动家队(美国职业棒球大联盟球队)使用一种统计的、数据驱动的方式针对球员的素质进行筛选。以这种方式,他们成功组建了一支打进 2002 年和 2003 年季后赛的队伍,而队伍的薪金总额只有对手的 1/3。

　　在 2015 年,帕蒂尔成为白宫首位数据科学家。今天,数据挖掘已经遍布商业、科学、工程和医药领域,但这还只是一小部分。信用卡交易、股票市场流动、国家安全、基因组测序以及临床试验方面的数据挖掘,都只是数据挖掘应用的冰山一角。随着数据收集成本越来越低,数据收集设备数目激增,像大数据这样的专有名词已经是随处可见①。

(三) 典型应用

1. 生成用户画像

近年来,互联网上网服务营业场所在缩小城乡信息差距、解决流动人口和低收入群体上网问题、丰富人民群众精神文化生活等方面发挥了积极作用,已经成为社会发展中不可或缺的一环。截至 2018 年底,我国互联网上网服务行业用户规模达到 1.19 亿。但是,由于移动产业迅速扩张,互联网上网服务营业场所受到不小的冲击。为了摆脱困境,互联网上网服务营业场所需要不断转型与升级,为用户提供个性化服务,提高用户满意度,以此提升用户黏度。为了实现个性化服务,企业必须了解用户的平台特征。互联网上网服务营业场所虽然有用户的各种行为数据,但是不能直观有效地表现出用户特征。② 而使用基于数据挖掘的用户画像可以高效地解决这个问题。

用户画像是通过分析与用户相关信息后,抽取有用信息进行标签化和结构化处理,完美地抽取出一个用户全貌的过程(见图 2-7)。构建用户画像主要分为标签体系构建和标签匹配两部分。标签体系是用户画像描述用户特征的维度体系,是构建用户画像的基本框架。标签体系的构建要结合业务需求,从不同的维度去刻画用户特征。不同领域的用户画像体系有不同的侧重点。标签匹配的实质是给用户打标签,是用户画像的核心工作。进行标签匹配时,需要对数据进行挖掘,从海量繁杂的数据中提取有用的信息,主要用到的方法包括统计方法、文本挖掘算法、相似度计算方法、分类聚类算法等。对数据进行挖掘后,即可为用户标记标签。标签分为定量标签和定性标签。定量标签使用可量化的数据进行标记,定性标签则使用关键词进行标记。由于定性标签使用关键字,无法量化,所以进行标签标记时,需要为定性标签计算权重。通

① 了解数据挖掘[EB/OL].(2016-10-27). https://blog. csdn. net/qq_32146369/article/details/52942413.
② 杨欧亚,龚婕,魏松杰. 面向互联网上网服务行业的用户画像系统设计[J].计算机与数字工程,2021,49(9):1782-1787.

过使用权重系数,使定性标签能够精准地表达用户特征。

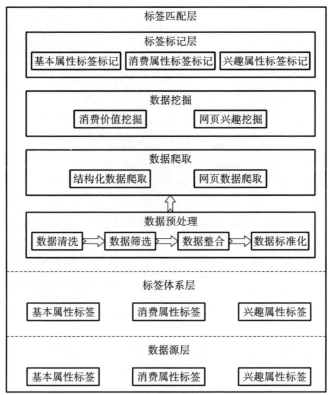

图 2-7　用户画像系统构建①

2. 智慧医疗

医疗问题与居民生活息息相关,存在的问题较为突出的有看病难、看病贵和医疗资源不均衡等社会热点问题,这些问题与医疗资源分配不均、医疗机构布局不合理、医疗保障不够充足和医疗体系建设落后于社会需求有直接关系。利用大数据与数据挖掘技术研究解决这些难题,用科学算法分析、挖掘医疗体系中大数据潜在的规律和信息,对完善智慧医疗有积极作用。在智慧医疗中收集的数据主要来源有居民的就医行为数据、居民健康档案数据和医院患者就医信息等。常用于智慧医疗的数据挖掘算法有关联规则、决策树算法、聚类算法等,比如利

---

① 杨欧亚,龚婕,魏松杰. 面向互联网上网服务行业的用户画像系统设计[J]. 计算机与数字工程,2021,49(9):1782-1787.

用关联规则可以分析出医疗资源分配与居民就医的潜在规律;利用决策树算法可以对病人就医流向、治疗费用和病人治疗医院等级进行分类分析,得出医疗资源的分配和医疗保障的信息分类图。医院、健康管理中心以及社区门诊的数据中有大量的就诊信息,这些看似庞大无规律的数据,经过大数据处理、数据挖掘技术分析,能从中找出潜在的规律和有用的信息,能够促进资源的合理分配和区域布局的合理化,推动医疗机构建设的合理优化,提高患者的治愈率,减轻患者的经济负担,解决好医患矛盾,提高医疗效率,提升智慧医疗水平[①]。

3. 智慧交通

智慧交通是智慧城市发展中的重要组成部分,城市经济的发展速度对交通要求越来越高,城市在发展过程中要引进人才、招商引资,交通便利便是重要的参考项,人们生活水平提高也与交通有直接关系,是否有便利的交通条件直接影响到人们的生活。随着交通视频监控、GPS 定位和物联网技术应用的发展,智慧交通的水平得到了较大提升。目前的各种导航软件,如高德地图、百度地图等给人们出行带来极大方便,Sinha 等提出其利用网络模型和无监督机器学习的方法,实现路径规划算法的改进,采用网络技术、支持向量机,生成风格路由表,从而确定最优的导航路径。但是这些软件只能提示路线和路况,并不能解决交通拥堵问题,也不能提供便利的乘车匹配方案。要想解决交通拥堵问题、提供个性化出行匹配方案,还要从交通系统中收集视频监控数据、GPS 定位路线数据和实时车辆出行数据等信息,此外,还可以利用数据挖掘技术,为交通系统运行提供决策支持。此外,还可以利用数据挖掘聚类的方法对交通事故处理数据进行分析,用关联规则对交通事故因素进行评估、预测,找出事故发生的原因,及时制定对策进行相应的预防;通过分析 GPS 定位或上下班出行数据,提供个性化的交通路况信息服务,提供出行方便的路线,治理交通拥堵;利用大数据技术收集人们出行数据、公交车运营数据、出租车载客数据和网约车数据等,采用决策树、神经网络分类模型对数据进行分析,得出最优化的出行方案,提高城市交通出行效率,充分利用城市交通资源,提供网约车打车策略和个性化出行匹配方案,让市民更加便利、安全地出行,让智慧交通助力智慧城市体系建设[②]。

---

① 周爱华. 数据挖掘技术在智慧城市建设中的应用[J]. 电子技术,2021,50(11):94-95.
② 周爱华. 数据挖掘技术在智慧城市建设中的应用[J]. 电子技术,2021,50(11):94-95.

三、复杂网络技术与应用

（一）概念特征

复杂网络是一种图论模型,具有相对复杂的拓扑结构。复杂网络建模试图解决三个问题:第一,找出可以刻画网络拓扑结构和行为的统计特性,并且给出衡量这些统计特性的方法;第二,构建网络模型以便帮助我们理解这些统计特性背后的真正意义;第三,基于这些统计特性,研究网络中的行为与局部规则。[1][2]

节点、边、度是构成复杂网络的基本要素。一个网络是由若干个节点通过若干条有向或无向边连接起来用以描述节点间关系的图。在网络中,点的度是指以节点作为顶点的边的数目,即连接该节点的边的数目。若为有向图,入度为节点作为终点的有向线段数,出度则为节点为起点的有向线段数。而网络的度指网络中所有节点度的平均值。度分布 $P(k)$ 指网络中任意一个节点,它的度恰好为 k 的概率。

在复杂网络中,我们会更多地介绍网络的一些属性。一些典型的属性概念包括点权、介数等。节点的点介数指网络中所有最短路径中经过该节点的数量比例,边介数则指网络中所有最短路径中经过该边的数量比例。介数反映了相应的节点或边在整个网络中的作用和影响力,节点的点介数被定义为对网络韧性的一种度量,是描述图的一种更加合理的方式,能够合理地描述通过这一节点的最短路径数量占比情况,是衡量这一节点重要性的一个重要指标。计算方法为:

$$b(v) = \sum_{i \neq k} \frac{g_{ik}(v)}{g_{ik}} \tag{2.1}$$

在网络中,节点的聚集系数是指与该节点相邻的所有节点之间连边的数目占这些相邻节点之间最大可能连边数目的比例。而网络的聚集系数则是指网络中所有节点聚集系数的平均值,它表明网络中节点的聚集情况,即网络的

① Newman M. The Structure and Function of Complex Networks[J]. Siam Review,2003,45(2):167-256.
② 许超.复杂网络研究综述[J].2018,8(33):242-244.

聚集性,也就是说同一个节点的两个相邻节点仍然是相邻节点的概率有多大,它反映了网络的局部特性。聚集系数是描述网络的稳定性的重要指标,其中,有向加权网络的聚集系数定义如下:

$$C(i) = \frac{1}{m_i(m_i-1)} \sum_{j,k} \frac{k_i}{S_i} \frac{w_{ij}+w_{ji}+w_{jk}+w_{ki}}{n_{ijk}} a_{jk} \qquad (2.2)$$

在网络中,两点之间的距离为连接两点的最短路径上所包含的边的数目。而网络的平均路径长度指网络中所有节点间的平均距离,能够反映出网络的全局分布特性。不同的网络结构可赋予平均路径长度不同的含义。如在疾病传播模型中平均路径长度可定义为疾病传播时间,交通网络模型中平均路径长度可定义为站点之间的距离等。

复杂网络的一个重要特性是它的小世界效应。复杂网络的小世界效应是指尽管网络的规模很大,也就是节点非常多,但两个节点之间的距离却没有想象中那么长,很可能比想象中的要短得多。大量的实证研究表明,网络的平均路径长度与网络的节点规模是对数增长的,并且真实网络都具备小世界效应。

复杂网络的另一个重要特性是网络的无标度特性。对于随机网络和规则网络,度分布区间非常狭窄,大多数节点都集中在节点度均值的附近,说明节点具有同质性,因此节点度均值可以被看作是节点度的一个特征标度。而在节点度服从幂律分布的网络中,大多数节点的度都很小,而少数节点的度很大,说明节点具有异质性,这时特征标度消失。无标度特性就是指这种节点度的幂律分布。

复杂网络按照拓扑结构有这样一些分类:规则网络、随机网络、小世界网络、无标度网络等。最简单的网络模型为规则网络,在这一类网络中任意两个节点之间的联系遵循一定的规则,通常每个节点的近邻数目都相同。常见的具有规则拓扑结构的网络包括全局耦合网络(也称为完全图)、最近邻耦合网络和星型耦合网络等。

而从某种意义上讲,规则网络和随机网络是两个极端,而复杂网络处于两者之间。节点不是按照确定的规则连线,而是按纯粹的随机方式连线,所得的网络称为随机网络。如果节点按照某种自组织原则方式连线,将演化成各种不同网络。

大部分实际网络既不是完全规则的,也不是完全随机的,呈现出一种灰色效应。瓦茨和斯特罗加茨于1998年引入了一个小世界网络模型,称为WS小世界模型^①，作为从完全规则网络向完全随机网络的过渡（见图 2-8 所示）。

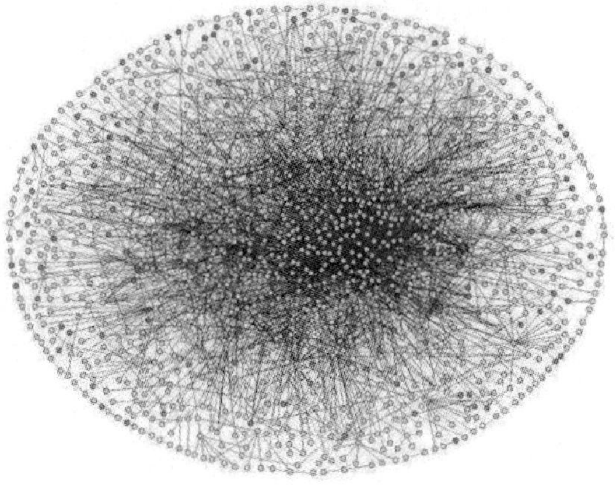

图 2-8　小世界网络示例

很多网络都不同程度地拥有如下共同特性：大部分节点只有少数几个连接节点，而某些节点却拥有与其他节点的大量连接，也就是并非所有节点在网络中都是同等重要的。这些具有大量链接的节点所拥有的链接数可能高达几百、几千甚至几百万，而包含这种集散节点的网络被称为无标度网络。

（二）发展历程

复杂网络的研究经历了很长的一段时间。最早可以追溯到 1736 年欧拉对哥尼斯堡七桥问题的探讨（这一点在后续的图论部分也会提到）。但真正标志复杂网络成为一个独立学科的事件是 1998 年斯特罗加茨和巴拉巴西提出小世界网络和无标度网络的概念。那么，什么样的拓扑结构比较适合用来描述真实的系统呢？200 多年来，对这个问题的研究经历了三个阶段。在最初的100 多年里，数学家们认为真实系统各因素之间的关系可以用一些规则的结构表示，如最近邻环网。到了 20 世纪 50 年代末，数学家们想出了一种新的构造网络的方法，在这种方法下，两个节点之间连边与否不再是确定的事情，而是根据概率来决定。数学家把这样生成的网络叫作随机网络，这在接下来的 40年里一直被很多科学家认为是描述真实系统最适宜的网络。直到最近几年，

---

① Xia Y, Fan J, Hill D. Cascading Failure in Watts-Strogatz Small-World Networks[J]. Physica A: Statistical Mechanics and its Applications, 2010, 389(6): 1281-1285.

由于计算机数据处理和运算能力的飞速发展,科学家们发现大量的真实网络既不是规则网络,也不是随机网络,而是具有与前两者皆不同的统计特征的网络。这样的网络被科学家们叫作复杂网络,对于它们的研究标志着第三阶段的到来。

两项研究可以看作是复杂网络研究新纪元开始的标志:第一个是瓦茨及其导师斯特罗加茨教授于 1998 年 6 月对小世界网络的集体动力学的探讨[1],另一项是巴拉巴西和艾伯特于 1999 年 10 月发表的题为《随机网络中标度的涌现》的文章[2]。这两篇文章分别揭示了复杂网络的小世界特征和无标度性质,并建立了相应的模型以阐述这些特性的产生机理。至此,人们逐渐展开了对复杂网络的研究。

近年来,越来越多的物理学家开始了复杂网络领域的研究。研究对象特殊的尺度效应是其中一个重要原因。我们可以考虑这样一个问题,当我们考虑确定性场景下的拓扑结构变化时,我们通常考虑的是移动一个顶点对网络的影响,但或许像“随机移走 3% 的顶点会对网络性能产生什么样的影响?”这样的问题会更有意义。这个尺度的网络,是被物理学家称作“足够大”的网络,对它们的研究需要使用统计物理的方法。复杂网络学者在考虑网络的时候,往往只关心节点之间有没有边相连,至于节点到底在什么位置,以及具体的几何关系等都是他们不在意的。在这里,他们把网络不依赖于节点的具体位置和边的具体形态就能表现出来的性质叫作网络的拓扑性质,相应的结构叫作网络的拓扑结构。

国内学者对国外复杂网络理论研究的介绍最早始于汪小帆(2002)[3],文中回顾了近年来国外复杂网络研究所取得的重要成果,其中包括平均路径长度、聚集系数、度分布等网络度量,Internet、万维网和科学合作网络等现实系统,规则网络、随机网络、小世界网络、无标度网络等网络模型,以及复杂网络上的同步问题等。

---

① Watts D J, Strogatz S H. Collective Dynamics of Small-World Networks[J]. Nature, 1998, 393 (6684):440.

② Barabási A, Albert R. Emergence of Scaling in Random Networks[J]. Science, 1999, 286(5439): 509-512.

③ Wang Xiaofan. Complex Networks: Topology, Dynamics and Synchronization[J]. International Journal of Bifurcation & Chaos in Applied Sciences & Engineering, 2002, 12(5):885-916.

而国内对复杂网络理论研究的介绍可追溯到朱涵(2003)[①]在《物理》杂志上发表的《网络"建筑学"》,文章以小世界、集团化和无标度等概念为中心,介绍了复杂网络的研究进展。之后,吴金闪等[②]从统计物理学的角度总结了复杂网络的主要研究结果,对无向网络、有向网络和加权网络等三种不同网络统计性质的研究现状分别做了综述,对规则网络、随机网络、小世界网络和无标度网络等网络模型进行了总结,并对网络演化的统计规律、网络上的动力学性质的研究进行了概括。周涛等(2005)[③]围绕小世界效应和无标度特性等复杂网络的统计特征及复杂网络上的物理过程等问题,概述了复杂网络的研究进展。刘涛等(2005)[④]依据平均路径长度、聚集系数、度分布等复杂网络的统计性质,从小世界网络和无标度网络等网络模型层面简述了复杂网络领域的相关研究。史定华(2005)[⑤]从对网络节点度和度分布的理解入手,对网络分类、网络的演化机理和模型及结构涌现等方面取得的进展进行了总结。

但遗憾的是,就目前而言,科学家们还没有给出复杂网络精确严格的定义,从这十几年的研究来看,复杂网络这一概念包含以下几点内涵:首先,它是大量真实复杂系统的拓扑抽象;其次,它至少在感觉上比规则网络和随机网络复杂,因为我们可以很容易地生成规则网络和随机网络,但就目前而言,还没有一种简单方法能够生成完全符合真实统计特征的网络;最后,由于复杂网络是大量复杂系统得以存在的拓扑基础,因此对它的研究被认为有助于理解"复杂系统之所以复杂"这一至关重要的问题[⑥]。

(三) 典型应用

复杂网络的典型应用体现在如下场景中。

1. 复杂网络和区块链技术在传染病预警研究中的应用

复杂网络是具有复杂拓扑结构的大规模网络,将客观世界或复杂系统中

---

① 朱涵,王欣然,朱建阳. 网络"建筑学"[J].物理,2003,32(6):364-369.

② 吴金闪,狄增如. 从统计物理学看复杂网络研究[J].物理学进展,2004,24(1):18-46.

③ 周涛,傅忠谦,牛永伟,等. 复杂网络上传播动力学研究综述[J].自然科学进展,2005,15(5):513-518.

④ 刘涛,陈忠,陈晓荣. 复杂网络理论及其应用研究概述[J].系统工程,2005,23(6):1-7.

⑤ 史定华. 网络——探索复杂性的新途径[J].系统工程学报,2005,20(2):115-119.

⑥ 数据派. 一文读懂复杂网络(应用、模型和研究历史)[EB/OL]. (2017-11-03). https://developer.aliyun.com/article/231424.

的个体抽象为节点,将节点之间的联系抽象为边,复杂网络由这些节点和连接
节点的边组成,对复杂系统进行结构化的表示。与传统的静态方法相比,复杂
网络建模可以动态地捕捉网络中的异常现象。[①]

如图 2-9 所示,这是智慧医疗领域里的一个复杂网络。在这一网络中,我
们将不同类型的对象建立联系,包括患者自身、病症的病理特征与医院的医疗
资源等。而这些不同的对象通过构建复杂网络联系起来,就使得医疗资源得
以合理并精准地分配。同时,对这一大型图结构的挖掘与学习,可以发现一些
可作为范式的模式供卫生工作者和有关部门参考。相关领域的研究在医疗的
智能化等领域有着广泛前景。

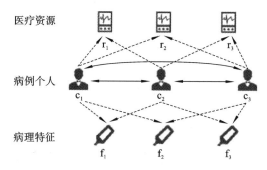

医疗资源

病例个人

病理特征

图 2-9　复杂网络在医疗领域的应用

2. 复杂网络在交通治理方面的应用

随着人民生活水平的不断提高,城市机动车保有量快速增长,交通拥塞逐
渐成为影响城市交通系统正常运行、居民出行效率及居民生活质量的主要因
素,科学治理交通拥塞刻不容缓。国内外学者对于交通拥塞的影响因子开展
了很多研究。在交通领域,复杂网络理论也取得了诸多成果:Wu 等(2011)[②]利
用复杂网络的 SIR 模型描述道路交通拥塞的传播;Zhang 等(2019)[③]基于复杂
网络理论,分析交通网络复杂性的表征参数并建立拥塞疏散路径选择模型;雷

---

① 颜嘉麒,宋金倍,达婧玮,等.基于区块链的传染病预警系统:融合复杂网络的风险度量[J].信息资
源管理学报,2021,11(04):90-99.

② Wu J,Gao Z,Sun H. Simulation of Traffic Congestion with SIR Model [J]. Modern Physics Letters
B,2011,18 (30): 1537-1542.

③ Zhang G,Jia H,Yang L,et al. Research on a Model of Node and Path Selection for Traffic Network
Congestion Evacuation Based on Complex Network Theory[J]. IEEE Access,2019(8): 7506-7517.

凯等（2016）①将复杂网络传播动力学理论引入多式联运网络风险传播问题，进一步揭示了风险传播的内在复杂规律；Ribalta等（2016）②基于复杂网络中出现的临界现象，通过识别城市道路网络中的拥塞热力点（重要节点），分析拥塞热力点的传播作用和扩散范围。综上，现有交通拥塞因子的研究集中于先分析关键因素，再制定相应的管控策略，没有考虑交通拥塞因子的风险传播特性以及因子之间的网络连接特性。而通过分析相关研究成果可知，利用复杂网络理论研究城市交通拥塞因子风险传播机理是十分有效的。③

图 2-10 为使用 Gelphi 软件依据交通网络节点度渲染的 Pearson 相关系数网络。在这一网络中，每个节点表示影响交通的因素，网络中的边表示不同因子之间的相互作用关系。该网络通过计算 Pearson 相关系数分析影响因子间的相关性，确定节点间的边。通过对这一网络拓扑结构的分析，可以清晰地了解不同因素对交通拥塞影响的协同效应与作用机理。这一研究验证了复杂网络理论在城市交通拥塞因子风险传播领域的可行性和适用性，为实际的城市交通管理提供了一定的参考。同时，在网络上应用系统动力学理论能够进行良好的仿真模拟。

最后，引用复杂网络领域的专家的一句话来结束本节："还原论作为一种范式已经寿终正寝，而复杂性作为一个领域也已疲惫不堪。基于数据的复杂系统的数学模型正以一种全新的视角快速发展成为一个新科学：网络科学。"④

对于复杂网络的研究，目前比较多地集中于网络的社团特性挖掘，尤其是基于演化聚类的社团发现。⑤ 近年来，随着深度学习技术的发展，越来越多的研究也采用了深度学习来进行复杂网络的建模。⑥

① 雷凯,朱晓宁,侯键菲. 多式联运网络风险传播建模与仿真[J]. 交通运输系统工程与信息,2016,16(3)：21-27.
② Sole-Ribalta A,Góme S,Arenea A. A Model to Identify Urban Traffic Congestion Hotspots in Complex Networks[J]. Royal Society Open Science,2016,3(10):160098.
③ 胡立伟,范仔健,张苏航,等.基于复杂网络的城市交通拥塞因子风险传播机理及其应用研究[J].交通运输系统工程与信息,2021,21(2):224-230.
④ 汪小帆,李翔,陈关荣.网络科学导论[M].北京:高等教育出版社:2012.
⑤ 李辉,陈福才,张建朋,等. 复杂网络中的社团发现算法综述[J].计算机应用研究,2021,38(6):1-9.
⑥ 汪黎明. 基于深度强化学习的复杂网络关键节点识别[D].蚌埠:安徽财经大学,2020.

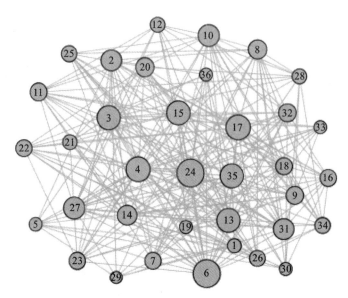

图 2-10 依据交通网络节点度渲染的 Pearson 相关系数网络[①]

① Sole-Ribalta A, Góme S, Arenea A. A Model to Identify Urban Traffic Congestion Hotspots in Complex Networks[J]. Royal Society Open Science, 2016, 3(10):160098.

第三章
基于传媒大数据的突发事件静态数据挖掘

在大数据时代,数据是一种无形的资产,其重要性不言而喻。本章以从微博提取的突发事件数据为基础,从不同角度进行静态数据挖掘与分析实践,包括基于自然语言处理的时间分类与信息抽取、突发事件的时间分布特征提取与统计分析、突发事件的空间分布特征提取与统计分析、基于多源大数据的突发事件本体数据挖掘。在对突发事件的时间及空间分析中,我们选取了地震灾害、动物疫情、安全事故、刑事案件等作为分析案例。

一、基于自然语言处理的事件分类与信息抽取

(一) 中文文本向量化

在自然语言处理领域,对文本的编码也就是使文本向量化,将其转化为序列模型,这是进行数据挖掘的基本预处理操作。文本的向量化方法有很多,从最早的基于统计模型的文本向量化方法,到后来的基于机器学习的文本向量化方法,再到目前应用广泛的基于深度学习的文本向量化方法(尤其是基于大规模预训练模型的向量化方法),文本向量化的技术路径按照一条有规律的主线向前推进。本节我们简要梳理文本向量化的技术难点和发展路径,介绍几种非常经典的模型,并介绍文本向量化技术在本书中的应用。

1. 基于统计模型的文本向量化

一个非常简单纯粹的想法是使用词袋模型(bag of words)[1]。不同于英文文本,词袋模型首先会进行中文文本的分词,在分词之后,通过统计每个词在文本中出现的次数,将各个文本样本的词与对应的词频放在一起,构建起一个

---

[1] Wu L, Hoi S, Yu N . Semantics-Preserving Bag-of-Words Models and Applications [J]. IEEE Transactions on Image Processing,2010,19(7):1908-1920.

词袋。词袋模型并非一个模型而是一类模型,包括独热编码法、词频统计法、
TF-IDF 法等。

最原始的文本向量化方法即为独热编码法(one-hot encoding)。独热编码
法将所有文本中的单词进行统计,将每个单词转化为 1 个用 0 和 1 表示的向
量。例如,在一系列文本中,统计得到 N 个单词,那么每个单词被向量化后维
数为 N,且只有 1 位为 1,其余位全部为 0,每个单词对应的非 0 位不同。很显
然,独热编码法仅适合处理单个词或短语等极短文本,不适合对长文本进行建
模,因为当单词数量过多、文本数量过多时会造成严重的维数灾难,得到的矩
阵过于稀疏反而不利于处理。除此之外,全部使用 0 和 1 表示单词难以描述不
同词汇的重要性。

基于统计模型的 TF-IDF 算法则很好地改进了这一问题。TF-IDF(term
frequency-inverse document frequency)是一种用于文本信息处理的常用方法,
其中 TF 的意思是词频(term frequency),IDF 的意思是逆文本频率指数
(inverse document frequency),它基于这样一个事实:某个单词在某一篇文章
中出现的频次越高,同时在其他文章中出现的频次越低,则这个单词就越可能
是该文章的一个关键词。[1] TF-IDF 的基本表达式形如:

$$\text{TF} - \text{IDF}(t,d) = \text{TF}(t,d) \times \text{IDF}(t) \tag{3.1}$$

其中,$\text{TF}(t,d)$ 是词语 t 在文档 d 中出现的频率,$\text{IDF}(t)$ 是单词 t 的逆文本
频率指数,它可以衡量单词 t 用于区分这篇文档和其他文档的重要性。IDF 的
公式如式 3.2 所示,其中 N_{text} 表示文章总数,$N_{\text{text}}(t)$ 表示含单词 t 的文章数,
分母加 1 是为了避免分母为 0。

$$\text{IDF}(t) = \log \frac{N_{\text{text}}}{N_{\text{text}}(t) + 1} \tag{3.2}$$

IDF 的主要思想是:如果包含词条 t 的文档越少,IDF 越大,则说明词条 t
具有很好的文本类别区分能力。计算出 TF 和 IDF 值以后,将它们取乘积即
可得到文档中每个词的 TF-IDF 值,从而得到 TF-IDF 向量。

TF-IDF 的优点是简单快速,而且容易理解。缺点是有时候用词频来衡量
文章中的一个词的重要性不够全面,有时候重要的词出现的可能性不高,而且
这种计算与独热编码法一样,无法体现位置信息,无法体现词在上下文中的重

---

[1] 施聪莺,徐朝军,杨晓江. TFIDF 算法研究综述[J]. 计算机应用,2009,29(B06):167-170,180.

要性。为了解决这一问题,我们从序列的角度进行思考。

N-Gram 模型是一种基于统计语言模型的方法,它从序列的角度对文本进行建模,更充分地考虑词与词之间的关联性与推理。[1] N-Gram 将若干个词作为一个窗口(gram)进行滑动,对所有词组合的出现频数进行统计并过滤掉低频次的 gram,形成关键窗口列表,其中每一种 gram 就可以代表向量的一个维度,代表前后词之间的推理规则。很显然,由于词组的组合数比单一词汇可变性更强,N-Gram 模型的维数也往往比单一词频统计更高。这一模型遵循马尔可夫性的基本假设,即假定第 N 个词的出现只与前面 N−1 个词相关,而与其他任何词都不相关,并且词与词之间是独立事件,可以进行概率累乘。为了使得模型更简洁,我们通常使用二元模型 Bi-Gram 或者三元模型 Tri-Gram 进行建模。如果不考虑关联性将每个词视作独立词出现,那么模型则退化为一元模型 Di-Gram。

马尔可夫性的基本公式如 3.3 所示:

$$p(w_1, w_2, \cdots, w_n) = p(w_i \mid w_{i-n+1, \cdots}, w_{i-1}) \tag{3.3}$$

那么由这样一个基本假设,我们可以很容易得到三种基本模型的数学表达分别为:

$$\begin{cases} p(w_1, w_2, \cdots, w_m) = \prod_{i=1}^{m} p(w_i) & \textcircled{1} \\ p(w_1, w_2, \cdots, w_m) = p(w_1) \prod_{i=2}^{m} p(w_i \mid w_{i-1}) & \textcircled{2} \\ p(w_1, w_2, \cdots, w_m) = p(w_1) p(w_2 \mid w_1) \prod_{i=3}^{m} p(w_i \mid w_{i-1} w_{i-2}) & \textcircled{3} \end{cases} \tag{3.4}$$

在式 3.4 中,①为 Di-Gram 的定义;②为 Bi-Gram 的定义;③为 Tri-Gram 的定义。而 N-Gram 模型用于文本向量化时维数往往更高,因为考虑的是文本中词出现的组合,尽管考虑到了语序关系,但当 N-Gram 的 N 增长时,根据统计规律,参数的增长速度越来越快,容易发生词表膨胀问题(尽管基于贝叶斯统计原理,当 N 超过 5 时,模型效果会取得明显提升),参数的数量呈几何增长[2],对过于庞大的维数进行处理是非常耗费内存与计算力的,这也是 N-Gram 模型最大的劣势。

同样基于统计规律考虑语序,共现模型利用共现矩阵对文本进行建模。

---

[1]　Cavnar W B, Trenkle J M . N-Gram-Based Text Categorization. 2001.

[2]　尹陈,吴敏. N-gram 模型综述[J]. 计算机系统应用,2018,27(10):33-38.

共现矩阵顾名思义就是共同出现的意思,词文档的共现矩阵主要用于发现主题(topic),用于主题模型,如 LSA①。我们在后面仍然要使用到共现矩阵的有关理论。局域窗中的 word-word 共现矩阵可以挖掘语法和语义信息,我们以简单的一个只有三句话的例子为例,"I like deep learning.""I like NLP.""I enjoy flying."考虑词汇间的两两配对(不考虑多词匹配)可以列出如图 3-1 所示的共现矩阵。

counts	I	like	enjoy	deep	learning	NLP	flying	.
I	0	2	1	0	0	0	0	0
like	2	0	0	1	0	1	0	0
enjoy	1	0	0	0	0	0	1	0
deep	0	1	0	0	1	0	0	0
learning	0	0	0	1	0	0	0	1
NLP	0	1	0	0	0	0	0	1
flying	0	0	1	0	0	0	0	1
.	0	0	0	0	1	1	1	0

图 3-1 共现矩阵示例

矩阵的每一项表示行和列组成的词组在词典中共同出现的次数。相对于二元的 Bi-Gram 模型,它更具备泛化性,并且参数增长速率是线性增长,较 Bi-Gram 更缓慢,对计算量的负担更小。但即便如此,这种相对意义上的优化并不代表绝对意义上的参数减少。事实上,存储整个词典的空间消耗非常大,同样会面临稀疏性问题。并且相较于之前的模型,共现矩阵的稳定性稍差一些,每新增一份语料,稳定性就会变化,无法做到保持数据的相对独立性。

可以看到,无论是共现矩阵,还是 TF-IDF 生成矩阵,都会面临矩阵稀疏的问题。那么为了压缩稀疏矩阵,一个常用的方法就是降维。在自然语言处理领域,SVD(奇异值分解)方法被广泛应用于稀疏矩阵降维,但矩阵越稀疏,SVD 的计算时间复杂度与空间复杂度也更高。

将高维稀疏的词向量映射到低维空间进行表示的学习方法是表示学习(representative learning)中一个非常典型的问题。词嵌入(word embedding)方法是将词映射到低维的向量空间中,相类似的词汇被映射到向量空间中相

---

① 潘俊,吴宗大.词汇表示学习研究进展[J].情报学报,2019,38(11):1222-1240.

近的位置,此时我们的词向量不再是高维稀疏的,而是低维稠密的[①]。下面提及的分布式表示就是词嵌入的一个典型方法。

2. 基于机器学习的文本向量化

为了突破以往关联规则推理的局限,有人发明了文本信息的分布式表示方法:用一个词附近的其他词来表示该词,这是现代统计自然语言处理中较有创见的想法之一。[②] 分布式表示先不考虑词在文档中的位置,不考虑其关联,也不考虑语法结构。先确定每个词对应的固定向量维数,不是根据自身的向量表示去推断词,而是根据上下文中的临近词来推断词的本义。它将所有词向量统一到一个空间中,形成一个庞大的语义场来从整体推断局部,每一个词在向量空间中有自己的位置,从而可以根据词向量之间的距离描述词与词之间的关系。

在机器学习方法得到极大发展以后,本吉奥等人基于神经网络这一创造性工具提出了 NNLM 模型。[③] NNLM 模型的思路较为简单,我们认为句子中某个单词的出现与其上文存在很大的相关性,其中 N 元语言模型即表示这个单词与其前面的 N−1 个单词有关。即输入是目标单词上文的单词,学习任务是要求准确预测这个目标单词。模型在拟合过程中,优化目标是使得预测概率最大似然化。在 NNLM 模型中,词嵌入映射矩阵是作为参数而存在的,训练这个语言模型时,词嵌入表示也在不断地被训练。即模型不仅可以根据上文预测后面的单词,还可以得到单词的词嵌入这个副产品。NNLM 模型使用稠密向量作为单词的词嵌入表示,解决了简单词嵌入表示,如 TF-IDF 的向量稀疏等问题。TF-IDF 不具备在不同语境下表示不同语义的功能,而 NNLM 模型可以在相似的语境下预测相似的单词,具备了一定的表示语义的功能。

相比于 NNLM 模型,word2vec 模型被广泛应用于文本向量化处理。word2vec 同样是基于神经网络的模型,引入了机器学习因素,它有两类典型的模型,即用一个词语作为输入,来预测它的上下文的 Skip-Gram 模型,和拿一

① 吴禀雅,魏苗. 从深度学习回顾自然语言处理词嵌入方法[J]. 电脑知识与技术,2016,12(36):184-185.

② Le Q, Mikolov T. Distributed Representations of Sentences and Documents [C]. International Conference on Machine Learning,2014: 1188-1196.

③ Bengio Y, Réjean D, Vincent P, et al. A Neural Probabilistic Language Model [J]. Journal of Machine Learning Research,2003(3):1137-1155.

个词语的上下文作为输入，来预测这个词语本身的 CBOW 模型。[①] CBOW 模型对小型语料比较合适，而 Skip-Gram 模型则在大型语料中表现得更好。

图 3-2 是 word2vec 模型的结构，可以很明显地看到，word2vec 是一个单隐层的神经网络。神经网络的输入是稀疏的独热编码形式，而隐层没有激活函数，是线性单元。网络输出维度跟输入维度一样，用的是 softmax 回归。下面我们分别对 CBOW 模型和 Skip-Gram 模型进行解读。

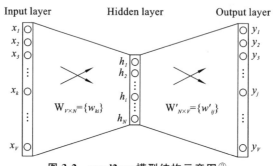

图 3-2　word2vec 模型结构示意图[②]

图 3-3[①]是 CBOW 模型结构的示意图。CBOW 模型输入的是文本中词汇的独热编码，单词个数为 C，词向量空间维数为 V，将所有的词向量乘以输入层与隐层间的第一个权重矩阵 W 后取平均值，得到一个 N 维向量作为压缩表示的隐层向量。隐层向量乘隐层与输出层之间的第二个权重矩阵 W 后得到 V 维空间的词向量分布，每个维度表示一个词。概率最大的 index 所指示的单词为预测出的中间词（target word），其与 true label 的 one-hot 做比较，误差越小越好（根据误差更新权重矩阵计算）。所以，需要定义损失函数（一般为交叉熵代价函数），采用梯度下降算法更新权重。训练完毕后，输入层的每个单词与矩阵 W 相乘得到的向量就是我们想要的词向量。当权重被全部训练完毕后，任何一个单词的 one-hot 乘以这个矩阵都将得到自己的词向量。

图 3-3[②]是 Skip-Gram 模型结构的示意图。Skip-Gram 模型与 N-Gram 模型有共通的地方，它同样会选择一个滑动窗口在文本上进行滑动。但不同于 N-Gram 模型的是，窗口滑动的过程中 Skip-Gram 模型会同时考虑上下文，并

---

① Mikolov T,Chen K,Corrado G,et al. Efficient Estimation of Word Representations in Vector Space [J]. Computer Science,2013,arXiv:1301.

② Mikolov T,Chen K,Corrado G,et al. Efficient Estimation of Word Representations in Vector Space [J]. Computer Science,2013,arXiv:1301.

且使用神经网络将其归约到固定维度上,从而避免了 N-Gram 导致的参数爆炸问题。窗口在滑动的过程中,窗口中心的词汇会与前后词汇形成配对,作为网络的输入输出。神经网络基于这些训练数据将会输出一个概率分布,代表着基于文本得到的词典中每个词作为 output word 的可能性。模型的输出概率代表着我们词典中每个词有多大可能性跟 input word 同时出现。

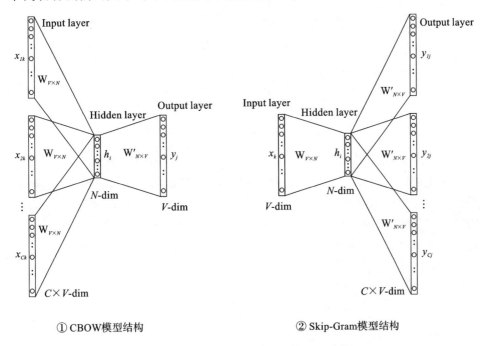

①CBOW模型结构　　　　　　②Skip-Gram模型结构

图 3-3　两种典型的 word2vec 模型结构①

图 3-4 中是一个利用 Skip-Gram 生成训练数据的例子。我们选定句子"The quick brown fox jumps over lazy dog",设定我们的窗口大小为 2 (window_size＝2),也就是说我们仅选输入词前后各两个词和输入词进行组合。

①　Mikolov T,Chen K,Corrado G,et al. Efficient Estimation of Word Representations in Vector Space [J].Computer Science,2013,arXiv:1301.

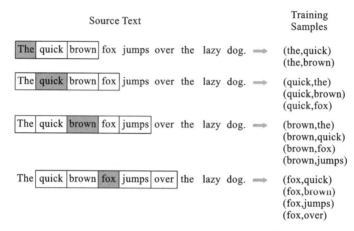

图 3-4　Skip-Gram 生成训练数据示例①

　　word2vec 的思路与自编码器(auto-encoder)的思路比较相似,都是先基于训练数据构建一个神经网络。当这个网络训练好以后,我们并不会利用这个训练好的网络处理新任务,我们真正需要的是这个模型通过训练数据所学得的参数,例如隐层的权重矩阵——后面我们将会看到这些权重在 word2vec 中实际上就是我们试图去学习的词向量。

　　Word2vec 探索的是局部的语义信息,而针对全局语义信息的一个典型方法则是基于奇异值分解的 LSA 算法。潜在语义分析(latent semantic analysis,LSA)是一种常用的简单的主题模型,基于 SVD 的方法得到文本主题。这种基于稀疏矩阵的 SVD 虽然能够从全局角度分析语义,但计算量较大,且无法体现语序的先后关系。

　　融合了全局分析与局部分析的优点的 glove 方法也常常被用于文本的向量化,是一种基于全局词频统计的回归算法。② 它不是基于神经网络的,而是基于最小二乘原理的回归方法。glove 方法需要先构建语料库的词共现矩阵,随后基于这样一个优化过程训练得到模型。优化的目标函数形式如公式 3.5 所示。

---

　　① 深度学习方法(十七):word2vec 算法原理(1):跳字模型(skip-gram)和连续词袋模型(CBOW)[EB/OL]. (2019-05-26). https://blog.csdn.net/xbinworld/article/details/90416529#comments.

　　② Pennington J, Socher R, Manning C. Glove: Global Vectors for Word Representation [C]. Conference on Empirical Methods in Natural Language Processing. 2014:1532-1543.

$$J = \sum_{i,j}^{N} f(X_{i,j})(v_i^{\mathrm{T}} v_j + b_i + b_j - \log(X_{i,j}))^2 \qquad (3.5)$$

global vector 融合了 LSA 的全局统计信息和 local context window 的优势。融入全局的先验统计信息即可以加快模型的训练速度,又可以控制词的相对权重。

上面提及的都是词汇级别(word level)的文本向量化方法,若对语句级别(sentence level)甚至文档级别(document level)进行文本向量化表示,则需要对模型做进一步改进与扩展。由此,doc2vec 应运而生。

在 word2vec 崭露头角的时候,Google 工程师 Quoc Le 和 Tomoas Mikolov 在 word2vec 的基础上进行拓展,提出了 doc2vec 的技术。[①] doc2vec 技术存在两种模型——Distributed Memory(DM)和分布式词袋(DBOW),分别对应着 word2vec 技术里的 CBOW 模型和 Skip-gram 模型。

由于 doc2vec 完全是从 word2vec 技术拓展来的,DM 模型与 CBOW 模型相对应,故可根据上下文词向量和段向量预测目标词的概率分布;DBOW 模型与 Skip-Gram 模型相对应,可只输入段向量,预测从段落中随机抽取的词组概率分布。总体而言,doc2vec 是 word2vec 的升级版,doc2vec 不仅提取了文本的语义信息,而且提取了文本的语序信息。在一般的文本处理任务中,doc2vec 会将词向量和段向量相结合使用,以期获得更好的效果。

3. 基于深度学习的文本向量化

随着深度学习技术的发展,动态的词嵌入方法,尤其是基于大规模预训练模型的文本向量化方法发展得如火如荼。首先要介绍的是 ELMo(embedding from language models),ELMo 首先通过学习来获得文本对应的词嵌入表示,利用双层双向 LSTM 网络对词的上文语义和下文语义进行建模,充分考虑上下文语境关系。[②] 它的优化目标不局限于某一个方向(上文或者下文),而是二者对数似然之和,如式 3.6 所示:

---

① Le Q, Mikolov T, Distributed Representations of Sentences and Documents [C]. International Conference of Machine Learniog,2014:1188-1196.

② Peters M E, Neumann M, Iyyer M, et al. Deep Contextualized Word Representations [C]. Proceedings of the 2018 Conference of the North American Chapter of the Association for Computational Linguistics:Human Language Technologies,2018(1).

$$\max J = \sum_{k=1}^{N} (\log_p(t_k \mid t_1, t_2, \cdots, t_{k-1}; \theta_x, \vec{\theta}, \theta_s) +$$
$$\log_p(t_k \mid t_{k+1}, \cdots, t_N; \theta_x, \overleftarrow{\theta}, \theta_s) \tag{3.6}$$

其中参数 $\vec{\theta}$ 对应前向双层 LSTM,参数 $\overleftarrow{\theta}$ 对应后向双层 LSTM,输入的分别是单词的上文和下文。将一个句子输入训练好的网络中,最终将得到每个单词三个不同的嵌入表示:双向 LSTM 中的两层词嵌入表示以及单词的词嵌入表示。其中双向 LSTM 中的两层词嵌入表示分别编码了单词的句法信息和语义信息。Jozefowicz 等人设计了预训练好的 ELMo 模型,其映射层使用了CNN-BIG-LSTM[①],并在该模型基础上增加了 L=2 的 BiLSTM 模型。与之前的静态词嵌入表示方法相比,ELMo 可以依据不同的上下文来动态地生成相关的词嵌入表示,但 ELMo 训练时间长,采取双向拼接的融合特征略显复杂。

ELMo 模型架构如图 3-5 所示,可以看到它由两层方向相反的 LSTM 组成。而图 3-6 描述了 ELMo 如何被应用于整个文本向量化的整体架构,对于不同级别(词汇级、字符级等)有着不同的效果。

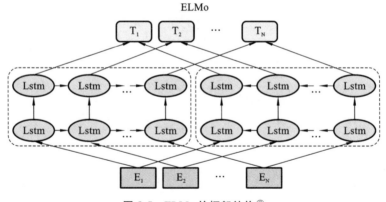

图 3-5 ELMo 的框架结构[②]

① Jozefowicz R, Vinyals O, Schuster M, et al. Exploring the Limits of Language Modeling [J]. computer and Lauguage,2016.

② Jozefowicz R, Vinyals O, Schuster M, et al. Exploring the Limits of Language Modeling [J]. computer and Lauguage,2016.

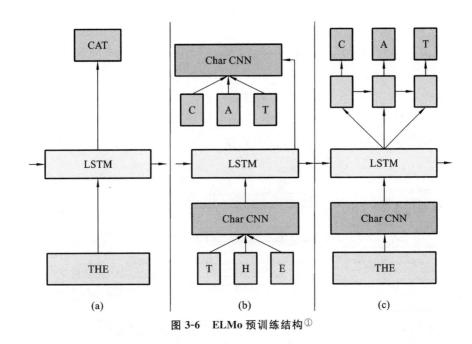

图 3-6　ELMo 预训练结构①

由 OpenAI 提出的 GPT（gererate pre-training model）系列架构采用了 transformer② 而非 LSTM 作为基本架构，相比 RNN 等时序类模型有更多的优点，如更快的并行处理速度，以及能学习更长距离的依赖关系等。③④⑤ GPT 架构主要分为两个部分：无监督的 pre-training 模型和有监督的 fine-tuning 模型，其中在预训练模型部分，使用 transformer 的 decoder 结构，并对 transformer decoder 进行了一些改动，原本的 decoder 包含了两个 multi-head

① Jozefowicz R, Vinyals O, Schuster M, et al. Exploring the Limits of Language Modeling [J]. Computer and Lauguage, 2016.

② Vaswani A, Shazeer N, Parmar N, et al. Attention Is All You Need [C]. Advances in Nenral Information Processing Systems. 2017: 5998-6008.

③ Radford A, Narasimhan K, Salimans T, et al. Improving Language Understanding by Generative Pre-Training[J]. arXiv, 2018.

④ Radford A, Wu J, Child R, et al. Language Models are Unsupervised Multitask Learners[J]. Open AI Blog, 2019, 1(8): 9.

⑤ Brown T B, Mann B, Ryder N, et al. Language Models are Few-Shot Learners[J]. Advances in Neural Informatign Processing Sytem, 2020(33): 1877-1901.

attention 结构，GPT 只保留了 mask multi-head attention。这一选择无疑比 RNN 更明智。

GPT 的结构图如图 3-7 所示。GPT 通过在不同的未标注文本语料库上生成预训练的语言模型，然后对每个特定任务进行有区别的微调来实现多种自然语言任务，并且对不同的任务模型调整并不大，比较方便简洁。它的输入是任务驱动式的，能够根据不同的任务进行调整，在几项具体任务中的效果也比 ELMo 有所提升，但 GPT 的不足之处在于，其采取的语言模型是单向的，未考虑下文。

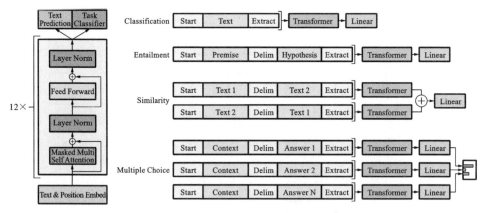

图 3-7　transformer 在 GPT 中的应用①

2018 年底微软提出的 BERT（bidirectional encoder representation from transformers）相较于 ELMo 和 GPT-2 取得了更好的表现，目前也是应用较广泛的文本向量化方法之一，因为在 BERT 中，特征提取器也是使用的 transformer，且 BERT 模型是真正具有在双向上深度融合特征的语言模型。②

BERT 架构如图 3-8 所示，与 GPT、ELMo 模型的区别如图 3-9 所示。BERT 与 GPT 的区别就在于 BERT 采用的是 transformer encoder，也就是说

① Radford A，Narasimhan K，Salimans T，et al. Improving Language Understanding by Generative Pre-Training[J]. arXiv,2018.

② Devlin J，Chang M W，Lee K，et al. Bevt：Pre-Training of Deep Bidirectional Transformers for Language Understanding[C]. Proceedings of the 2019 Conference of the North American Chapter of the Association for Computational Linguistics：Human Language Technologies,2019(1):4171-4186.

每个时刻的 attention 计算都能够得到全部时刻的输入,而 openAI GPT 采用了 transformer decoder,每个时刻的 attention 计算只能依赖于该时刻前的所有时刻的输入,因为 openAI GPT 采用了单向语言模型。

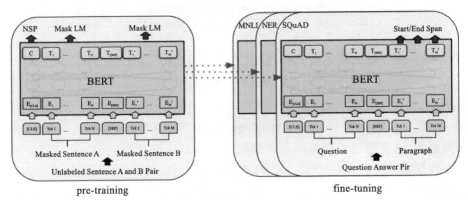

图 3-8　BERT 架构[①]

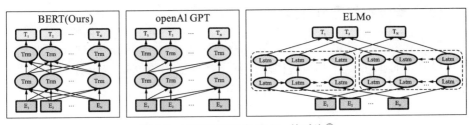

图 3-9　BERT、GPT 和 ELMo 的对比[②]

BERT 预处理进行下游任务的输入是三个嵌入表示叠加(见图 3-10),token embedding 表示当前词的 embedding,segment embedding 表示当前词所在句子的 index embedding,position embedding 表示当前词所在位置的 index embedding。

————————

　　① Devlin J,Chang M W,Lee K,et al. Bevt: Pre-Training of Deep Bidirectional Transformers for Language Understanding[C]. Proceedings of the 2019 Conference of the North American Chapter of the Association for Computational Linguistics: Human Language Technologies,2019(1):4171-4186.

　　② Devlin J,Chang M W,Lee K,et al. Bevt: Pre-Training of Deep Bidirectional Transformers for Language Understanding[C]. Proceedings of the 2019 Conference of the North American Chapter of the Association for Computational Linguistics: Human Language Technologies,2019(1):4171-4186.

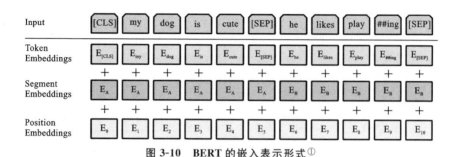

图 3-10　BERT 的嵌入表示形式①

在 BERT 出现之前的词嵌入技术,如 word2vec 中,一个句子的嵌入表示,往往是简单地对使用 word2vec 得到的各个单词的词嵌入表示进行平均或加和得到的,这就导致无法得到包含深层语义和语序信息的词嵌入表示,实际任务中效果也较差。而通过 BERT 得到的词嵌入表示融入了更多的语法、词法以及语义信息,而且动态的改变词嵌入也能够让单词在不同语境下具有不同的词嵌入表示。

(二)突发事件的分类技术

文本在经过向量化处理后获得了其在向量空间中的表示,向量的每个维度可以作为特征用于分类器的构建。基于机器学习方法的常见分类算法已经在前文列出,这里对这些算法的一些细节进行论述。

1. 传统机器学习分类算法

KNN 是基本的分类算法之一,是一种典型的监督学习方法,由于它没有训练过程,在输入测试样本时才开始进行运算,故又被称为"懒惰学习"的典型算法。② KNN 的思想非常纯粹,对于给定的带标签的训练数据集和测试数据集,对测试集中每一条数据,选择其与训练数据集中所有样本距离最小的 k 个对应样本的标签,即可得到测试样本的分类。过程如下。

①输入带标签的训练数据和测试数据。

②遍历测试集,对测试集中每一条测试样本计算与训练数据集中所有样

---

①　Devlin J,Chang M W,Lee K,et al. Bevt:Pre-Training of Deep Bidirectional Transformers for Language Understanding[C]. Proceedings of the 2019 Conference of the North American Chapter of the Association for Computational Linguistics:Human Language Technologies,2019(1):4171-4186.

②　周志华. 机器学习[M].北京:清华大学出版社,2016.

本里距离最近的 k 个,这里 k 值已经预先设定好。

③对每一条测试集数据的 k 个最近训练样本标签进行投票,按多数表决,哪一类占比最大,则测试样本被分为哪一类。

从上面的计算过程可以看到,KNN 算法效果的决定性因素主要有三个:带标签的数据、距离的计算方式、k 值的选取。KNN 是一个典型的监督学习算法,必须知道数据的标签才能进行分类。距离的计算方式有很多种,最常见的距离计算方式为欧几里得距离,其他方法还有曼哈顿距离、切比雪夫距离等,不同的计算方式可能会对分类结果造成一定影响。另外 k 值应该选取合适,若 k 值过小则容易受噪声点干扰,k 值过大则计算复杂,而且通常 k 值需要选奇数而非偶数(为了避免票数持平的情况)。遍历整个训练集计算距离并没有太大必要,所以为了降低线性遍历带来的巨大时间复杂度,便从递归的角度出发设计了 k-d 树算法,以进行计算上的优化。[①]

决策树是一种利用树状数据结构来进行分类或者回归的算法,在决策树的生成中,我们通过信息论里面几个数值的计算判断分类,例如熵、信息增益、增益率、基尼指数等。在决策树中非叶子节点表示属性,叶子节点表示样本的类别,自顶而下地生成。对于属性全部为离散型的带标签数据进行分类,我们提出了最早的 ID3 决策树算法。[②]

ID3 决策树算法的核心思想是以信息增益来度量特征选择,选择信息增益最大的特征进行节点分裂,采用自顶向下的贪婪搜索遍历可能的决策树空间。其基本步骤如下。

①初始化特征集合和数据集。

②计算数据集的信息熵,并遍历特征集计算条件熵。

③选择信息增益最大的特征作为分类节点,并更新数据集和特征集(删除已经使用的特征)。

④重复②、③两步直到无法继续细分特征集。

其中,信息熵的定义为:

$$H(D) = -\sum_{k=1}^{k} \frac{|C_k|}{|D|} \log_2 \frac{|C_k|}{|D|} \tag{3.7}$$

① Yang S,Jian H,Ding Z, et al. IKNN: Informative K-Nearest Neighbor Pattern Classification[C]. European Conference on Principles of Date Mining and Knowledge Discovery,2007:248-264.

② 刘小虎,李生. 决策树的优化算法[J]. 软件学报,1998(10):797-800.

条件信息熵的定义为：

$$H(D \mid A) = \sum_{i=1}^{n} \frac{\mid D_i \mid}{\mid D \mid} H(D_i) \qquad (3.8)$$

信息增益则被定义为：

$$\text{Gain}(D,A) = H(D) - H(D \mid A) \qquad (3.9)$$

ID3 决策树遵循奥卡姆剃刀定律，生成规则较简单，但只能处理特征属性全部为离散型数据的分类问题。为应对属性中含有连续型数据的分类任务，ID3 决策树算法经改进得到了 C4.5 算法。[①②]

C4.5 算法的大致流程与 ID3 算法一样，不同的是，C4.5 算法选择用信息增益率而非信息增益来处理数据。信息增益率的定义为：

$$\text{Gain}_{\text{ratio}}(D,A) = \frac{\text{Gain}(D,A)}{H_A(D)}$$
$$H_A(D) = -\sum_{i=1}^{n} \frac{\mid D_i \mid}{\mid D \mid} \log_2 \frac{\mid D_i \mid}{\mid D \mid} \qquad (3.10)$$

C4.5 算法最大的特点是克服了 ID3 决策树算法对特征数目的偏重这一缺点，引入信息增益率来作为分类标准。它将连续特征离散化，以某个阈值作为划分点，将连续数据情形变为离散情形，计算以划分点作为二元分类点时的信息增益，并选择信息增益最大的点作为该连续特征的二元离散分类点。这里值得注意的是，C4.5 算法并不是直接用信息增益率最大的特征进行划分，而是使用一个启发式方法：先从候选划分特征中找到信息增益高于平均值的特征，再从中选择信息增益率最高的特征。

但无论是 ID3 决策树还是 C4.5 算法都无法进行分类任务。对于回归任务，布雷曼和弗里德曼等人提出了 CART（classification and regression tree）[③]。

CART 包含的基本过程有分裂、剪枝和树选择。基本操作包括如下几个步骤。

①分裂：分裂过程是一个二叉递归划分过程，对应属性既可以是连续型的也可以是离散型的。

---

① Quinlan J R . C4.5: Programs for Machine Learning[M]. New York：Morgan Kaufman,1993.

② 庞素琳,巩吉璋. C5.0 分类算法及在银行个人信用评级中的应用[J]. 系统工程理论与实践,2019,29(12):94-104.

③ Breiman L,Friedman J H,Olshen R A,et al. Classification and Regression Trees[J]. Biometrics,1984,40(3):358.

②剪枝：采用代价复杂度剪枝，从最大树开始，每次选择训练数据熵对整体性能贡献最小的那个分裂节点作为下一个剪枝对象，直到只剩下根节点。CART 会产生一系列嵌套的剪枝树，需要从中选出一棵最优的决策树。

③树选择：可以用单独的测试集评估每棵剪枝树的预测性能，也可以采用交叉验证。

CART 选择使用基尼指数而非信息增益和信息增益率作为评价标准，在简化模型的同时还保留了熵模型的优点。基尼指数代表了模型的不纯度，基尼系数越小，不纯度越低，特征越好。这和信息增益（率）正好相反。ID3 决策树算法和 C4.5 算法虽然在对训练数据集的学习中可以尽可能多地挖掘信息，但是其生成的决策树分支、规模都比较大，CART 算法的二分法可以简化决策树的规模，提高生成决策树的效率（见图 3-11）。

决策树还有一个重要的防拟合措施就是剪枝。决策树剪枝分两种：预剪枝和后剪枝。预剪枝的停止准则包括树的最大深度、叶子节点的数目和准确度等；缺点是容易造成欠拟合。后剪枝是自底而上计算信息熵，判断是否剪除；最大的缺点是计算信息熵带来的时间开销大。[①]

支持向量机算法是在线性可分情况下的最优分类面的基础上提出的。[②③]如图 3-12 所示，所谓最优分类，就是要求分割超平面（在二维空间中为直线），不但能够将两类无错误地分开，而且使两类之间的分类间隔最大，前者是保证经验风险最小，而后者则使推广性中的置信范围最小。

对于二分类问题（暂且拿二分类为例），我们找两个分割超平面。

$$\begin{cases} H_1: w^T x + b = +1 \\ H_2 w^T x + b = -1 \end{cases} \qquad (3.11)$$

目标是使这两个平行的超平面间距最大，从而能够更好地实现分割。由几何原理可得，两个平行的超平面的距离为 $r = \dfrac{2}{\|w\|}$。

就这样，我们导出来一个凸优化问题：

①　魏红宁. 决策树剪枝方法的比较[J]. 西南交通大学学报，2005，40(1)：44-48.

②　Suykens J，Vandewalle J. Least Squares Support Vector Machine Classifiers[J]. Neural Processing Letters，1999，9(3)：293-300.

③　Baesens B，Viaene S，Gestel T V，et al. Least Squares Support Vector Machine Classifiers：an Empirical Evaluation[J]. DTEW Research Rcport 0003，2000：1-16.

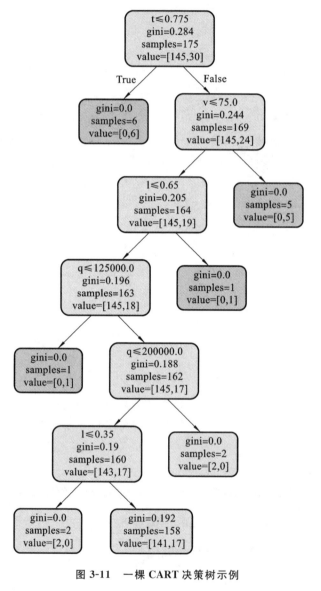

图 3-11　一棵 CART 决策树示例

$$\begin{cases} \min \dfrac{\|w\|^2}{2} \\ y_i(w^{\mathrm{T}}x_i + b) \geqslant 1 \end{cases}$$　　　　　(3.12)

但实际上并非所有的样本都是严格线性可分的,可能存在一些噪声样本对超

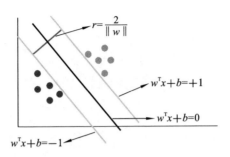

图 3-12　支持向量机示意图

平面造成干扰。退一步说，即使样本在特征空间中线性可分，也很难判断其是不是由于过度拟合造成的。也就是说，我们不能刻意要求所有的变量都线性可分，只能说让绝大部分数据正常，而允许一小部分数据被误分类。这就是为什么我们要引入软间隔的概念。引入软间隔后的模型变为：

$$\begin{cases} \min\limits_{w} \dfrac{\parallel w \parallel^{2}}{2} + C\sum\limits_{i=1}^{n}\xi_{i} \\ y_{i}(w^{\mathrm{T}}x_{i}+b) \geqslant 1-\xi_{i} \end{cases} \tag{3.13}$$

　　支持向量机曾一度掀起了机器学习的浪潮，其原因就在于核方法的引入。核方法使得数据能够由低维向高维映射，让形如异或问题这样的线性不可分问题得到解决。非线性问题往往不好求解，所以希望能用解线性分类问题的方法求解，因此可以采用非线性变换，将非线性问题变换成线性问题。对于这样的问题，可以将训练样本从原始空间映射到一个更高维的空间，使得样本在这个空间中线性可分，如果原始空间维数是有限的，即属性是有限的，那么一定存在一个高维特征空间使得样本可分。

　　这一模型基于凸优化理论中的 KKT 条件求解。引入拉格朗日乘子：

$$L(w,b,\alpha) = \dfrac{\parallel w \parallel^{2}}{2} + \sum\limits_{i=1}^{n}\alpha_{i}(1-y_{i}(w^{\mathrm{T}}x_{i}+b)) \tag{3.14}$$

　　解方程并消去 w 和 b，则模型如公式(3.15)所示，KKT 条件如公式(3.16)所示：

$$\max\sum\limits_{i=1}^{n}\alpha_{i} - \dfrac{1}{2}\sum\limits_{i=1}^{n}\sum\limits_{j=1}^{n}\alpha_{i}\alpha_{j}y_{i}y_{j}x_{i}x_{j}$$

$$s.t. \sum\limits_{i=1}^{n}\alpha_{i}y_{i}=0, \alpha_{i} \geqslant 0, i=1,2,\cdots,n \tag{3.15}$$

$$\begin{cases} \alpha_i \geqslant 0 \\ y_i f(x_i) - 1 \geqslant 0 \\ \alpha_i (y_i f(x_i) - 1) = 0 \end{cases} \tag{3.16}$$

若使用核函数将数据映射到更高维度的空间,则公式(3.15)变为公式(3.17)的形式:

$$\max \sum_{i=1}^{n} \alpha_i - \frac{1}{2} \sum_{i=1}^{n} \sum_{j=1}^{n} \alpha_i \alpha_j y_i y_j k(x_1, x_j)$$

$$s.t. \sum_{i=1}^{n} \alpha_i y_i = 0, \alpha_i \geqslant 0, i = 1, 2, \cdots, n \tag{3.17}$$

经过 SMO 算法等数值方法可以求解出对应拉格朗日乘子的值[1]。另外,近年来随着启发式算法与进化计算的发展,使用遗传算法等方法对支持向量机进行求解的研究引起了业界的广泛关注。[2]

朴素贝叶斯基于贝叶斯统计理论,它的原理基于贝叶斯公式[3][4]:

$$P(B \mid A) = \frac{P(A \mid B)P(B)}{P(A)} \tag{3.18}$$

然而仅仅是这样一个简单的条件概率变换,却使得我们从贝叶斯统计理论的角度进行的分析变得更加容易。对于含有多个属性和一个标签的分类问题,当给定所有属性值来预测分类时,我们需要判断给定属性值对应到每一个类的概率。用于转换的条件概率公式如下:

$$P(y_i \mid x = (a_1, \cdots, a_m)) = \frac{P(x \mid y_i)P(y_i)}{P(x)} = \frac{P(y_i)}{P(x)} \prod_{j=1}^{m} P(a_j \mid y_i) \tag{3.19}$$

相对而言,我们在获得数据集时就可以计算相关概率 $P(y_i)$ 和 $P(a_j|y_i)$,真正统计起来比较复杂的是 $P(x)$。当输入数据集时我们的训练过程就是计算 $P(y_i)$ 和 $P(a_j|y_i)$,测试时统计 $P(x)$ 即可做出较为精准的预判。但朴素贝

---

① Cristianini N, Shawe-Taylor J. Pseudocode for the SMO Algorithm [M]//An Introduction to Support Vector Machines and Other Kernel-based Learning Methods. Cambridge: Cambridge University press, 2000: 162-164.

② 吴景龙,杨淑霞,刘承水. 基于遗传算法优化参数的支持向量机短期负荷预测方法[J].中南大学学报(自然科学版),2009,40(1):180-184.

③ Mccallum A, Nigam K. A Comparison of Event Models for Naive Bayes Text Classification [C]. Proceedings in Workshop on Learning for Text Categorization, IN AAAI-98, 1998: 41-48.

④ Rish I. An Empirical Study of the Naive Bayes Classifier [J]. Journal of Universal Computer Science, 2001, 3(22): 41-46.

叶斯需要满足一个基本假设,即变量之间相互独立,这也是"朴素"一词的由来。这一方法被广泛应用于文本模型的分类中,例如垃圾邮件的识别等领域。

理论上,朴素贝叶斯与其他分类方法相比,具有较小的误差率。但是,实际上并非总是如此,因为,朴素贝叶斯在给定输出类别的情况下,假设属性之间相互独立,这个假设在实际应用中往往是不成立的。在属性个数比较多或者属性之间相关性较大时,分类效果就不好;而在属性之间相关性较小时,朴素贝叶斯性能较好。也正是这一"朴素"的假设,导致很多参数被误判,使得结果发生较大偏差。朴素贝叶斯虽然处理速度相较基于核方法与凸优化方法的支持向量机更快,但往往精确度不够高。[①]

2. 集成学习中的分类算法

集成学习作为一种思想,将多个相同或不同的学习器集成到一起,效果往往比单一模型更好。[②] 集成学习先产生一组个体学习器,再用某种策略将它们结合起来,若只包含同种类型的个体学习器,称为同质集成,当中的个体学习器称为同质基学习器,相应的算法称为基学习算法。若集成不同类型的个体学习器,称为异质集成,当中的个体学习器称为组建学习器或异质基学习器。[③]

若想要集成模型取得好的效果,个体学习器应有一定的准确性,并且要有多样性,即个体学习器间具有差异。不过基学习器的性能也无须太好。AdaBoost 和随机森林是集成学习的两个典型例子,也是 Boosting 系列算法和 Bagging 系列算法的代表。

AdaBoost 算法基本原理就是将多个弱分类器(弱分类器一般选用单层决策树或线性模型)进行合理的结合,使其成为一个强分类器。[④] AdaBoost 采用迭代的思想,每次迭代只训练一个弱分类器,训练好的弱分类器将参与下一次迭代的使用。也就是说,在第 N 次迭代中,一共就有 N 个弱分类器,其中 N−1 个弱分类器是以前训练好的,其各种参数都不再改变,而本次训练的是第 N 个

---

①　李静梅,孙丽华,张巧荣,等. 一种文本处理中的朴素贝叶斯分类器[J].哈尔滨工程大学学报, 2003,24(1):71-74.

②　Dietterich T G . Ensemble Methods in Machine Learning[C]. Proceedings of the 1st International Workshop on Multiple Classifier Systems. Cagliari,2000:1-15.

③　Polikar R . Essemble Based Systems in Decision Making[J]. IEEE Circuits & Systems Magazine, 2006,6(3):21-45.

④　Zhang C,Ma Y. Ensemble Machine Learning:methods and app lications[M]. Berlin:Springer Science & Business Media,2012:1-34.

分类器。其中弱分类器的关系是第 N 个弱分类器更可能分对前 N−1 个弱分类器没分对的数据,最终分类输出要看这 N 个分类器的综合效果。可以很明显地看到,这个模型是串行生成分类器的,每次生成的新分类器总是基于先前生成的更弱一些的分类器。

AdaBoost 中有两种权重,一种是数据的权重,另一种是弱分类器的权重。其中,数据的权重主要用于弱分类器寻找其分类误差最小的决策点,找到之后用这个最小误差计算出该弱分类器的权重。分类器权重越大,说明该弱分类器在最终决策时拥有更大的发言权。它会对每个样本赋权值,训练样本是带有标签的,权值代表重要性,可以调整误差。但是出乎意料的是,AdaBoost 调整误差的方式并非优化基学习器,反倒是把误分类的样本权值变大。这是因为所有的样本都有很高的区分度,对于一个集成学习器来讲,基学习器弱一点其实无伤大雅,恰恰还能增强分类器之间的差异性,我们的最终目的是让集成后的结果被准确分类。

随机森林就是通过集成学习的思想将多棵树集成到一起的一种算法,它的基本单元是决策树。随机森林是 Bagging 系列的典型代表,而 Bagging 又是并行式集成学习方法的著名代表,是基于自助采样法通过有放回的取样来提高学习器泛化能力的一种高效的集成学习方法。[①] 由于随机森林采用的是 Bootstrap 采样,那么基学习器大概只使用了初始训练集中约 63.2% 的样本,剩下 36.8% 的样本可以用作验证集来对泛化性能进行估计。由于基学习器数量足够多,每个基学习器并不需要使用全部特征,所以每个基学习器在构建过程中都只随机使用了部分特征。

随机森林相比于 AdaBoost 有很多优点,例如训练可以并行化,在大规模样本的训练方面具有速度优势等。其由于通过随机选择决策树划分特征列表,所以在样本维度比较高的时候,仍然具有比较高的训练性能。由于存在随机抽样,训练出来的模型方差小,泛化能力强,并且对于部分特征的缺失不敏感。但问题在于,在某些噪声比较大的特征上,随机森林模型容易陷入过度拟合。

GBDT 是对决策树的改进,是一种基于集成思想的 Boosting 学习器,采用梯度提升的方法进行每一轮的迭代,最终组建出强学习器,因此其运行往往要

---

① Liaw A, Wiener M. Classification and Regression by Random Forest[J]. R News, 2002, 2(3):18-22.

生成一定数量的树才能达到令我们满意的准确率。当数据集大且较为复杂时,运行一次极有可能需要几千次的迭代运算,这将对我们使用算法造成巨大的计算瓶颈。事实上,GBDT 往往被作为一种框架,有很多算法都基于 GBDT 进行改进。两个应用极为广泛的例子就是 XGBoost 和 LightGBM。

XGBoost 的全称是 extreme gradient boosting tree,它最大的特点在于能够自动利用 CPU 的多线程进行并行运算,同时在算法上提高了精度[①]。XGBoost 同样属于 Boosting 系列,每次迭代就生成一棵新的树。它在生成每一棵树的时候,以之前生成的所有树为基础,向着最小化给定目标函数的方向多走一步。XGBoost 的目标函数为:

$$L^{(t)} = \sum_{i=1}^{n} l(y_i, \hat{y}_i^{(t-1)} + f_t(x_i)) + \Omega(f_t) \tag{3.20}$$

在合理的参数设置下,我们往往要生成一定数量的树才能达到令人满意的准确率。在数据集较大较复杂的时候,我们可能需要几千次迭代运算,不断地添加树,不断地进行特征分裂来生长一棵树。每次添加一个树,其实是学习一个新函数 $f(x)$,去拟合上次预测的残差。当我们训练完成得到 k 棵树,为预测一个样本的分数,要做的是根据这个样本的特征,对应每棵树中的一个叶子节点,每个叶子节点对应一个分数最后只需要将每棵树对应的分数加起来就得到该样本的预测值。很显然,一棵树是由一个节点一分为二,然后不断分裂形成的。那么树是怎么分裂的就成为我们接下来要探讨的关键。对于一个叶子节点如何进行分裂,XGBoost 作者在其原始论文中给出了一种分裂节点的方法:枚举所有不同树结构的贪心算法。不断地枚举不同树的结构,然后利用打分函数来寻找出一个最优结构的树,接着将其加入模型中,不断重复这样的操作。这个寻找的过程使用的就是贪心算法。选择一个特征分裂,计算目标函数最小值,然后重复操作,枚举完毕,选择最优节点分裂得到新的树。

XGBoost 使用了一阶和二阶偏导,二阶导数有利于梯度下降更快更准。使用泰勒展开得到的函数做自变量的二阶导数形式,可以在不选定损失函数具体形式的情况下,仅仅依靠输入数据的值就进行叶子分裂优化计算,本质上是把损失函数的选取和模型算法的优化与参数选择分开了. 这种去耦合增加了 XGBoost 的适用性,使得它可以按需选取损失函数,既可以用于分类,也可

---

①　Chen T, Guestrin C . XGBoost: A Scalable Tree Boosting System[C]. Proceedings of the 22nd ACM SIGKDD International Conference On Knowledge Discovery and Data Mining, 2016: 785-794.

以用于回归。泰勒展开的过程如公式(3.21)所示：

$$L^t \simeq \sum_{i=1}^{n} \left[l(y_i, \hat{y}^{(t-1)}) + g_i f_t(x_i) + \frac{1}{2} h_i f_t^2(x_i) \right] + \Omega(f_t)$$

$$g_i = \frac{\partial l(y_i, \hat{y}^{(t-1)})}{\partial \hat{y}^{t-1}}, h_i = \frac{\partial^2 l(y_i, \hat{y}^{t-1})}{\partial (\hat{y}^{t-1})^2} \tag{3.21}$$

最终，切分点的分数计算公式如公式(3.22)所示，示意图如图 3-13 所示。

$$\text{score} = \frac{G_L^2}{H_L + \lambda} + \frac{G_R^2}{H_R + \lambda} - \frac{G^2}{H + \lambda} \tag{3.22}$$

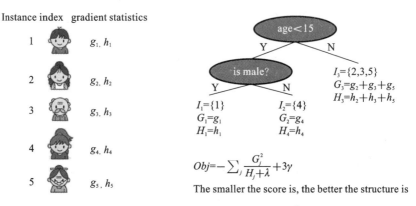

图 3-13　XGBoost 选择切分点示意图[①]

XGBoost 在目标函数中加上了正则化项，基学习器为 CART 时，正则化项与树的叶子节点的数量和值有关。正则项里包含了树的叶子节点个数、每个叶子节点上输出的 score 的 l2 模的平方和，降低了模型的方差，使训练出来的模型更加简单，防止了过度拟合。另外，使用泰勒公式使得计算速度更快。同时，XGBoost 支持并行，能够利用 CPU 的多线程机制。但相比于后续提出的一些算法仍有些冗余操作可以简化。

常用的机器学习算法，例如神经网络算法等，都可以以 mini-batch 的方式训练，训练数据的大小不会受到内存限制。而 GBDT 在每一次迭代的时候，都需要多次遍历整个训练数据集。如果把整个训练数据集装进内存，则会限制训练数据规模的大小；如果不装进内存，反复地读写训练数据又会消耗非常多的时间。尤其是面对工业级海量的数据，普通的 GBDT 算法是不能满足需求的。

---

①　Chen T, Guestrin C. XGBoost: A Scalable Tree Boosting System[C]. Proceedings of the 22nd ACM SIGKDD International Conference on Knowledge Discovery and Data Mining, 2016: 785-794.

　　LightGBM 的提出主要是为了解决 GBDT 在海量数据中遇到的问题，让 GBDT 可以更好更快地用于工业实践，为了在不损害准确率的条件下加快 GBDT 模型的训练速度，LightGBM 在传统的 GBDT 算法上进行了几项重要的优化。[①]

　　①采用基于 Histogram 的决策树算法，提升速度。

　　②采用单边梯度采样（gradient-based one-side sampling，GOSS）：使用 GOSS 可以减少大量只具有小梯度的数据实例，这样在计算信息增益的时候只利用具有高梯度的数据即可，相比 XGBoost 须遍历所有特征值节省了不少时间和空间上的开销。

　　③使用带深度限制的 leaf-wise 的叶子生长策略：大多数 GBDT 工具使用低效的按层生长（level-wise）的决策树生长策略，导致了很多没必要的开销。实际上很多叶子的分裂增益较低，没必要进行搜索和分裂。LightGBM 使用了带有深度限制的 leaf-wise 算法，减少了不必要的搜索次数，使得 GBDT 性能得到提升。

3. 深度学习中的分类算法

　　深度学习方法也常被用于文本分类中。卷积神经网络在进行文本分类时的一个常用的架构就是 TextCNN。TextCNN 网络是 2014 年提出的用来做文本分类的卷积神经网络，其由于结构简单、效果好，在文本分类、推荐等 NLP 领域应用广泛。[②③] TextCNN 的结构比较简单，输入数据首先通过一个 embedding layer，得到输入语句的 embedding 表示，然后通过一个 convolution layer，提取语句的特征，最后通过一个 fully connected layer 得到最终的输出。

　　图 3-14 代表了 TextCNN 中的模型结构。与图像当中 CNN 的网络相比，TextCNN 最大的不同便是输入数据的不同。图像是二维数据，图像的卷积核是从左到右、从上到下进行滑动，然后通过卷积核映射来进行特征抽取。而以自然语言为代表的序列模型是一维数据，虽然经过 word-embedding 生成了二

　　① Ke G，Meng Q，Finley T，et al. LightGBM：A Highly Efficient Gradient Boosting Decision Tree[J]. Advanced in Neural Information Proceeding System，2017（30）：3146-3154.

　　② Kim Y. Convolutional Neural Networks for Sentence Classification[C]//Proceedings of the 2014 Conference on Empirical Methods in Natural Language Processing，2014：1746-1751.

　　③ Zhang Y，Wallace B ． A Sensitivity Analysis of（and Practitioners′ Guide to）Convolutional Neural Networks for Sentence Classification[J]. Computer Science，2015，23（2）：315-323.

维向量,但是对词向量而言,无法进行从左到右的滑动卷积。TextCNN 的成功更多的是发掘序列模型的卷积模式,通过引入已经训练好的词向量在多个数据集上实现了非常良好的表现,进一步证明了构造更好的 embedding 是处理自然语言处理领域各项任务的关键能力。

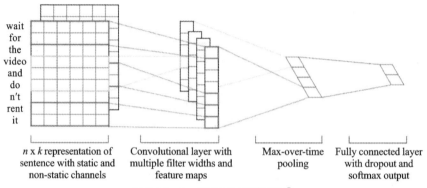

图 3-14　TextCNN 的模型结构[①]

TextCNN 最大的优势是网络结构简单,在模型网络结构如此简单的情况下,通过引入已经训练好的词向量依旧有不错的效果。其网络结构简单导致参数数目少、计算量少、训练速度快,TextCNN 是很适合中短文本场景的强baseline,但不太适合长文本场景,因为卷积核尺寸通常不会设置得很大,无法捕获长距离特征。同时 max-pooling 也存在局限,会丢掉一些有用特征。此外,TextCNN 和传统的 N-Gram 词袋模型本质是一样的,它的优越的处理能力很大部分来自词向量的引入,解决了词袋模型的稀疏性问题。

循环神经网络被用于文本等序列模型的建模中。文本分类问题就是对输入的文本字符串进行分析判断,之后再输出结果,但字符串无法直接输入RNN 网络,因此在输入之前需要先将文本拆分成单个词组,将词组编码成一个向量,每轮输入一个词组,得到的输出结果也是一个向量。[②] 嵌入表示将一个词对应为一个向量,向量的每一个维度对应一个浮点值,动态调整这些浮点

① Liu P, Qiu X, Huang X. Recurrent Neural Network for Text Classification with Multi-Task Learning[C]. Proceedings of the 25th International Joint Conference of Artifical Intelligence Morgan Kaufman,2016:2873-2879.

② Liu P, Qiu X, Huang X. Recurrent Neural Network for Text Classification with Multi-Task Learning[C]. Proceedings of the 25th International Joint Conference of Artifical Intelligence Morgan Kaufman,2016:2873-2879.

值使得编码和词的意思相关。这样网络的输入、输出都是向量,最后再进行全连接操作将其对应到不同的分类即可。

如图 3-15 所示,RNN 进行文本分类时须将问题抽象为序列,最后使用 softmax 进行分类预判。RNN 网络不可避免带来的问题就是最后的输出结果受最近的输入影响较大,而之前较远的输入可能无法影响结果,这就是信息瓶颈问题。为了解决这个问题,双向 LSTM 被引入模型。双向 LSTM 不仅增强了反向信息传播,而且每一轮都会有一个输出,将这些输出进行组合之后再传给全连接层。

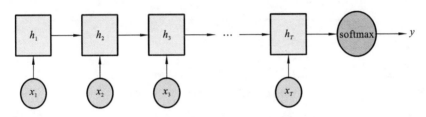

图 3-15　使用 RNN 进行文本分类

从前面介绍的一些方法中可以发现,当我们使用深度学习进行文本分类时,先要基于上下文对文本进行向量化编码,然后通过池化层得到句子表示的再分类。在最终池化时,max-pooling 通常表现得更好,因为文本分类经常是主题上的分类,从句子中部分主要的词就可以得出结论,其他大多是噪声,对分类没有意义。但到更细粒度的分析时,max-pooling 可能又会把有用的特征去掉,这时便可以用 attention 进行句子表示的融合,如图 3-16 所示[1]。

另一个经典的文本分类模型是 HAN(hierarchy attention network)(见图 3-17),其主要用于句子级别的分类,虽然用到长文本、篇章级也是可以的,但速度、精度都会下降,于是有研究者提出了层次注意力分类框架,即 hierarchical attention。它首先将文本分为句子、词语级别,对每个句子用 BiGRU-Att 编码得到句向量,再对句向量用 BiGRU-Att 得到 doc 级别的表

①　Zhou P,Shi W,Tian J,et al. Attention-Based Bidirectional Long Short-Term Memory Networks for Relation Classification[C]. Proceedings of the 54th Annual Meeting of the Association for Computational Linguistics,2016:207-212.

示[①]。而 attention 是在每一个级别的编码进行累加前,加入一个加权值,根据不同的权值对编码进行累加。

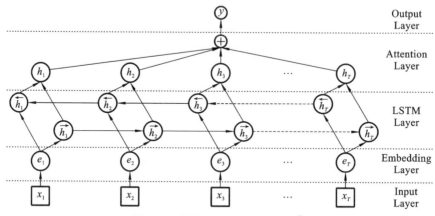

图 3-16　结合 attention 的 LSTM[②]

　　CNN 网络不能完美处理输入长短不一的序列的问题,但是它可以并行处理多个词组,且效率更高,而 RNN 可以更好地处理序列式的输入,将两者的优势结合起来就构成了 R-CNN 模型。R-CNN 模型首先通过双向 RNN 网络对输入进行特征提取,再使用 CNN 做进一步特征提取,之后通过池化层将每一步的特征融合在一起,最后经过全连接层进行分类。所以,形如 BiLSTM-CNN 这样的模型也常常被用于文本分类。[③]

　　BERT 在文本分类中取得了显著的成就。前面我们已经介绍过 BERT 进行文本向量化的 pre-training 过程,在文本经过向量化以后,BERT 还能够根据不同的任务对结构进行微调,从而得到适合不同任务的结构。对于文本分类任务而言,测试结果表明 BERT 在大规模文本分类上展现出了比以往模型更强大的潜力。

　　①　Yang Z, Yang D, Dyer C, et al. Hierarchical Attention Networks for Document Classification[C]. Proceedings of the 2016 Conference of the North American Chapter of the Association for Computational Linguistics: Human Language Technologies. 2016:148-1489.

　　②　Zhou P, Shi W, Tian J, et al. Attention-Based Bidirectional Long Short-Term Memory Networks for Relation Classification[C]. Proceedings of the 54th Annual Meeting of the Association for Computational Linguistics, 2016:207-212.

　　③　李洋,董红斌. 基于 CNN 和 BiLSTM 网络特征融合的文本情感分析[J]. 计算机应用,2018,38(11):3075-3080.

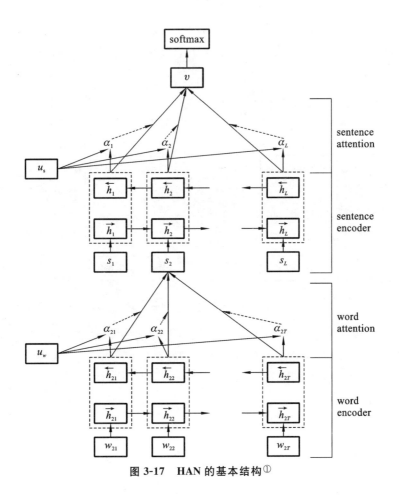

图 3-17　HAN 的基本结构[①]

4. 突发事件的分类与统计

本书的文本分类是基于 BERT 实现的。我们在利用 BERT 进行文本向量化以后,将人工标注的部分数据作为训练集,对数据进行两重分类。并使用开源的 BERT 预训练模型先进行突发事件的二分类,经过模型蒸馏等操作过滤掉 2008—2021 年将近 300G 的微博文本中的大部分内容,保留了 478148 条突

① Yang Z, Yang D, Dyer C, et al. Hierarchical Attention Networks for Document Classification[C]. Proceedings of the 2016 Conference of the North American Chapter of the Association for Computational Linguistics: Human Language Technologies. 2016:148-1489.

发事件文本。随后,我们结合一些特征事件关键词与正则表达式等方法,将突
发事件文本做进一步细粒度分类,得到 4 个大类 18 个小类的数据。类别结构
如图 3-18 所示。

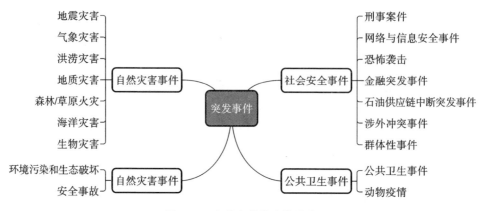

图 3-18　突发事件的事件分类

　　由于这些报道中有不少文本是对同一事件的重复报道,我们根据事件爆
发的时间、地点和事件类型对数据进行去重,保留了 109593 件突发事件数据。
而在这些突发事件数据中,各类数据的数量和占比如图 3-19 所示。

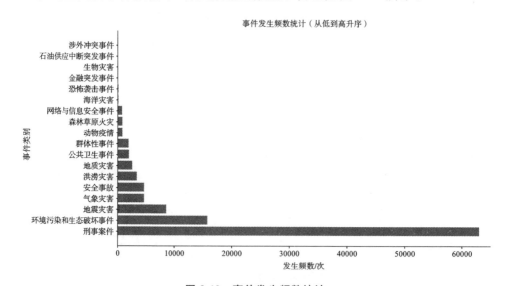

图 3-19　事件发生频数统计

可以看到,刑事案件的数目是最多的,多达 62983 个事件,而涉外冲突是最少的,只有 4 个事件。在这些事件的报道中,报道内容字数的概率密度分布如图 3-20 所示。

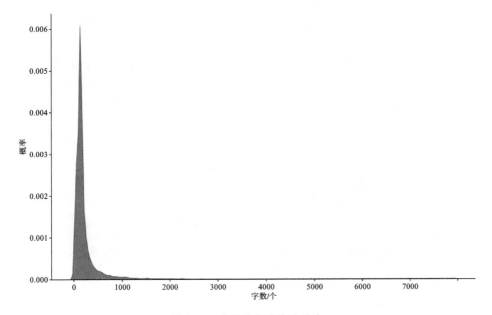

图 3-20 字数的概率密度分布

可以明显地看到,字数的分布是一个有偏分布,最高峰在 142 字。报道内容大都不超过 1000 个字,多数报道不超过 400 字,这很符合微博这类网络媒体的写作风格,要求准确简单地表述事件的主要内容,并且也符合易读性原则。相较于长文本,一些简单的文本往往更容易被读者理解。

对报道时间的统计如图 3-21 所示。

报道的统计基于年、月、日、小时四个不同的粒度。从年份图来看,2019 年的突发事件是最多的。在 2009—2019 年,突发事件的增速大体是逐渐增长的。但这并不能说明这一阶段社会的不稳定因素正在增多,而是因为微博平台的发展,媒体在突发事件的预警和防控中扮演着越来越重要的角色。这证明了传媒预警的重要性。而 2020—2021 年突发事件的骤减,则是由于疫情减少了公民活动,使得实体之间的社会性冲突与矛盾减少。就月份统计情况来看,突发事件更多地集中在 7—8 月,也就是夏季。这也符合我们的生活经验与认知,包括一些常见的自然灾害例如暴雨就常在夏季爆发,继而引发其他突

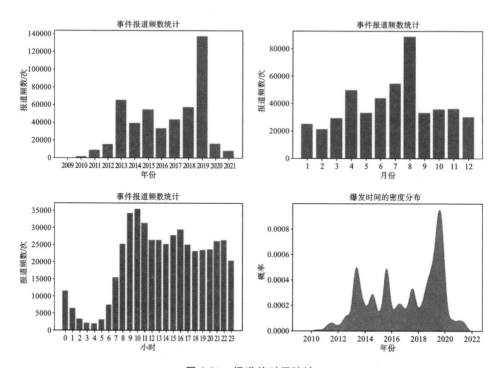

图 3-21　报道的时间统计

发事件,例如洪涝灾害、地质灾害、环境污染等,继而引发群体极化等非常态现象。就小时而言,报道在0—7时之间较少,因为这一时间段大多数人都在休眠。而自9时到达一个较高的水平以后持续十余个小时。可以看到上午的发帖较为集中在9时左右,下午的发帖时间分布比较均匀。以日为粒度,我们制作了密度分布图,可以看到爆发数量随日期推演的分布密度。其大致分布情况与上述统计特性一致,有趣的是在2012—2020这几年内出现了几个高峰,尤其是2019年这类高峰是非常多的。而且这几个高峰都在夏季,从而进一步验证了我们的结论。

(三)事件的命名实体识别

命名实体可被认为是某一个概念的实例。命名实体识别(named entities recognition,NER)的目的是识别这些实体指称的边界和类别,主要包括人名、地名和组织机构名这三类专有名词的识别方法。[①] 学术上 NER 所涉及的命名实体一般包括 3 大类（实体类、时间类、数字类）和 7 小类（人名、地名、组织机构名、时间、日期、货币、百分比）。NER 方法分为基于手工规则的、基于机器学习的和基于深度学习的三大类。

1. 基于手工规则的命名实体识别方法

传统的 NER 方法依赖于手工规则系统，须结合命名实体库，对每条规则进行权重赋值，然后通过实体与规则的相符情况来进行类型判断。大多数时候，规则往往依赖具体语言领域和文本风格，难以覆盖所有的语言现象。典型应用如航空领域的 NER[②]、军事领域的 NER 等[③]。对特定实体建立词库进行检索判断，尽管在各自特定领域准确率较高，但效率较低，并且难以形成通用的 NER 方法。

2. 基于机器学习的命名实体识别方法

基于机器学习的 NER 方法广泛应用了判别式的条件随机场（conditional random field，CRF）和生成式的隐马尔可夫模型。

McCallum 等 2003 年最先将 CRF 模型用于 NER。该方法由于简便易行，而且可以获得较好的性能，因此受到业界青睐，已被广泛地应用于人名、地名和组织机构等各种类型 NER，并在具体应用中不断得到改进，可以说是 NER 中最成功的方法。[④]。

基于 CRF 的 NER 与前面介绍的基于字的汉语分词方法的原理一样，就是把 NER 过程看作一个序列标注问题。其基本思路是首先对给定的文本进行分词处理，然后对人名、简单地名和简单的组织机构名进行识别，最后识别复合地名和复合组织机构名。所谓的简单地名是指无法再继续细分的那种地名，如北京市、湖北省、中国等地名，而"湖北省武汉市洪山区珞瑜路"则为复合地名因为可以拆分成"湖北省""武汉市""洪山区""珞瑜路"四个基本地名。同

① 孙镇，王惠临.命名实体识别研究进展综述[J].现代图书情报技术，2010(6):42-47.
② 万静，涂喆，冯晓.基于条件随机场的医药领域症状信息抽取[J].北京化工大学学报（自然科学版），2016,43(1):98-103.
③ 姜文志，顾佼佼，丛林虎.CRF 与规则相结合的军事命名实体识别研究[J].指挥控制与仿真，2011,33(4):13-15.
④ 何炎祥，罗楚威，胡彬尧.基于 CRF 和规则相结合的地理命名实体识别方法[J].计算机应用与软件，2015,32(1):179-185,202.

时,简单的组织机构名中也不会嵌套其他组织机构名。CRF 属于有监督的学习方法,因此,需要利用已标注的大规模语料对 CRF 模型的参数进行训练。CRF 在给定一组输入序列的条件下,输出序列的条件概率分布。[①] 随机变量的集合称为随机过程。由一个空间变量索引的随机过程称为随机场。也就是说,一组随机变量按照某种概率分布随机赋值到某个空间的一组位置上时,这些赋予了随机变量的位置就是一个随机场。[②] 而 CRF,就是给定了一组观测状态下的马尔可夫随机场,这个随机场满足马尔可夫性。也就是说 CRF 考虑到了观测状态这个先验条件,这也是条件随机场中条件一词的含义。CRF 的数学模型为:

$$P(Y_v \mid X, Y_w, w \neq v) = P(Y_v \mid X, Y_w, w \sim v) \tag{3.23}$$

其中,$w \neq v$ 代表除 v 以外的所有节点,而 $w \sim v$ 表示与 v 相邻的所有节点。这一表达式充分体现了 CRF 所具有的马尔可夫性。

CRF 中有两类特征函数,分别是状态特征和转移特征。状态特征用当前节点(某个输出位置可能的状态称为一个节点)的状态分数表示。转移特征用上一个节点到当前节点的转移分数表示。CRF 损失函数的计算,需要用到真实路径分数(包括状态分数和转移分数)和其他所有可能的路径分数(包括状态分数和转移分数)。这里的路径用词性来举例就是一句话对应的词性序列,真实路径表示真实的词性序列,其他可能的路径表示其他可能的词性序列。在给定某个状态序列时,某个特定的标记序列概率为:

$$P(Y \mid X) = \frac{1}{Z} \exp\left(\sum_j \sum_{i=1}^{n-1} \lambda_j t_j(y_{i+1}, y_i, x, i) + \sum_k \sum_{i=1}^{n} \mu_k s_k(y_i, x, i) \right) \tag{3.24}$$

其中,t 和 s 分别为转移特征函数和状态特征函数,Z 为规范化因子。

CRF 为 NER 提供了一个特征灵活、全局最优的标注框架,但同时存在收敛速度慢、训练时间长的问题。相比而言,同为机器学习方法的隐马尔可夫模型则更加迅速,处理效率更高,往往用在精度要求不是很高但需要实时标记的场合。

隐马尔可夫模型是一种在 NLP 领域中被广泛应用的统计模型,中文 NER

① Lafferty J, Mccallum A, Pereira F. Conditional Random Fields: Probabilistic Models for Segmenting and Labeling Sequence Data[C]. Proceedings of the 18th International Conference on Machine Learning, 2001:282-289.

② Imry Y, Ma S K. Random-Field Instability of the Ordered State of Continuous Symmetry[J]. Physical Review Letters, 1975, 35(21):1399-1401.

中很多问题都可以用隐马尔可夫模型来解决。[①] 尽管都是抽象为序列标注的问题,但识别对象不同,隐马尔可夫模型的堆叠方式通常有所不同。俞鸿魁等人提出了一种层叠式隐马尔可夫模型,整个 NER 的层叠隐马尔可夫模型由三级互相联系的隐马尔可夫模型构成,自底向上分别为人名识别 HMM、地名识别 HMM 和机构名识别 HMM(见图 3-22)。每一级都是以隐马尔可夫模型作为基本的算法模型,整个算法的时间复杂度和隐马尔可夫模型的时间复杂度相同,分析时间随着输入串长度的增长而线性增长,速度非常快。[②] 底层的隐马尔可夫模型通过词语的生成模型为高层隐马尔可夫模型的参数估计提供支持。

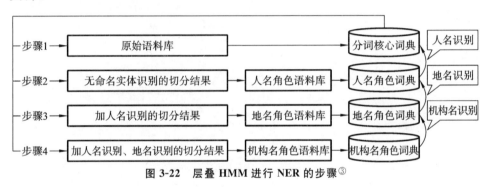

图 3-22　层叠 HMM 进行 NER 的步骤[③]

3. 基于深度学习的命名实体识别方法

基于深度学习的 NER 的发展如火如荼。近年来,随着硬件计算能力的发展以及文本向量化方法的发展,神经网络可以有效处理许多 NLP 任务。这类方法对于序列标注任务的处理方式是类似的:将文本与命名实体经过向量化表示后,映射到规则欧几里得空间中进行嵌入表示,随后将句子的嵌入表示序列输入神经网络中,用神经网络自动提取特征,最后来预测每个实体的标签。这种方法使得模型的训练成为一个端到端的过程,是一种数据驱动的方法,但网络种类繁多,对参数设置依赖大,模型可解释性差。此外,这种方法的一个

① O Cappé,Moulines E,T Rydén. Inference in Hidden Markov Models[J]. Technometrics,2006,48(4):574-575.

② 俞鸿魁,张华平,刘群,等.基于层叠隐马尔可夫模型的中文命名实体识别[J].通信学报,2006,27(2):87-94.

③ 俞鸿魁,张华平,刘群,等.基于层叠隐马尔可夫模型的中文命名实体识别[J].通信学报,2006,27(2):87-94.

缺点是对每个 token 打标签的过程是独立进行的,不能直接利用上文已经预测的标签而只能靠隐含状态传递上文信息,进而导致预测出的标签序列可能是无效的。

应用于 NER 的 BiLSTM-CRF 模型(见图 3-23)主要由 embedding 层、双向 LSTM 层,以及最后的 CRF 层构成,实验结果表明 BiLSTM-CRF 已经达到或者超过了基于丰富特征的 CRF 模型,成为目前基于深度学习的 NER 方法中的最主流的模型。[1][2] 在特征方面,该模型继承了深度学习方法的优势,无需特征工程,使用词向量以及字符向量就可以达到很好的效果。如果有高质量的词典特征,还能够进一步提升性能。

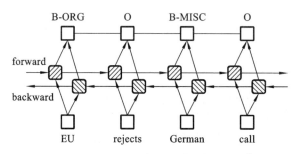

图 3-23　BiLSTM-CRF 模型的结构示意[3]

对于序列标注来讲,普通 CNN 有一个不足,就是卷积之后,末层(例如 softmax 层)可能只得到了原始输入数据中一小块的信息。而对 NER 来讲,即使是距离很远的词都有可能因为长尾效应对当前位置的标注产生影响,即所谓的长距离依赖问题。为了覆盖全部的输入信息就需要加入更多的卷积层,这就导致层数越来越深,参数越来越多。而为了防止过度拟合又要加入更多的 dropout 之类的正则化,带来更多的超参数,整个模型变得庞大且难以训练。因为 CNN 有这样的劣势,对于大部分序列标注问题,人们还是选择 BiLSTM 之类的网络结构,尽可能利用网络的记忆力记住全句的信息来对当前字做标注。但是 CNN 可以作为一种特征提取的手段对原有模型进行改进,李丽双和

① 　Chen T,Xu R,He Y,et al. Improving Sentiment Analysis via Sentence Type Classification Using BiLSTM-CRF and CNN[J]. Expert Systems with Application,2017(27):221-230.
② 　陈伟,吴友政,陈文亮,等.基于 BiLSTM-CRF 的关键词自动抽取[J]. 计算机科学,2018,45(6A):91-96.
③ 　引自 http://zhuanlan. zhihu. com /p /42096344? utm_source＝wechat_session.

郭元凯等人提出了引入卷积的 CNN-BiLSTM-CRF 的生物医学 NER(见图 3-24),在 BioCreative II GM 和 JNLPBA 语料上实现了很好的性能。[1]

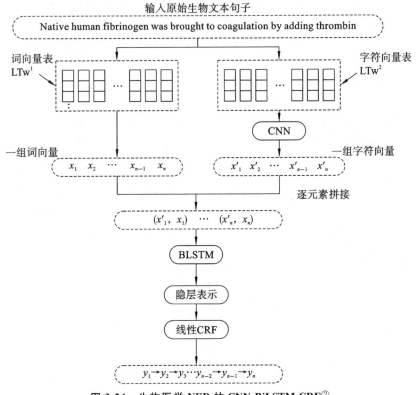

图 3-24　生物医学 NER 的 CNN-BiLSTM-CRF[2]

但这又带来另外一个问题,BiLSTM 本质是一个序列模型,在对 GPU 并行计算能力的利用上不如 CNN 那么强大。如何能够像 CNN 那样给 GPU 提供可高速并行计算的方法,而又像 LSTM 这样用简单的结构记住尽可能多的输入信息呢?

Fisher Yu 和 Vladlen Koltun 2015 年提出了 dilated CNN 模型,意思是

①　李丽双,郭元凯.基于 CNN-BLSTM-CRF 模型的生物医学命名实体识别[J].中文信息学报,2018,32(1):116-122.

②　李丽双,郭元凯.基于 CNN-BLSTM-CRF 模型的生物医学命名实体识别[J].中文信息学报,2018,32(1):116-122.

"膨胀的"CNN。[1][2][3] 图 3-25 表示了不同的空洞卷积示意图。

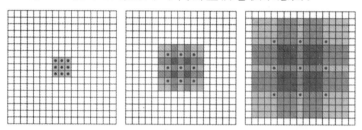

图 3-25　不同的空洞卷积[4]

其想法并不复杂：正常 CNN 的 filter，都是作用在输入矩阵的一片连续的区域上，不断 sliding 做卷积。dilated CNN 为这个卷积核增加了一个空洞宽度，作用在输入矩阵的时候，会跳过所有空洞宽度范围内的输入数据；而卷积核本身的大小保持不变，这样卷积核获取了更广阔的输入矩阵上的数据，看上去就像是"膨胀"了一般。具体使用时，空洞宽度会随着层数的增加而指数增加。这样随着层数的增加，参数数量是线性增加的，而感受却是指数增加的，可以很快覆盖全部的输入数据（见图 3-26）。

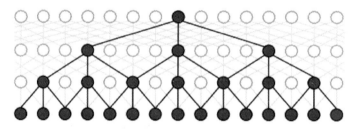

图 3-26　在命名实体识别过程中的三层空洞卷积堆叠[5]

① Wang P，Chen P，Yuan Y，et al. Understanding Convolution for Semantic Segmentation[C]. 2018 IEEE Winter Conference on Applications of Computer Vision (WACV)，2018.

② Chen L C，Papandreou G，Schroff F，et al. Rethinking Atrous Convolution for Semantic Image Segmentation[J]. Computer Vision and Pattern Recognition，2017.

③ Li B，Dai Y，He M. Monocular Depth Estimation with Hierarchical Fusion of Dilated CNNs and Soft-Weighted-Sum Inference[J]. Pattern Recognition，2017(83)：328-339.

④ Wang P，Chen P，Yuan Y，et al. Understanding Convolution for Semantic Segmentation[C]. 2018 IEEE Winter Conference on Applications of Computer Vision (WACV)，2018.

⑤ Strubell E，Verga P，Belanger D，et al. Fast and Accurate Entity Recognition with Iterated Dilated Convolutions[C]. Conference on Empirical Methods in Natural Language Processing，Copenhagen，2017：2670-2680.

ID-CNN 方法则使用了 dilated CNN[①]，对应在文本上，输入是一个一维的向量，每个元素都是一个嵌入。模型是 4 个大的相同结构的 dilated-CNN-block 拼在一起，每个 block 里面是空洞宽度为 1、1、2 的三层空洞卷积层，所以叫作 iterated dilated CNN，即 ID-CNN。ID-CNN 对输入句子的每一个词或者字生成一个输出，和 BiLSTM 模型一样，放入 CRF 层，用 viterbi 算法解码出标注结果。在 BiLSTM 或者 ID-CNN 这样的深度网络模型后面接上 CRF 层是序列标注很常见的方法。BiLSTM 或者 ID-CNN 计算出的是每个词分类的概率，而 CRF 层引入序列的转移概率，最终计算出损失函数反馈回网络。

ID-CNN 与 CRF 结合的方法使运行速度相较 BiLSTM 取得了更大的提升，但会丢失局部信息。虽说可以看得比较远，但是有时候远距离的信息并没有相关性。

事实上，使用深度学习进行命名实体识别的方法还有很多，图 3-27 列举了一些模型。[②]

在本书中，我们采用 NER 模型对数据的命名实体进行了识别。使用百度的 NLP 工具箱，对新闻文本中出现的时间、地点、人物信息进行了提取，以便确定事件爆发的时间、地点。同时，将其与使用正则表达式提取的时间、地点信息进行了对比。我们发现，正则表达式提取的含有时间与地点的数据相较 NER 方法更多，但基于深度学习的 NER 相较正则表达式更准确，能够提取多个具体时间地点。例如微博文本"【♯广东警方查获走私冻肉 730 吨♯：涉案价值 1500 万元，来自美国、巴西、德国等国家】♯以案析法♯近日，广东@平安中山查获一起特大走私冻肉案，抓获涉案嫌疑人 14 名，查获走私冻肉约 730 吨，涉案价值 1500 万元人民币。这些走私冻肉来自美国、巴西、德国等国家。目前案件已移交海关部门处理"，若使用正则表达式可以很快提取地点广东省中山市，但如果使用 NER 方法，则还可以识别美国、巴西、德国等地名。

[①] Strubell E, Verga P, Belanger D, et al. Fast and Accurate Entity Recognition with Iterated Dilated Convolutions[C]. Conference on Empirical Methods in Natural Language Processing, Copenhagen, 2017: 2670-2680.

[②] Li J, Sun A, Han J, et al. A Survey on Deep Learning for Named Entity Recognition[J]. IEEE Transactions on Knowledge and Data Engineering, 2020:99.

Work	Input representation			Context encoder	Tag decoder	Performance (F-score)
	Character	Word	Hybrid			
[94]	-	Trained on PubMed	POS	CNN	CRF	GENIA: 71.01%
[89]	-	Trained on Gigaword		GRU	GRU	ACE 2005: 80.00%
[95]	-	Random		LSTM	Pointer Network	ATIS: 96.86%
[90]	-	Trained on NYT		LSTM	LSTM	NYT: 49.50%
[91]	-	SENNA	Word shape	ID-CNN	CRF	CoNLL03: 90.65%; OntoNotes5.0: 86.84%
[96]	-	Google word2vec		LSTM	LSTM	CoNLL03: 75.0%
[100]	LSTM	-		LSTM	CRF	CoNLL03: 84.52%
[97]	CNN	GloVe		LSTM	CRF	CoNLL03: 91.21%
[105]	LSTM	Google word2vec		LSTM	LSTM	CoNLL03: 84.09%
[19]	LSTM	SENNA		LSTM	CRF	CoNLL03: 90.94%
[106]	GRU	SENNA		GRU	CRF	CoNLL03: 90.94%
[98]	CNN	GloVe	POS	BRNN	Softmax	OntoNotes5.0: 87.21%
[107]	LSTM-LM	-		LSTM	CRF	CoNLL03: 93.09%; OntoNotes5.0: 89.71%
[103]	CNN-LSTM-LM	-		LSTM	CRF	CoNLL03: 92.22%
[17]	-	Random	POS	CNN	CRF	CoNLL03: 89.86%
[18]	-	SENNA	Spelling, n-gram, gazetteer	LSTM	CRF	CoNLL03: 90.10%
[20]	CNN	SENNA	capitalization, lexicons	LSTM	CRF	CoNLL03: 91.62%; OntoNotes5.0: 86.34%
[116]	-	-	FOFE	MLP	CRF	CoNLL03: 91.17%
[101]	LSTM	GloVe	-	LSTM	CRF	CoNLL03: 91.07%
[113]	LSTM	GloVe	Syntactic	LSTM	CRF	W-NUT17: 40.42%
[102]	CNN	SENNA	-	LSTM	Reranker	CoNLL03: 91.62%
[114]	CNN	Twitter Word2vec	POS	LSTM	CRF	W-NUT17: 41.86%
[115]	LSTM	GloVe	POS, topics	LSTM	CRF	W-NUT17: 41.81%
[118]	LSTM	GloVe	Images	LSTM	CRF	SnapCaptions: 52.4%
[109]	LSTM	SSKIP	Lexical	LSTM	CRF	CoNLL03: 91.73%; OntoNotes5.0: 87.95%
[119]	-	WordPiece	Segment, position	Transformer	Softmax	CoNLL03: 92.8%
[121]	LSTM	SENNA	-	LSTM	Softmax	CoNLL03: 91.48%
[124]	LSTM	Google Word2vec	-	LSTM	CRF	CoNLL03: 86.26%
[21]	GRU	SENNA	LM	GRU	CRF	CoNLL03: 91.93%
[126]	LSTM	GloVe	-	LSTM	CRF	CoNLL03: 91.71%
[142]	-	SENNA	POS, gazetteers	CNN	Semi-CRF	CoNLL03: 90.87%
[143]	LSTM	GloVe	-	LSTM	Semi-CRF	CoNLL03: 91.38%
[88]	CNN	Trained on Gigaword	-	LSTM	LSTM	CoNLL03: 90.69%; OntoNotes5.0: 86.15%
[110]	-	GloVe	ELMo, dependency	LSTM	CRF	CoNLL03: 92.4%;
[108]	CNN	GloVe	ELMo, gazetteers	LSTM	Semi-CRF	CoNLL03: 89.88%; OntoNotes5.0: 92.75%;
[133]	LSTM	GloVe	ELMo, POS	LSTM	Softmax	CoNLL03: 92.28%
[137]	-	-	BERT	-	Softmax	CoNLL03: 93.04%; OntoNotes5.0: 91.11%
[138]	-	-	BERT		Softmax +Dice Loss	CoNLL03: 93.33%; OntoNotes5.0: 92.07%
[134]	LSTM	GloVe	BERT, document-level embeddings	LSTM	CRF	CoNLL03: 93.37%; OntoNotes5.0: 90.3%
[135]	CNN	GloVe	BERT, global embeddings	GRU	GRU	CoNLL03: 93.47%
[132]	CNN	GloVe	Cloze-style LM embeddings	LSTM	CRF	CoNLL03: 93.5%
[136]	-	GloVe	Plooled contextual embeddings	RNN	CRF	CoNLL03: 93.47%

图 3-27　部分 NER 框架①

二、突发事件时间分布特征的提取与统计分析

各类突发事件的发生时间是我们进行预警的重要依据与因素之一,而大部分突发事件的发生时间皆有规律可循,例如动物疫情与安全事故通常集中发生在 7 月和 8 月这两个夏季月份,地震灾害则集中在夜晚的两端。因此,把握突发事件的月分布、日分布,甚至是小时分布特征,有利于我们根据发生时间进行直接有效的事先研判与预警。

为达到这一目的,我们爬取了多条微博文本数据,并从中进行筛选与去重,然后对其时间分布特征进行归纳与总结。基于此,本章节共分为四个部

① Li J,Sun A,Han J,et al. A Survey on Deep Learning for Named Entity Recognition[J]. IEEE Transactions on Knowledge and Data Engineering,2020:99.

分,分别涉及地震灾害、动物疫情、安全事故、刑事案件。每一部分又分为时间分布与原因解释,辅以案例分析,全面展现突发事件的时间特征。

(一)地震灾害的时间分布与原因解释

在突发灾害所造成的混乱局面中,信息如何能突破重重障碍实现流畅的传播,往往是防灾、避灾、减灾的关键所在。认识到完善自然灾害信息传播体系的重要性,是建立健全防灾安全系统的关键之一。而我国在这方面的认识需要进一步加强。"5·12"汶川大地震,这场突如其来的灾难夺去了数万人的生命,并造成难以估计的直接经济损失。这场灾难也让我国的防灾应急能力经历了巨大的考验,加之近年来四川省、青海省等地地震灾害频发的现实,建立健全自然灾害信息传播体系已经被提上了重要的议事日程。地震灾害的时间分布与相关预警须引起重视。[1]

1. 年分布特征

2008—2021 年的 14 年间我国共发生地震 8565 次,平均每年发生地震次数约 612 次,其中单年度地震发生次数最多的是 2013 年,达到 2031 次之多(见图 3-28)。其中震级较大的几次地震如表 3-1 所示。

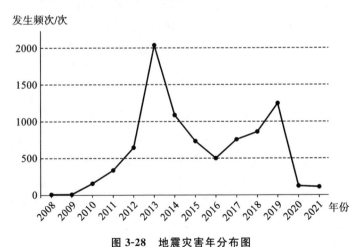

图 3-28　地震灾害年分布图

---

① 杨黎. 日本自然灾害的信息传播及对我国的启示[D]. 武汉:华中师范大学,2009.

表 3-1　2013 年部分地震灾害

日　　期	发　生　地
2013.1.18	四川省甘孜藏族自治州白玉县 5.4 级地震
2013.3.27	台湾地区南投县 6.1 级地震
2013.4.20	四川省雅安市芦山县 7.0 级地震
2013.4.21	黄海海域 5.0 级地震
2013.6.8	台湾地区花莲县附近海域 5.6 级地震

　　单年度地震发生次数最低的是 2009 年,仅为 1 次,即 12 月 19 日台湾地区花莲县地震,震级为 6.8 级。在所有地震中,震级最低的一次地震发生在 2014 年 10 月 11 日 4 时 46 分浙江省泰顺县附近,震级为 0.1 级左右。震级最高的一次地震发生在 2013 年 5 月 24 日 13 时 44 分鄂霍次克海,震级为 8.2 级,震源深度 600 千米。

　　对于中国大陆地震的特点,张培震院士在论文中用两段话做了非常详细的解释:中国大陆的强震在时间分布上是不均匀的,表现出明显的活跃期与平静期相交替的轮回性活动,也就是具有"动静交替"的特征。从 1900 至 2010 年的一百多年间 6.5 级以上地震的时间分布图来看,可以根据强震发生的频度和强度的变化,识别出 6 个强震活跃期,每个活跃期的时间长短不一,长的可达十几年,短的只有数年,一般在同一活跃期内有多次 7.5 级以上强震发生。其中 1985 至 1998 年的第 5 个活跃期比较特殊,其历时时间长达 13 年,虽然发生的最大地震仅是 1988 年澜沧-耿马的 7.6 级地震,但其间共发生过 8 次 7 级以上的地震。最后一个活跃期起始于 2001 年昆仑山口西 8.1 级地震,经历了 2008 年汶川地震、2010 年玉树地震和 2013 年芦山地震之后是否结束还有待于进一步研究。平静期位于活跃期之间,在几年到十几年之间变化,少有或没有 7.5 级以上地震发生。地震活动的"动静交替"可能反映了应力积累和释放的过程。除了时间上平静期、活跃期相交替外,每一个活跃期均有其强震活动的主体地区。所以,虽然地震在统计学上有一些规律,但我们并不能准确预测地震活动高潮期。① 地震的类型有很多,有构造地震、火山地震、塌陷地震、诱发地震、人工地震等。笼统地说某个季节多发地震是不科学的,只是某

---

① 贾斌. 全球进入地震活动高发期 [N]. 北京日报,2015-05-06(13).

些季节的气候特征,如暴雨或滑坡等,可能会诱发地震。地震是极其频繁的,全球每年发生地震约 500 万次。

2. 月分布特征

2008—2021 年我国共发生地震 8565 次,平均每月发生约 714 次,由图 3-29 可知,我国的地震灾害基本集中于 4 月、5 月、8 月三个月份,其中单月地震发生次数最多的是 4 月,为 1447 次,其中震级较大的几次地震有:青海玉树大地震(2010 年 4 月 14 日)、四川雅安大地震(2013 年 4 月 20 日)。最少的是 1 月,仅为 267 次,其中震级较大的地震有,四川省甘孜藏族自治州白玉县地震(2013 年 1 月 18 日)。强震经常发生在 4 月、5 月,可能与天体运动有关。例如,雅安地震发生时间为 4 月,这可能与每年的春秋季节引潮力较大有关。所以 4 月和 8 月应当是四川地区防震抗灾的重点月份。

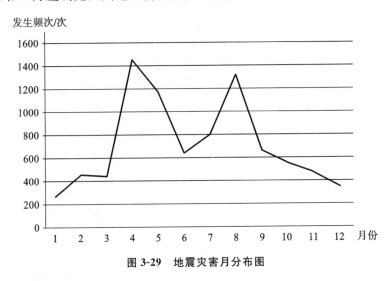

图 3-29 地震灾害月分布图

3. 日分布特征

受天文大潮的影响,在一天当中,地震的发震时间也具有规律性。科学统计发现,大地震主要集中在夜晚的两端,一是凌晨 0~5 时,一是晚间 18~21 时。1300 年到 1976 年的 600 多年间,中国发生的 29 次特大地震中,有 21 次发生在夜晚,占 72.4%;1990 年到 2000 年全球有重大伤亡破坏的 8 次大地震中,有 7 次发生在夜晚,占 87.5%。发震时间之所以呈现出如此规律性,一方面是因为每月农历初一,月亮都是在凌晨时刻升起,此时引潮力最大,因此朔日所发生的地震都集中在凌晨时分。而每月农历十五,月亮都是在傍晚时刻升起,因此望日所发生的地震都集中在傍晚时分。另一方面,太阳的朝升夕落所产生的引潮力变化,也是导致地震集中在夜晚两端的重要原因。例如,"5·12"汶川大地震临震前,5月10日月球抵达近地点;5月11日,太阳位于天空北纬18°,而月亮由北往南掠过北纬18°。5月10日地球上出现了近地潮;5月11日太阳和月亮引潮力作用点有一时间段位于同一纬度线上;5月12日,月亮引潮力作用点移至北纬25°附近。在北纬18°~25°区域,太阳和月亮所产生的引力潮相隔半个周期(6小时),太阳潮与太阴潮此消彼长,在落潮过程中,分别向岩浆流涡旋注入能量。对于北纬30°附近区域的地下岩浆流涡旋来说,太阴潮和太阳潮所注入的能量之和,正好相当于一次朔望大潮注入的能量。5月12日14时许,经历了近地潮、太阴潮和太阳潮三次能量注入,岩浆流涡旋能量积累达到了诱发地震的临界状态,这可能是四川汶川一带发生8.0级地震的原因。[①]

由图3-30可知,媒体的地震信息发布时间主要集中在上午9~11时,存在延时的情况,这主要是因为在早年互联网技术不够发达时,与其他媒体相比,时效性是纸质媒体的硬伤,纸质媒体须经历撰写文章、制作专题、排版印刷等一系列流程。当读者看到报纸上的报道时,其实他们早已通过其他新闻媒体了解到地震的基本情况。随着信息技术的发展,信息的发布逐渐向24小时全时靠拢,例如在雅安地震当中,诸如微博、微信等社交媒体表现十分抢眼。微博的官方新闻成为地震信息的主要来源,它及时更新信息、指导灾区救援、设立捐款和寻人平台,并且借鉴了传统媒体新闻专题的形式,整合碎片化信息,全面快速地将信息传递给受众。

此外,通过对数据进行统计分析可知,53121条地震有关的报道里面有41477条未标注明确发生时间,证明网络媒体的报道在一定程度上依旧存在不够专业、不够精确的问题。媒体发展的基础是新闻,大众传媒的竞争从根本上说是新闻的竞争。网络媒体在不断发展、日趋完善的过程中,必须从根本上提高新闻报道水平、加强专业报道能力,这是网络媒体与传统媒体竞争的关键所在,也是网络媒体走向成熟的必由之路。在与传统媒体的竞争中,网络媒体记

---

① 大地震的时间规律性[EB/OL].(2013-1-17). http://www.360doc.com/content/13/1117/19/175820330038694.shtml.

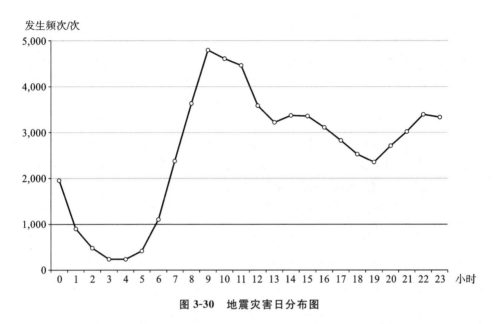

图 3-30　地震灾害日分布图

者需要不断提高新闻报道等综合素质,加强新闻策划、信息整合、深度报道的能力,从而提高网络新闻的整体质量,使网络媒体具有更高的权威性、公信力,发挥更大的媒介影响力。[①]

(二) 动物疫情的时间分布与原因解释

近几年突发公共卫生事件层出不穷,不仅对人们的健康和生命造成极大的危害,也对经济发展、社会稳定和国民心理产生重大影响。SARS 的流行和甲型 H1N1 流感的全球性蔓延向我们敲响了警钟,即使采取极其严厉的监测和隔离措施也不能将各种病毒有效阻挡在国门之外,如果抗击 SARS 是一场突击战的话,防控甲型 H1N1 流感则需要打一场持久战。在各种类型的公共危机中,公共卫生危机是具有极大震撼力的。如果说自然灾害等危机事件具有地域性和局限性的话,那么公共卫生事件的影响则是快速而广泛的,无地域,无国界,无人能够置身事外。尤其是传染性疾病或不明原因疾病引起的公共卫生危机,会以一种不可预知的、快速蔓延的态势渗入社会生活和公众心理之中。

---

① 　王超.汶川大地震报道中网络媒体的表现[J].青年记者,2008(32):21-22.

对于全球性的公共卫生危机,既需要全面共享危机信息与积极开展交流合作来积极应对,又需要及时分析已有信息,总结经验与规律,为灾害预警做好充分准备。我们不可能避免公共卫生危机的出现,但我们可以将其危害程度降到最低。①

1. 年分布特征

2010—2021 年 12 年间我国共发生动物疫情 860 次,平均每年发生动物疫情次数约为 72 次,其中单年度动物疫情发生次数最多的是 2018 年,达到 335 次之多(见图 3-31)。此处只做简单列举(见表 3-2)。

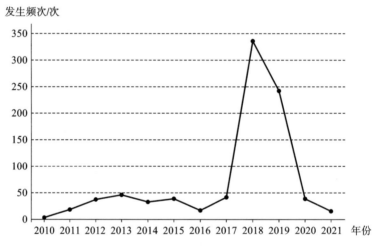

图 3-31　动物疫情年分布图

表 3-2　2018 年部分动物疫情发生地

日　　期	发　生　地
2018.1.13	上海市
2018.1.14	福建省泉州市
2018.1.13	浙江省杭州市
2018.1.15	浙江省杭州市
2018.3.5	广东省清远市英德市

① 董娟. 突发公共卫生事件的信息共享与联动机制——以 SARS 和甲型 H1N1 流感为个案[D]. 武汉:华中师范大学,2010.

续表

日　　期	发　生　地
2018.3.5	广西壮族自治区南宁市
2018.3.7	广东省清远市英德市
2018.3.8	湖北省十堰市竹溪县
2018.3.9	广东省清远市英德市
2018.3.26	安徽省合肥市

单年度动物疫情发生次数最低的是 2010 年,仅为 3 次(见表 3-3)。

表 3-3　2010 年部分动物疫情发生地

2010.5.23	黑龙江省哈尔滨市
2010.6.8	黑龙江省黑河市北安区
2010.4.10	江西省赣州市

仅 2018 年一年,从 8 月 3 日的辽宁省非洲猪瘟,到 8 月 9 日的黑龙江省羊炭疽疫情,再到 8 月 12 日内蒙古自治区又被爆出牛炭疽疫情,而 8 月 14 日河南省又爆出猪 O 型口蹄疫。养殖业 8 月连遭重创。拿黑龙江省、内蒙古自治区两起疫情来说,据初步分析,这两起疫情发生地都是炭疽老疫区。疫情发生前不久,黑龙江省、内蒙古自治区降雨量大,局部连降暴雨,暴雨、洪涝冲刷导致炭疽病菌暴露地表,家畜接触后引发疫情。[①]

据农业农村部的统计,2018 年我国 17 个省、市、自治区发生非洲猪瘟疫情,大规模动物疫情的发生给农户造成巨大的财产损失。重大动物疫情的发生,究其原因,很大程度上在于重大动物疫情监测、预防、应急处理等有关技术手段落后。随着农业现代化水平的提高,全国各地农户开始纷纷开拓新的市场,以新兴的畜牧养殖代替原有的传统种植。这一变化突出的表现是农户的收入水平和生活质量有了明显的提升,但过于粗放、单纯追求利润的畜牧养殖方式,使以动物为传播主体的疫情开始大规模出现,甚至一定程度上威胁到日常居民的健康安全。[②] 要加强动物疫情的防疫体系建设,不仅需要严格落实防

[①]　疫情年年有,这次特别厉害,养殖户该何去何从? [EB/OL]. (2018-09-25). https://www.sohu.com/a/256145249_786077.

[②]　盛开彦,赵瑷珲. 动物疫情出现的问题及对策[J].农村科学实验,2019(18):95-96.

疫工作,积极宣传防疫工作的重要性,还需要妥善做好疫后处理工作,注意消毒清理,并对已经死亡的动物进行无害化处理。此外还需养殖户不断优化畜牧养殖管理手段,采取科学有效的防控措施。动物疫情的暴发包括很多因素,故而防控工作也需要多方联动、通力合作,共同解决防控中的各种难题。[①]

2. 月分布特征

据统计分析,2010—2021 年间我国共发生动物疫情 860 次,平均每月发生动物疫情约 72 次,由图 3-32 可知,我国的动物疫情基本集中于 8 月、9 月两个月份,其中单月动物疫情发生次数最多的是 8 月,为 171 次。此处做简单列举(见表 3-4)。

图 3-32 动物疫情月分布图

表 3-4 部分年份 8 月动物疫情发生地

日　　　期	发　生　地
2015.8.13	辽宁省铁岭市西丰县
2015.8.19	北京市
2016.8.1	山东省威海市
2017.8.4	陕西省西安市
2017.8.23	山西省太原市

① 于水.动物疫情防控措施探讨[J].世界热带农业信息,2022(9):76-77.

续表

日　　　期	发　　生　　地
2017.8.1	湖南省益阳市桃江县
2018.8.1	浙江省
2018.8.1	江苏省南通市海门市

　　通过以上数据可知,夏季(8月)为动物疫情高发期,这主要是由三个因素决定的:一是夏季气温高、湿度大,适宜各种细菌、微生物的繁殖,病原微生物的数量相较其他季节大大增加;二是由于天气炎热,持续高温,禽畜容易产生热应激反应,轻者生产性能下降,重者产生日射病和热射病;三是像蚊子、苍蝇等在夏季大量繁殖,很容易造成虫媒传播疫病的发生。[①] 此外,夏季作为洪涝暴雨灾害的高发期,本就容易滋生病毒细菌,而暴雨后蚊虫肆虐、环境潮湿加之水源污染,更是加快了疫病的传播速度,扩展了疫病的传播范围。从历史数据来看,在洪涝灾害严重的2010年、2012年以及2016年,都伴有猪蓝耳、猪丹毒、猪炭疽等动物疫情的高发。

　　例如,炭疽病的流行具有一定的季节性,夏季多雨,高温高湿,是该病的高发多发季节。人一般是通过接触感染炭疽病的动物及其制品而感染炭疽病。内蒙古兴安盟农牧业科学研究所马彦博等发表的《畜间炭疽病的综合防控措施》显示,炭疽病一年四季都可发生,每年6～9月为发病高峰,多发生在吸血昆虫多、雨水多、洪水泛滥的季节,呈散发性或者地方性流行态势。该论文显示,患病动物是主要传染源,如果病死动物尸体处理不当,炭疽杆菌在适宜条件下可形成芽孢并污染土壤。炭疽芽孢抵抗力极强,在干燥土壤和污染草原中可存活40年以上,其污染的土壤、水源及场地可形成永久性疫源地。牛、羊、马等动物通常由于采食污染的饲料和饮用污染的水而感染,也可经呼吸或者吸血昆虫叮咬感染。人接触因炭疽病而死亡的动物则会导致感染[②]。根据《国家突发公共卫生事件相关信息报告管理工作规范(试行)》规定,发生一例及以上病例需要报突发公共卫生事件的疾病就包括肺炭疽。按照我国的传染病防治法,肺炭疽属于传染病乙类,但须按甲类管理,为管理较为严格的传染病之一。"这个病会导致所感染部位的严重坏死,说得通俗一点就是'烂'。人

---

① 畜间炭疽病的综合防控措施[J].动物卫生,2021(6):79-80.
② 畜间炭疽病的综合防控措施[J].动物卫生,2021(6):79-80.

们普遍对于炭疽杆菌没有很好的免疫力,普遍易感。它可以通过多种途径传播,尤其是气溶胶传播。"上海市肺科医院呼吸内科副主任医师胡洋在其人民日报健康号上发文介绍,被炭疽杆菌感染之后,如果及时发现并治疗的话,80%是可以治愈的。[①]

动物疫情秋冬季节虽然不及夏季高发,但仍然存在发生的风险。以猪疫病为例,首先,在秋冬时节,生猪体内、养殖区域及排泄物中等都存在较多的病菌,而外界温度不断降低,导致很多病原发生混合感染,传染率较高。另外,这些病菌的变异能力较强,毒性不断增强,也会导致疫病的发生。其次,我国很多养殖户在生猪养殖过程中忽视了防疫的作用,部分养殖场没有根据要求定期对生猪进行免疫接种,疫苗的存放、运输、使用等存在问题,导致免疫接种的失败,没有使生猪产生免疫作用。另外,免疫前后和免疫过程中,部分生猪使用了抗生素以及抗病毒的药物,这些都属于免疫抑制性药物,会影响疫苗产生作用,导致生猪疫病的发生。最后,生猪养殖过程中存在管理不科学的现象,主要体现在养殖和饲养两个方面。养殖过程中,仔猪的购入缺少科学的手续,没有对其进行检疫的情况经常发生,仔猪将病原带入,导致疾病的发生。饲养管理也存在问题。由于秋冬季节温度较低,养殖场保温较差,饲料的营养单一,猪的营养缺乏,抗病能力下降。另外,饲养管理中还存在制度不健全,消毒措施不力等情况。当出现疫病后,病死猪的处理如果不科学,也会导致病原的扩散和传播。[②]

此外,野鸟在 H7N9 禽流感病毒传播中可能扮演了重要角色,鸭群则在将H7N9 禽流感病毒从野鸟传至家禽的过程中,起到至关重要的中间宿主作用。随着候鸟迁徙时节(当年 10 月至次年 3 月)来临,局部地区野鸟携带并传播禽流感疫情病毒的风险增高,疫情在野鸟与家禽间互相传播的可能性增大,防控形势十分严峻。因此,须持续开展野鸟禽流感的流行病学监测,既要对潜在疫源鸟类(雁鸭类、鸥鹬类等)进行监测,也要对候鸟迁徙通道上的重要区域进行监测,同时还要加大对野鸟活动区域尤其是湿地、公园等人感染禽流感高风险区的监测力度。[③]

---

① 呼梦瑶.8 月发生两起炭疽疫情,夏季为炭疽疫高发季[EB/OL].(2021-08-15).https://finance.sina.com.cn/jjxw/2021-08-15/doc-ikqciyzm1595132.shtml.

② 田振新.秋冬季节猪常见疫病的病因及防治方法[J].吉林农业,2015(8):91.

③ 秦川.H7N9 禽流感的研究现状及对未来的思考[J].中国实验动物学报,2014,22(1):2-7.

动物疫情低发期为春季,2010—2021 年间,其中单月动物疫情发生次数最少的是 3 月,仅为 32 次,此处做简单列举(见表 3-5)。

表 3-5　部分年份 3 月动物疫情发生地

日　期	发　生　地
2019.3.06	浙江省杭州市
2019.3.26	黑龙江省哈尔滨市
2015.3.1	甘肃省甘南藏族自治州合作市
2020.3.9	甘肃省甘南藏族自治州合作市
2020.3.23	广西壮族自治区南宁市
2020.3.24	吉林省长春市
2021.3.26	澳门特别行政区
2021.3.26	上海市

(三)安全事故的时间分布与原因解释

重特大安全事故会给经济、社会发展带来恶劣影响,为减少安全事故发生,我国做出了巨大努力,颁布了大量安全生产法律法规、标准规范。但近年来,重特大安全事故发生率并未呈现持续下降趋势,甚至在危险化学品等个别行业还出现了阶段性上升趋势。究其根源,一方面是在坚持关于安全生产的红线意识、底线思维,落实一岗双责、党政同责、齐抓共管方面还存在严重的不足;二是各级政府和企业在执法执纪能力建设方面还存在欠缺;三是在安全生产法治建设方面须进一步提升和完善。下文通过梳理国内安全事故时间分布,结合我国安全事故现状进行原因分析,并提出改进建议,以期达到更好的预警效果。[①]

1. 年分布特征

2007—2021 年 15 年间我国共发生安全事故 4691 次,平均每年发生安全事故次数约为 313 次,其中单年度安全事故发生次数最多的是 2019 年,达到 1033 次之多(见图 3-33)。其中较为严重的几次安全事故如表 3-6 所示。单年

---

①　邵理云,肖真.重特大安全生产事故原因分析及安全生产管理的思考与建议[J].安全、健康和环境,2020,20(7):7-11.

度安全事故发生次数最低的是 2007 年,仅 1 次,为 2007 年 6 月 15 日发生在广东省的一起安全事故。

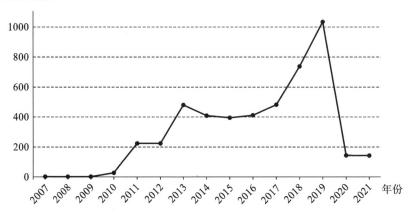

图 3-33 安全事故年分布图

表 3-6 2019 年部分安全事故

日 期	发 生 地
2019.2.23	内蒙古自治区锡林郭勒盟西乌珠穆沁旗银漫矿业有限责任公司"2·23"井下车辆伤害重大生产安全事故
2019.3.21	江苏响水天嘉宜化工有限公司"3·21"特别重大爆炸事故
2019.4.15	山东济南齐鲁天和惠世制药有限公司"4·15"重大着火中毒事故
2019.4.25	河北衡水翡翠华庭"4·25"施工升降机轿厢坠落重大事故
2019.7.19	河南三门峡河南省煤气(集团)有限责任公司义马气化厂"7·19"重大爆炸事故
2019.9.28	长深高速江苏无锡"9·28"特别重大道路交通事故
2019.10.28	广西河池南丹庆达惜缘矿业投资有限公司"10·28"重大坍塌事故
2019.11.18	山西晋中平遥峰岩煤焦集团二亩沟煤矿"11·18"重大瓦斯爆炸事故
2019.12.3	浙江海宁龙洲印染有限责任公司"12·3"重大污水罐体坍塌事故

回顾多数安全事故,成因都较为相似,大多是由人的不安全行为、物的不安全状态、环境的不安全因素以及管理缺陷等多方合力共同形成的。总体来

看,安全事故在2012年以前发生频次较低,2012—2019年呈现逐步上升趋势,这主要是因为以下几点原因。

(1)自2012年以来,随着经济高速发展,大批企业重利益、轻安全的问题逐渐暴露且日益严重。企业的根本目标是创造价值和利润,对企业管理者而言,其初衷都希望企业生产安全平稳,不发生安全生产事故。但当企业产量、成本、利润等与安全生产要求发生狭义性反向作用时,企业管理者又往往心存侥幸心理,对自己企业是否能够承受重特大事故的严重后果认识不足。例如2018年11月28日发生的张家口中国化工集团盛华化工公司"11·28"重大爆燃事故,事故企业为了追求利润,违反有关行业标准,未按要求定期对氯乙烯气柜进行全面检修,从而导致在生产过程中氯乙烯气柜卡顿、倾斜、泄漏,引发重大爆炸事故。

(2)安全生产人力资源缺乏。随着经济高速发展,我国的技能操作、专业技术和安全管理人员数量、质量并没有随之同步增长,加之我国经济进入新常态,产业结构调整对社会人力资源配置带来了较大的冲击。因此,许多行业存在高素质技能操作人员、高素质专业技术和安全管理人员短缺,员工跳槽频繁的问题。

(3)培训管理缺乏系统性。事故调查时往往以结果为导向,几乎所有事故调查报告均提出企业在安全生产教育培训方面存在违法违规问题,尽管其中并不排除确有企业存在严重违法违规问题,但同时也给其他企业带来了一定的疑惑:究竟如何开展安全生产教育培训才能尽职免责?虽然国家出台了许多政策制度来推进安全生产教育培训工作,例如培育社会培训机构、实施考培分离、优化职业资格取证、规范企业安全生产教育培训要求等。但造成以上疑惑的根本原因还是国家安全生产培训系统化建设不够完善,对培训内容的规定不够详细,没有以标准规范形式制定不同行业或不同工种的教育培训大纲及教材,缺乏对有关职业资格证书在安全生产教育培训方面具有效力的说明。[①]

2. 月分布特征

2007—2021年我国共发生安全事故4691次,平均每月发生安全事故约

---

① 邵理云,肖真.重特大安全生产事故原因分析及安全生产管理的思考与建议[J].安全、健康和环境,2020,20(7):7-11.

391次,由图3-34可知,我国的安全事故基本集中于7月、8月两个夏季月份,其中单月发生安全事故次数最多的是7月,为702次。其中较为严重的几次安全事故见表3-7。

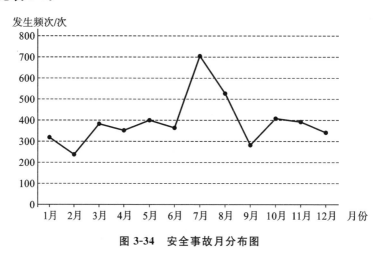

图3-34　安全事故月分布图

表3-7　部分年份7月发生的安全事故

日　　期	发　生　地
2007.7.14	河南洛阳润方特油有限公司"7·14"中毒事故
2015.7.16	山东日照市山东石大科技石化有限公司"7·16"爆炸事故
2015.7.26	中国石油庆阳石化分公司"7·26"常压装置泄漏着火事故
2018.7.12	四川省宜宾恒达科技有限公司"7·12"重大爆炸事故

单月发生安全事故次数最少的是1月,为236次。其中较为严重的几次安全事故见表3-8。

表3-8　部分年份1月发生的安全事故

日　　期	发　生　地
2017.1.2	东胜气田"1·2"爆炸事故
2019.1.12	陕西李家沟"1·12"煤矿井下发生事故
2021.1.1	金平县"1·1"机械伤害事故

总体来看,许多生产事故发生在7—9月,而且绝大多数都是责任事故。

事故的原因多数是"三违"：违章操作、违章指挥、违反劳动纪律。究其根源，是这些企业安全生产责任主体履职不到位。管理者缺乏安全意识，一味追求利润，忽视各种安全隐患。其次员工存有侥幸心理，习惯性违章，没有树立正确的职业观和安全观念。① 此外，季节因素也是安全事故的诱因之一，夏季高温、暴雨、雷电天气增多，安全生产不利因素增多，风险增大，容易引发生产安全事故。夏季导致安全事故的潜在因素主要包括以下几点。

（1）夏季温度高，连续超负荷工作容易中暑，加上白昼时间长，员工容易出现困倦、过度疲劳的状况，也容易发生事故。企业应合理安排和调节员工作息时间，进行生产时尽可能避开高温时段，尽量减少超时加班生产，保障员工的身体健康。

（2）夏季是用电的高峰期，高温、雷电和多雨等季节因素容易导致电器绝缘程度降低，人员出汗等因素容易导致人体电阻率下降，因此触电事故多发。

（3）东部沿海地区是台风频繁光顾的地区，特别是夏季。若处理不当，不仅会发生安全事故，更会造成大量的经济损失，大风过后要进行检查，确认正常后再恢复生产。

（4）不少企业都涉及气焊、气割作业，由于夏天气温高，容器内的高压气体在烈日的照射下温度上升，体积膨胀，严重的会发生气瓶爆炸造成人员伤亡和财产损失。一旦发生爆炸还会带来二次事故（比如火灾），使损失加重。

（5）夏天气温高，下水管道、检查井、窨井、化粪池、泵房集水池、污水处理构筑物等容易积存污水、污物的设施，由于微生物作用、地势低且相对封闭，容易产生沼气。沼气浓度高时，不仅会引起人员中毒，而且有可能引起爆炸。②

（四）刑事案件的时间分布与原因解释

近年来，随着经济社会快速发展，人员往来流动量增加，社会治安综合治理工作的难度加大，各类刑事案件多发。当前，各类刑事犯罪中易发的主要是侵财型犯罪，其中流窜作案比较突出。此类犯罪具有流动性大、犯罪主体结构复杂等特点，司法机关难以及时掌握犯罪分子的活动变化，案件侦破难度较大。刑事政策的核心是犯罪预防，而犯罪预防是一项社会系统工作，仅靠政法

---

① 三违不除，事故不止！46人拿命示警，这3起案例的教训太惨痛……[EB/OL]. (2021-05-18). https://xw.qq.com/cmsid/20210518A06AXH00.

② 齐丽辉.夏季安全事故防范十大警示[J].吉林劳动保护,2018(5):20-22.

部门有限的警力远远不够,还需要及时预警,群策群力,群防群治。[①]

1. 年分布特征

2007—2021 年 15 年间我国共发生刑事案件 62983 次,平均每年发生刑事案件次数约为 4199 次,其中单年度刑事案件发生次数最多的是 2019 年,达到 14576 次之多(见图 3-35)。其中由《人民法院报》编辑部评选的 2019 年度人民法院十大刑事案件见表 3-9。

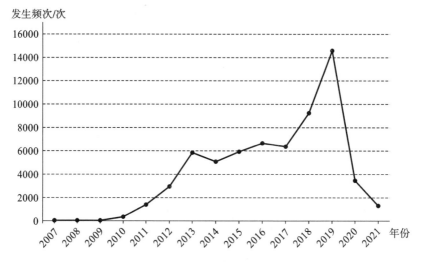

图 3-35　刑事案件年分布图

表 3-9　2019 年部分刑事案件

孙小果系列案
张扣扣故意杀人案
顾雏军等人再审案
湖南新晃"操场埋尸"案
艾文礼受贿案
浙江乐清滴滴顺风车司机杀人案

---

① 侵财类刑事案件中流窜作案的现状、成因及对策[EB/OL]. (2014-07-29). https://sxfy. chinacourt. gov. cn/article /detail /2014 /07 /id /2300357. shtml.

续表

上海首例高空抛物危害公共安全案
"善心汇"传销案
"殴打 20 年前班主任"案
全国首例"爬虫"技术侵入计算机系统犯罪案

单年度刑事案件发生次数最低的是 2007 年,仅为 3 次,具体信息见表 3-10。

表 3-10　2007 年刑事案件发生地

日　　期	发　生　地
2007.4.1	河南省平顶山
2007.9.1	甘肃省金昌市
2007.5.14	海南省三亚市

随着社会利益格局的多元化发展,人民群众的利益需求不断发生变化,各种失衡的心理诱因导致社会矛盾多发乃至诱发刑事案件。总体来看,刑事案件近年来呈曲折上升趋势,其高发的原因可能有如下几点。

(1)法制观念淡薄,自我防范意识差。部分群众缺乏维权意识,不善于寻求援助或找不到表达诉求和解决问题的途径和方法,一时意气用事,由受害者转变为加害者。部分盗抢案件受害人自我防范、自我保护意识不强,给犯罪分子可乘之机。未成年人犯罪主要由于家长疏于管教,而本人年龄尚小,缺乏足够的辨识能力,自控意识差,受一些不良风气的影响,走上了犯罪道路。

(2)伴随立法和司法的完善,一些行为被纳入"刑法"制裁范围,使案件数量增加较多。如食品、药品、环境等领域的许多问题,早已有之,但随着经济的发展,人民生活质量的提高,这些问题越来越受到社会广泛关注和重视。为加大监管力度,国家对产品质量标准及相关法律等予以明确、细化、修改,这些领域的一些违法行为开始受到刑事追究,被立为刑事案件。如 2013 年,陕西省城固县公安机关开展打击生产毒豆芽专项行动,立办刑事案件 13 件。这并不是说添加无根素生产豆芽的案件 2013 年才发生,而是以前这种行为没有被定性为犯罪而已。

(3)社会转型引发各种冲突。在社会转型过程中,收入分配不公,贫富差别、城乡差别扩大,失业率偏高等社会问题凸显出来,加之社会保障措施仍有不到位的地方,一些社会弱势群体的生活困难没有有效解决,这些都是刑事犯罪高发的诱因。

(4) 综合整治和打击力度不够。我国各部门虽然不断加大刑事犯罪打击力度,但地域辽阔、警力不足、办案成本高、经费紧张、设备落后、群防群治不到位等制约因素,加上部分犯罪行为的极端隐蔽性,给打击犯罪带来了很大难度,致使刑事案件有增无减。[①]

2. 月分布特征

2007—2021 年间我国共发生刑事案件 62983 次,平均每月发生约 5249次。由图 3-36 可知,我国的刑事案件数量全年分布较为均匀,在夏季略微升高。其中单月刑事案件发生次数最多的是 8 月(夏季),为 6872 次。其中影响较为恶劣的几次刑事案件见表 3-11。

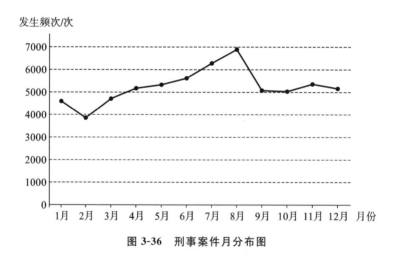

图 3-36　刑事案件月分布图

表 3-11　部分年份 8 月发生的刑事案件

日　　期	发　生　地
2018.8.16	"8·16"武汉判决全国首例中介为黑社会
2018.8.24	"8·24"乐清女孩乘车遇害案

---

① 余庆华. 刑事案件高发的原因及解决对策[J]. 职工法律天地(下),2014(9):1.

续表

日　　期	发　生　地
2018.8.27	"8·27"昆山宝马男被"反杀"案
2018.8.31	"8·31"阿里员工租自如房去世事件

单月刑事案件发生次数最低的是 2 月,为 3854 次,以下做简单列举(见表 3-12)。

表 3-12　部分年份 2 月发生的刑事案件

日　　期	发　生　地
2021.2.5	"2·5"武安重大刑事案
2021.2.6	北安市"2.16"特大杀人案件

根据历年警情规律分析及季节变化特点可以预测,夏季各类警情跳跃式上升的可能性较大,预计将呈现激增、冲高态势,季节性、多发性侵财犯罪可能进入高发时段。通过将不同案件进行分类归因可得出如下几点。

(1)入室盗窃案件。由于天气闷热,大多居民因为贪凉而开窗睡觉,此外群众室外活动增加、频繁外出,家中无人看管,给窃贼留有可乘之机;有的居民防盗门窗没有达到技术标准,窃贼容易得手;多数低层住户没有安装防护栏,窃贼很容易从门窗进入;一些群众习惯于将现金等贵重物品放置家中,从而成为窃贼实施盗窃的潜在目标。以上这些都给窃贼带来很大的方便,导致入室盗窃案件多发。

(2)盗窃摩托车(电动车)和车内财物案件。由于摩托车和电动车出行方便,选择摩托车和电动车出行的人很多,此类案件无时间规律,多发生在超市、市场、居民住宅等无治安监控且无人看管的区域。部分群众防范意识淡薄,随意停车,有时索性不锁,或者将贵重财物放置在车内,导致违法犯罪分子有机可乘,摩托车、电动车电瓶被盗和车玻璃被砸、车内财物被盗等行为时有发生。

(3)网络电信诈骗案件。近年来,借助网络电信技术手段进行诈骗犯罪的案件呈上升趋势,诈骗手段多种多样,手段也日益翻新。例如冒充国家机关工作人员,冒充电信等有关职能部门工作人员,冒充被害人亲属、朋友,冒充网购平台等;或利用高科技手段将被害人来电显示电话号码篡改为熟悉的常见业务电话,使被害人相信对方身份是真实的,从而放松警惕、引诱当事人上当受骗。总体来说,侵财类案件的多发,严重侵害公民个人利益,破坏社会秩序,影响社会安定。因此,广大群众要时刻重视起来,提高个人防范意识,利用人防、技防、物防等各项措施,将安全隐患风险降到最低,不给违法犯罪分子留有可乘之机。

3. 小时分布特征

2007—2021 年间共发生刑事案件 62983 次,按照 24 小时分段统计,平均每个时段发生刑事案件 2624 次,其中媒体发布次数最高的时段为上午 9 时(见图 3-37),可以推断出凌晨期间刑事案件高。针对夜间案件频发的实际,须构建常态化治安防控机制,精确快速打击侵财犯罪,全面提升群众安全感。

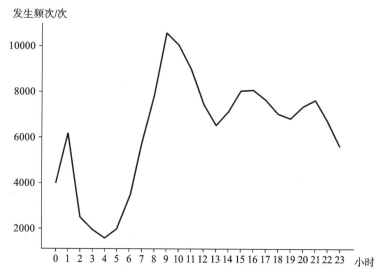

图 3-37　刑事案件 24 小时分布图

三、突发事件空间分布特征的提取与统计分析

除时间分布因素外,突发事件的空间分布也是我们需要关注的重要因素,只有将时间与空间进行融合考量,我们才能针对突发事件做出更为全面的规律认识与事前预警。通过分析可发现,在突发事件的空间发布规律方面,重大突发公共事件高发地集中在华东、中部、西南、华北等地区;地震灾害集中在西南地区;环境污染与生态破坏事件则更多集中在东部经济发达的沿海地区。

总的来说,不难看出突发事件的分布特征具有地域规律,因而进行空间分布特征的总结,并在此基础上进行预警是十分必要的。

基于此,本节共分为四个部分,分别涉及地震灾害、公共卫生事件、环境污染与生态破坏事件、刑事案件。每一部分分为空间分布与原因解释,辅以案例分析,全面展现突发事件的空间分布特征。

(一) 地震灾害的空间分布与原因解释

地震是一种会给人类社会带来巨大灾难的自然现象。在众多的自然灾害中,全球因地震灾害造成的死亡人数占全球各类自然灾害造成的死亡人数的54%,堪称群灾之首。在 20 世纪(1900—1999 年),全球有 180 多万人被地震夺去了生命,平均每年 1.8 万余人死于地震,经济损失达数千亿美元。进入 21 世纪以来,地震灾害仍然不断,似乎还有愈演愈烈之势。2008 年 5 月 12 日,我国汶川地震,造成了 8.7 万人死亡与失踪。

作为一种自然现象,地震最引人注目的特点是它猝不及防的突发性与巨大的破坏力。地震预测是公认的世界性的科学难题,是地球科学的一个宏伟的科学研究目标。如能及时准确地预测出未来大地震的地点、时间和强度,无疑可以拯救数以万计乃至数十万计生活在地震危险区人民的生命。并且,如果能预先采取恰当的防范措施,就有可能最大限度地降低地震对建筑物等设施的破坏,减少地震造成的经济损失,保障社会的稳定和促进社会的和谐发展。[①]

1. 省份特征

2008—2021 年 14 年间,通过在社交媒体对地震相关内容进行检索,累计共发布信息 855 次,各省(市、自治区)通过社交媒体平均发布地震次数约 25 次(见图 3-38)。较频繁的为四川省和云南省,其余各省(市、自治区)频次较为平均。社交媒体发布次数最低的地区是澳门特别行政区,没有发生过地震;社交媒体发布次数最多的省份是四川省,达到 247 次之多。其中四川省和云南省曾发生过的震级较大的几次地震如表 3-13 和表 3-14 所示。

[①]　陈运泰.地震预测:回顾与展望[J].中国科学(D辑:地球科学),2009,39(12):1633-1658.

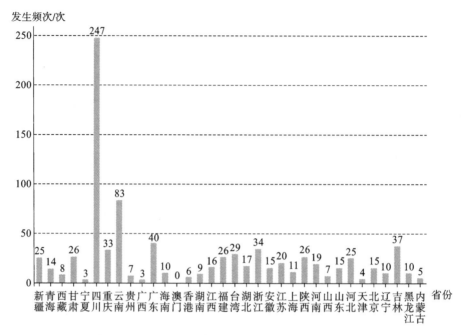

图 3-38　地震灾害省份分布图

表 3-13　四川省发生的部分地震

日　　期	发　生　地
2008.8.12	汶川 8.0 级地震
2013.4.20	雅安 7.0 级地震
2017.8.8	阿坝州九寨沟 7.0 级地震
2019.6.17	宜宾长宁 6.0 级地震

表 3-14　云南省发生的部分地震

日　　期	发　生　地
2009.7.9	楚雄 6.1 级地震
2014.8.3	昭通鲁甸 6.5 级地震
2021.5.21	大理漾濞 6.4 级地震

　　对于四川地震多发的原因,现如今比较公认的说法是,四川属于构造地震,构造地震是由地壳板块运动造成的。由于地球无休止地公转自转,地球内

部的物质也在不断地活动中。而活动产生的能量,使得围绕在地球表面的地壳或者说岩石圈也在不断地生成、演变和运动,这就促成了全球地壳构造的运动,从而产生地震。四川的西部属于青藏高原的边缘地带,四川的东部属于四川盆地,此地相当于印度板块的压力传送带,因此经常发生地震。

四川处于我国南北地震带,是我国地震多发区之一。从我国的宁夏,经甘肃东部、四川西部,直至云南,有一条纵贯中国大陆、大致呈南北方向的地震密集带,被称为中国南北地震带,简称南北地震带。该带向北可延伸至蒙古境内,向南可到缅甸。南北地震带是以青藏高原地壳为主体和兼并扬子地块西部而成的新生构造实体,具弥漫性边界。构成其基本构架的巨型反 S 形或缓弧形构造带、分布在中部的弧顶朝南的弧形构造以及发育在东界附近的旋卷构造,成为南北地震带的三大构造特色,它们都是塑性伸展流动的产物。

对弧形构造形态实际数据的分析表明,地壳物质向南移动的规模由北往南逐渐加大,从西到东渐逐渐减小。自北纬 31.5°往南,青藏高原物质东移量逐渐加大。四川东部受到太平洋板块的挤压(但是明显受力不大)形成川东褶皱。四川地震主要原因是西部印度板块下插隆起造成的。四川西部那些高海拔大山,因为有了印度板块下插后的填充才隆起,而成都平原下面没有填充,所以保持不动。印度板块还在持续向东北移动。抬升的大山和不动的成都平原就产生了断裂和位移。

四川恰好位于板块交界处与断裂带交接处,导致地震频繁发生,四川境内有三大断裂带,分别是龙门山断裂带、鲜水河断裂带、安宁河断裂带。四川发生过很多次大地震,震级均非常高。特别是汶川大地震最为惨烈,而汶川恰好位于龙门山断裂带的中北段。此外,因为地震是成波形扩散的,位于断裂带方圆数百里的地区都会受到一定的危害,所以四川境内才会发生如此多的地震。

2. 地貌特征

我国较容易发生地震的地貌地带有:高度陡变的地方,尤其是成线状分布的高度陡变区域;条带构造(例如山脉)突然中断的地方;两条或多条走向不同的大型山脉以大角度交汇或交叉的地方;谷底为大范围平原的大型谷地,或串珠状分布的一系列盆地。以上几种地貌基本上无一例外都有大的地震断裂带存在。在总体起伏不大的大面积丘陵地区,以及有大量侵蚀残丘的平原上,很少有大型断层存在。

丘陵或侵蚀平原地貌的存在说明这个地区整体升降不明显,承受的地壳运动应力也不大。如果是快速上升区,一般会形成侵蚀很深的高原;如果是沉降区,则形成非常平坦、基本没有残丘的沉积平原;如果是承受应力的地区,通常会形成高山深谷。例如四川盆地中部的丘陵地带、江南丘陵、胶东半岛等地,都是地质相当稳定的地区。

　　总的来说,有正断层的地方常常形成裂谷,有逆冲断层的地方常常有巨大的高度差,这些都相对容易发现。比较难发现的是走滑断层,如果它们通过山区,常常形成串珠状分布的谷地,但是如果它们在平原地区,通常很难通过观察地图发现,尤其是走滑断层穿过快速沉降的平原,断层造成的地貌改变(走滑断层对地貌的改变本身就比较小)会被沉积物迅速覆盖,无论是看地图,还是看航拍图和卫星图片,都是难以发现的。例如导致唐山大地震的那个断层,从地貌上几乎是无法发现的。

　　"5·12"汶川地震发生在四川龙门山逆冲推覆构造带上。该构造带是青藏高原内部巴颜喀喇地块和中国东部华南地块的边界构造带,经历了长期的地质演化历史,具有十分复杂的结构和构造。晚新生代的构造变形主要集中在灌县-江油断裂(前山断裂)、映秀-北川断裂(中央断裂)和汶川-茂县断裂(后山断裂)及其相关褶皱之上。"5·12"汶川地震发生在映秀-北川断裂之上,是龙门山逆冲推覆体向东南方向推挤并伴随顺时针剪切共同作用的结果。映秀-北川断裂全新世以来具有明显的活动性,其长期地质滑动速率小于每年1毫米。GPS观测表明龙门山构造带的现今构造变形也是以逆冲和右旋剪切为特征,但变形速度不大。因而,龙门山构造带及其内部断裂属于地震活动频度低但具有发生超强地震的潜在危险的特殊地区。"5·12"汶川地震的发生及龙门山向东南方向推覆的动力来源是印度板块与欧亚大陆碰撞及其向北的推挤,这一板块间的相对运动导致了亚洲大陆内部大规模的构造变形,造成了青藏高原的地壳缩短、地貌隆升和向东挤出。由于青藏高原在向东北方向运动的过程中,在四川盆地一带遭到华南活动地块的强烈阻挡,使得应力在龙门山推覆构造带上高度积累,以至于沿映秀-北川断裂突然发生错动,产生8.0级强烈地震。①

　　除此之外,经过中国地质调查局初步监测和评价认定,汶川地震是印度板块向亚洲板块俯冲,造成青藏高原快速隆升导致的,震源深度为10～20千米,

---

　　① 汶川特大地震四川抗震救灾志编纂委员会.汶川特大地震四川抗震救灾志·总述大事记[M].成都:四川人民出版社,2017:1,6-35.

持续时间较长,因此破坏性巨大。专家对灾情进行"会诊"初步形成三个结论。

(1)印度板块向亚洲板块俯冲,造成青藏高原快速隆升。高原物质向东缓慢流动,在高原东缘沿龙门山构造带向东挤压,遇到四川盆地之下刚性地块的顽强阻挡,造成构造应力能量的长期积累,最终在龙门山北川-映秀地区突然释放。

(2)发震构造是龙门山构造带中央断裂带,在挤压应力作用下,由西南向东北逆冲运动。本次地震属单向破裂地震,由西南向东北迁移,致使余震向东北方向扩张。挤压型逆冲断层地震在主震后,应力传播和释放过程比较缓慢,可能导致余震强度较大,持续时间较长。[①]

(3)汶川地震属于浅源地震,发生在地壳脆-韧性转换带,因此破坏性巨大。

对于汶川地震的成因,还存有以下权威观点。

法国巴黎地球物理研究所的专家认为,汶川发生的强烈地震,与青藏高原往北和往东移动有关。青藏高原外围经常发生严重地震,这个高原在印度板块于 5000 万年前开始推挤欧亚大陆时隆起。巴黎地球物理研究所地震带结构专家塔波尼耶指出,西藏在被往东推挤,跨在中国南部和四川盆地之上。该研究所的构造室主任拉卡桑表示,西藏高原边陲的龙门山地带所发生的地震,在地质上非常复杂,有许多重大的断层线,有些从古时候就存在,可能是这次地震的重要原因。根据各国公布的观测数据分析,四川强震震源区应位于从四川绵延到云南,再延伸到中南半岛的南北向地震构造带上。这条地震构造带在中国早已"恶名昭著",自 1989 年至今,多次发生 6 级以上强震。汶川地震震中位于该构造带北端,呈东北-西南走向,该地属于破坏力最大的逆断层,汶川地震为该构造带 20 年来最大规模强震。有学者表示,这条构造带除了 12 日发生强震的逆断层以外,沿线还密布大大小小的断层线,并且 12 日发生错动的逆断层超过 100 千米。这么长的断层发生如此大的地震,未来是否会引发"连动"效应,在构造带沿线诱发连锁强震呢?这已经引起了广泛的关注。

日本东京大学地震研究所表示,这次地震位于龙门山断裂带,过去几百年里这一断裂带附近多次发生里氏 7 级以上大地震,但是龙门山主体并没有强烈的活动,直到这次地震的发生。龙门山断裂带自东北向西南沿着四川盆地

---

① 聚焦龙门山地震断裂带[N].洛阳日报,2013-4-24(2).

的边缘分布,长 300 千米～400 千米,宽约 60 千米,青藏高原沿断裂带推覆在四川盆地之上,由于蓄积的应力超过了岩石强度的临界点,龙门山断裂带就发生了里氏 8.0 级大地震。

美国南加州地震研究中心的郦永刚教授表示,龙门山断裂带属地震多发区内的活动断层,来自青藏高原深部的物质向东流动到四川盆地受阻,遂向上运动,两者边界即为断层面。如果断裂每年运动数厘米,每隔 50～70 米,积聚的应力和能量就能产生一次里氏 7 级以上的大地震。由于震源较浅,而且震源机制为向东的逆冲运动,加上震区土质松软,地震波向东能传播很长距离,使得远至上海和北京等城市的人都普遍有震感。

美国地质调查局发布消息称,这次地震的震中和震源机制与龙门山断裂带或者某个相关构造断层的运动相吻合,地震是一个逆冲断层向东北方向运动的结果。从大陆尺度来看,中亚和东亚的地震活动是由于印度洋板块冲撞欧亚板块造成的。

英国地质调查局地震监测和信息服务中心主任布赖恩·巴普蒂在接受新华社记者电话采访时表示,从地质构造上看,这次地震与喜马拉雅碰撞带有关,显然是东北-西南向的龙门山断裂带发生挤压作用的结果。①

3. 地区特征

我国的地震活动主要分布在五个地区的 23 条地震带上。这五个地区分别是:①台湾地区及其附近海域;②西南地区,主要是西藏、四川西部和云南中西部;③西北地区,主要在甘肃河西走廊、青海、宁夏、天山南北麓;④华北地区,主要在太行山两侧、汾渭河谷、阴山-燕山一带、山东中部和渤海湾;⑤东南沿海的广东、福建等地。我国台湾地区位于环太平洋地震带上,西藏、新疆、云南、四川、青海等省(市、区)位于喜马拉雅-地中海地震带上,其他省(市、区)处于相关的地震带上。

东南部的台湾和福建由于位于地中海环太平洋地震带相交处,亚欧板块和太平洋板块相互碰撞挤压,故地震频繁发生。华北太行山沿线和京津冀地区地震多发是因为华北平原地震带、汾渭断裂带、银川河套地震带区域,北部的西伯利亚板块和中间的华北板块在地壳运动中碰撞、缝合。青藏高原地区由于地壳板块不断运动,印度板块不断向亚欧板块挤压和俯冲,也易诱发地

---

① 安培浚.汶川地震成因解析[J].科学新闻,2008(11):16-18.

震。其位于印度板块与欧亚板块的结合部，北部是冈底斯山脉，南部是喜马拉雅山脉，两大山脉间的峡谷是一个活动剧烈的镶嵌带，地壳极易运动。甘肃新疆等地发生地震是因为其位于风火山断裂带和喜马拉雅山断裂带，地壳活动剧烈。

我国历史上的大地震，有近50％发生在青藏高原的边缘地带，从中国地势上看，分布在第一与第二阶梯的界线上、第二与第三阶梯界线的北段，以及大陆架与海洋交界处的台湾岛及其附近区域。进一步研究地震发生地地形特点会发现，地震多发生在阶梯界线的外侧，即地势海拔较低的一侧，而且多是靠近山脉的地方。根据板块理论，隆起地带是受板块挤压作用形成的，隆起的高度越高，受到的应力越大，所以地震活动越频繁。而山脉是一个地区受到应力最大的地带，所以易成为地震多发地带。在受到相同应力的情况下，地壳厚度较小的地方最容易发生断裂，所以我国大地震多发生在山脉外侧地势较低区域。[①]

青藏高原是全球地震活动最强烈的地区之一，位于世界三大地震带之一的地中海-喜马拉雅地震带上。青藏高原自南向北被大型活动断裂带分割成了多个次级地块，这些地块的边界往往会发生7级至8级地震。其中，有一个东西向的长条状地块，叫巴颜喀喇地块。它位于青藏高原中部，其四周均为活动断裂带，是青藏高原较活跃的地块之一。近年来，我国大陆区域7级以上地震大都发生在这一地块的边界。青藏高原是印度板块和欧亚板块碰撞并不断隆起的产物。研究发现，印度板块向北推挤，青藏高原地块持续隆升，造成次级的巴颜喀喇地块向东挤出。地块的挤出运动导致断裂活动，这是该地块边界大地震频发的主要原因。在玉树地震之前，该地块边界分别发生了1997年玛尼7.9级地震、2001年昆仑山8.1级地震、2008年于田7.3级地震和2008年汶川8.0级地震。玉树地震发生在巴颜喀喇地块的南边界，该边界主要由甘孜-玉树和鲜水河两大活动断裂带构成。甘孜-玉树断裂带是一条活动性很强的断层，由甘孜断裂、玉树断裂、当江断裂构成。有文字记录以来，该断裂带的其他段都发生过大地震，只有玉树断裂没有记录到强震，直到2010年玉树7.1级地震发生，这一状况才被改变。从这个方面来说，玉树地震的发生并不意外。玉树断裂是造成玉树地震的元凶。研究发现，玉树断裂在距今6000年以

---

① 陈永金. 中国地震分布与地貌关系［EB/OL］.（2010-05-11）. https://blog. sciencenet. cn/blog-200380-322764. html.

来共发生过 4 次古地震,地震时间间隔为 1150 年到 1800 年不等。古地震研究结果同时说明,玉树断裂在地质历史时期就是地震活跃地带。这无疑给了我们一个重要警示,工程建设和防灾规划只有对活断层有足够的重视,才能预防和减轻地震灾害。[①]

(二)公共卫生事件的空间分布与原因解释

无论历史怎样演进,人类和各种突发的传染性疾病的斗争从来就没有停止,各种病毒将与人类长期共存,并随着人类社会的发展不断地衍生出新的类型。有的专家指出,"我们这个时代的历史特点将是:新发现的疾病反复暴发;流行性疾病向新的地区传播;人类的技术助长疾病的流行;人为地破坏当地的居住环境后,疾病由昆虫和动物传播给人类。"人类与传染性疾病斗争的历史留下的不仅仅是一串串让人惊叹的死亡数字、刻骨铭心的伤痛和恐慌,更多的是人们在每次灾难后的艰辛探索和努力,以及经验的总结和思考的沉淀。尽管 SARS 等公共卫生事件带给我们的悲伤依然难平,但从对这类公共卫生事件的应对中我们也看到,通过总结相关经验和教训,使公共卫生危机成为凝聚民族力量和完善政府制度的机会才是更重要的。[②]

1. 省份特征

2010—2021 年 12 年间,通过在社交媒体对公共卫生事件相关内容进行检索,累计共发布信息 2022 次,平均各省发生公共卫生事件次数约为 60 次,发生次数最少的是西藏自治区,仅为 2 次;高发区集中在浙江省、江苏省、广东省等沿海省份,其中发生次数最多的省份是浙江省,达到 282 次。

仅 2021 年 9 月,浙江省全省共报告法定传染病 33308 例,死亡 40 人。其中,甲类传染病无病例报告。乙类传染病中除传染性非典型肺炎、脊髓灰质炎、人感染高致病性禽流感、狂犬病、乙脑、登革热、炭疽、白喉、新生儿破伤风、血吸虫病和人感染 H7N9 型禽流感无发病报告外,其余 16 种传染病共报告 9429 例病例,死亡 40 人。报告发病数居前五位的病种依次为梅毒、肺结核、病毒性肝炎、淋病、艾滋病,占乙类传染病报告病例总数的 96.72%。同期,全省

---

① 李传友. 高原上的玉树为何会发生大地震? [N]. 中国应急管理报,2020-4-15(y6).
② 董娟. 突发公共卫生事件的信息共享与联动机制——以 SARS 和甲型 H1N1 流感为个案 [D]. 武汉:华中师范大学,2010.

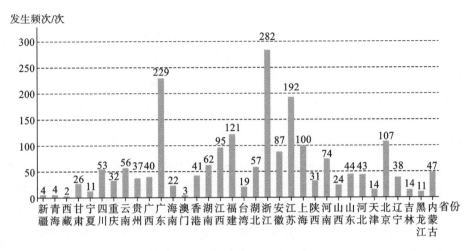

图 3-39　公共卫生事件省份分布图

丙类传染病共报告 23879 例,无死亡病例报告。报告病例数居前三位的病种依次为其他感染性腹泻病、流行性感冒和手足口病,占丙类传染病报告病例总数的 97.99%。[①]

　　气候是传染病传播的重要影响因素之一。全球气候变化直接或间接影响许多传染病的传播过程。世界卫生组织最近指出,长期和短期的气候变化都会作用于传染性病原体、虫媒携带者和动物中间宿主。当前全球气候变暖,已逐渐影响到传染病病原体的存活变异、动物活动区域变迁、媒介昆虫滋生分布变化和传染病流行病学特征改变,表现在传染病发病率增加、传染病分布范围扩大、人群对疾病易感性增强等方面。随之还会出现新的传染病,这将会成为 21 世纪传染病流行的新趋势。传染病不同于其他内科疾病,因为它具有传播特性和地方性,在一定的环境下可以造成流行,危害人群的健康。因此,传染病的流行往往易受气候变化和地理环境的影响。

　　以菌痢为例,菌痢月发病人数与当月和前月的月平均气温、月均最高气温、月均最低气温、月降雨量以及当月的月平均相对湿度呈显著正相关关系,与当月和前月的月平均气压呈显著的负相关关系,与前月的月平均相对湿度有一定相关关系,与月日照时数关系不大。这说明菌痢的发病与温度、气压、

① 2021 年 9 月浙江省法定传染病疫情[EB/OL].(2021-10-26). http://wsjkw.zj.gov.cn/art/2021/10/26/art_1229123469_4759925.thml.

降水、湿度都有密切关系,即温度越高、气压越低、降水越多、湿度越大,则发病人数越多,并且气温、气压和降水对菌痢发病影响最大。由此可见,气候因素对菌痢的发生和传播有较大影响,沿海地区的湿度和温度条件有利于病菌繁殖和存活。夏秋季节,气温较高时,苍蝇易于繁殖,传播痢疾杆菌的机会增大,同时人群进食生冷瓜果、蔬菜等食品增多,这都会造成菌痢的流行。降雨量大时,可导致地面污染物进入水体内,使水源被污染,同样也会造成菌痢的流行。有极端天气如持续暴雨、持续高温的年份,都是菌痢多发的年份。

再以疟疾为例,疟疾月发病人数与当月和前月的月平均气温、月均最高气温、月均最低气温、月降雨量、月平均相对湿度都有显著的正相关关系,与当月和前月的月平均气压有显著的负相关关系,和月日照时数基本无关。说明疟疾的发病与温度、湿度、气压、降水有密切关系,即温度越高、湿度越大、气压越低、降水越多,则发病人数越多,而沿海省份恰好满足上述条件。疟疾属于虫媒类传染病,主要通过蚊虫传播。因此疟疾的流行季节往往在夏秋季,该季节温度高、湿度大、降雨量大、降水频率高,非常利于蚊虫的滋生、发育、繁殖。因此,气候因素与疟疾的发病关系非常密切。[①]

此外,带着宠物坐船,或是在飞机上被蚊子咬了一口,病毒也许就在不知不觉中传播到了千里之外。统计数据表明,随着全球化进程的加快,传染病的传播速度也随之上升。目前,人类的新发传染病中,75%为人畜共患病,而日益频繁、便捷的旅行,为这些疾病的传播大开方便之门。在中国的经济发达地区,如浙江、江苏这样的沿海省份,更应该提高警惕,预防可能发生的公共卫生事件。[②]

2. 区域特征

与农村相比,城市发生传染病的概率相对更高,城市化和世界城市网络在传染病的发生、传播和应对过程中极其重要。根据联合国统计数据,2008 年人类历史上第一次实现超半数人口居住于城市。预计到 2050 年,城市人口将占全部人口的 70%以上。城市人口大量增加而基础设施供应不足,必然使得居住在贫民窟中的人口大量增加。

---

① 成芳. 气候因素与江苏省常见传染病发病关联的研究[D]. 南京:南京信息工程大学,2014.
② 有专家指出未来五十年东部沿海将成传染病"高危区"[EB/OL]. (2006-11-17). https://news.sina. com. cn/c/2006-11-17/080010525286s. shtml.

伴随城市化进程加快，人类和大自然的接触更为深入，传染性疾病频现，种类激增。过去 30 多年，统计发现暴发疫情多达 12102 次，疾病种类达 215 种。这些传染病已成人类死亡的第二大肇因。美国卫生和公共服务部预测，传染病造成的死亡人数是总体死亡人数的 1/4，其中对于年龄小于 5 岁的患者，致死率已达到 2/3。

城市和传染病，并不是清晰的单向关系。首先，传染病重要的特性是扩散、迁移和流动，而城市作为各种物质的汇聚点，为传染病扩散、迁移和流动提供了绝佳场所。以前从欧洲去美国需要 6~7 周，那时如果感染某种疾病，极有可能在途中就去世。如今，病毒完全可能随宿主在无意识的潜伏期来到世界的另一端，不管控制多么严格都可能跨境。而一旦到达某个城市，病毒就具备了急剧扩散的条件。

其次，城市本身的高密度，也是病毒传播的绝佳机会。2010 年 1 月，在猪流感暴发高峰期，斯坦福大学研究人员使用无线传感器，实验性跟踪监测一所高中的 788 名教师和工作人员的接触动态，旨在研究人们相互接触多少次，疾病才能通过咳嗽、流鼻涕等行为进行传播。研究人员惊讶地发现，在一天时间内，全部人员有着 762868 次相遇，大大超过传播疾病的条件。病毒还通过人类接触的其他事物进行传播。研究人员检测了钞票和信用卡，发现 26％的钞票和 47％的信用卡上面带有高水平的细菌，包括大肠杆菌。对手机的分析也显示，1/6 的手机上带有粪便细菌。

最后，城市的某些特殊地点特别容易滋生病菌，譬如公共厕所、空调系统等。尽管现代厕所更清洁和易于管理，表面干净，但仍不可避免地存在阴暗处和裂缝。当人们忘记冲厕所的时候，一种含有粪便的雾会散播到几米之外。这意味着，你将不得不呼吸含有大肠杆菌和其他病菌的气体。

空调系统也可能含有致命病菌。1976 年，费城召开美国退伍军人会议，结果导致 182 名退伍军人生病，29 人死亡。研究人员从宾馆空调系统里，发现一种具有致命性的肺炎病菌，现在被称为退伍军人疾病。2004 年法国的一项研究发现，那些在空调房工作的人，生病时间是普通人的两倍多。

当然，城市生活也并非是坏的，一些被认为有着危害性的元素，其实也在帮助我们重新构建免疫系统，譬如公共交通。伦敦卫生和热带医学院调查发现，使用公共交通通勤的人，其实比使用其他模式通勤的人更少受感染。尽管传染病在城市更容易传播，但也有更好的物质条件和政策措施进行应对。

3. 国家特征

以发达国家与发展中国家为划分,发展中国家发生重大公共卫生事件的概率远高于发达国家,这是因为世界人口的增加和快速城市化已是基本事实。未来 70～80 年,全球城市人口将逐步从 37 亿上升到 93 亿。未来城市化主要发生于发展中国家,而发展中国家又缺乏相应的环境基础卫生设施,由此会引发一定的传染病。

发展中国家的城市化,驱动了新发传染病的产生、演变,目前途径大概有三种。

(1)城市化会改变自然景观,譬如森林面积减少、高级植物和动物的组成异化、微生物环境变化。这种城市化,一方面迫使人类与携带病毒的动物栖息地产生交集,另一方面也使病毒的适应性增强,产生变异,导致新发传染病。

(2)城市化还会改变社会互动模式,使得发展中国家的城市区域,成为各种传染病暴发的中心。以前城乡分割,城市疾病很少向乡村传播,而乡村也维持着自身的生态平衡。随着人口在城乡间的流动加快,微生物和病毒突破这种界限,使得农村也能接触到遥远地区的病毒。

(3)技术的时空压缩效应,改变了病毒向人类传递的路径。城市尤其特大城市更容易成为疾病传播中心,而全球传染病防控形势,也和城市在世界城市网络中的地位密切相关。埃博拉病毒没有向全球扩散就是因为附近的西非城市并没有融合进世界城市网络,没有成为世界重要的节点城市,而 SARS 向全球扩散就和香港的国际金融中心地位有一定关联性。[①]

(三)环境污染与生态破坏事件的空间分布与原因解释

随着人口的增长和经济的高速发展,环境污染和生态破坏日益严重。可持续发展要求协调经济和发展的关系、协调人和环境的关系,以拉近环境与健康、生态与健康的距离。改善环境和提高生活质量,首先应考虑人的身心健康,而现在的环境污染及生态破坏对人类健康产生了负面影响,其影响有近期的,也有远期的,有局部的,也有全球的。总之,环境污染和生态破坏已严重威胁到公众健康,我们要合理地利用资源,保护环境,实现经济发展与环境保护并行。这需要更加精确地把握此类事件的发生规律,总结经验,吸取教训,实

[①] 汤伟.传染病为何多"新发"于城市?[J].看世界,2020(3):56-59.

现可持续发展。[①]

1. 省份特征

2008—2021 年 14 年间,通过在社交媒体对环境污染与生态破坏事件进行检索,累计共发布信息 2183 次,各省(市、自治区)通过社交媒体平均发布环境污染与生态破坏事件次数约 64 次(见图 3-40)。环境污染及生态破坏事件发布频次较低的地区为澳门特别行政区、西藏自治区、内蒙古自治区等,而频率较高的则集中在浙江省、上海市、广东省等经济较为发达的省(市)。其中次数最多的是广东省,达到 164 次之多,较为严重的几次事件如表 3-15 所示。

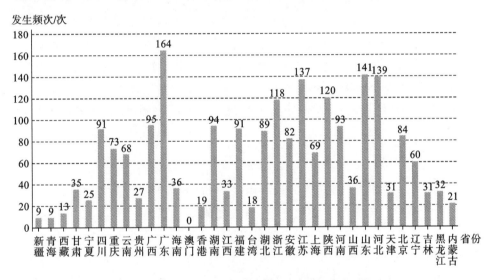

图 3-40　环境污染与生态破坏事件信息次数省份分布图

表 3-15　广东省环境污染与生态破坏事件

年　　份	污染与生态破坏事件
2016	广东省中山市黑臭水体返黑返臭
2019	卓文走私珍贵动物
2021	东莞市沙田镇李永明固体废物污染案

---

① 毕晓霞. 论环境污染与生态破坏对人体健康的影响[J].辽宁师专学报(自然科学版),2012,14(3):84-87.

究其原因,是因为广东省及其周边沿海地区是我国改革开放的前沿地区,区内经济高速发展,工业化、城市化进程对环境造成的污染和破坏强度较大。海涂、浅海养殖业及禽畜养殖业发展迅速,海洋养殖和陆源污染物对入海河口及近岸海域造成的污染问题日益严重。

从自然条件来看,广东省山区、丘陵多,受台风和暴雨的影响,水土流失未能得到根本控制,水蚀尤为严重。由于自然条件的影响和土地的不合理开发利用,部分土地地力下降。据调查,珠江三角洲地区部分城市郊区土壤已受到不同程度的污染,土壤重金属含量较高,各市土壤重金属含量均出现超过土壤环境质量二级标准的情况。另外,矿山周边土地污染也日趋严重。近年来,广东省工业废水及其污染物排放量呈下降趋势,但生活污水排放量则呈显著上升趋势,目前全省干流和主要支流水质较好,但部分水量较少的支流和珠江三角洲城市江段水质较差,水质性缺水问题较为突出。近岸海域自然资源丰富,入海河口和近岸部分海域海水水质变差;赤潮发生频率增高、区域扩大、持续时间变长,并出现新记录种和有毒种;红树林的面积大幅度减少,种群退化,亟须加强保护。[①]

2. 区域特征

以城市和城郊为区域进行划分,由于城市的生产和生活废弃物及城郊自身产生的"三废"都归集于城郊环境,所以要求城郊具有能承担相应污染负荷的较大环境容量以及较强的污染物转化、处理能力。从城市区域经济体系整体功能看,城郊环境的这些特征是城市区域经济体系的组成部分。该经济体系的形成和发展往往强调区域内的经济发展而忽视城郊生态环境功能的建立与健全,因此大量城市废弃物进入城郊后,往往产生严重的环境污染和生态破坏。[②]

(四) 刑事案件的空间分布与原因解释

近年来,随着经济社会快速发展,人员往来流动量增加,社会治安综合治理工作的难度上升,各类刑事案件多发。当前,各类刑事犯罪中易发的主要是

---

① 崔光琦,黄国锋,张永波,等.广东省生态环境现状、存在问题和对策[J].生态环境,2003(3):313-316.

② 赵小明,盛效厚,钱永江.城郊农业生态环境污染特征和防治对策[J].环境导报,1995(3):29-31.

侵财型犯罪,其中流窜作案比较突出。此类犯罪具有流动性大、犯罪主体结构复杂等特点,司法机关难以及时掌握犯罪分子的活动变化,案件侦破难度较大。刑事政策的核心是犯罪预防,而犯罪预防是一项社会系统工作,仅靠政法部门有限的警力远远不够,还需要把握其空间分布特征规律,做到及时预警,群策群力,群防群治。

1. 省份特征

2008—2021 年 14 年间,通过在社交媒体对刑事案件进行检索,累计共发布信息 9197 次,各省(市、自治区)通过社交媒体平均发布刑事案件次数约 271 次(见图 3-41)。刑事案件发布频次较低的省份为青海省、西藏自治区、澳门特别行政区等,而高发区则集中在浙江省、江苏省、广东省等经济较为发达的沿海省份。其中发布信息次数最多的是浙江省,达到 769 次之多。

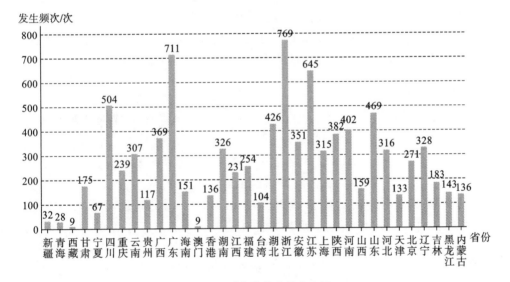

图 3-41　刑事案件省份分布图

刑事案件的辐射蔓延规律基本上可从量与质两个方面表现出来。在量的方面,表现为地域辐射蔓延和行业辐射蔓延。在地域辐射蔓延上,刑事案件从境外向境内辐射,从沿海向内地辐射,从城市向农村辐射,从经济发达地区向经济落后地区辐射,再逐步向边远山区辐射。在行业辐射蔓延方面,有的犯罪案件在不同的系统、不同的部门呈现出扩大运行的轨迹,尤其是某些经济犯罪。有的学者认为,经济犯罪的运行轨迹大致是生产经营型的经济部门—社会服务性事业部门—生产资料与生产要素的行政管理部门或行政性公司—经济监督与行政执法部门、司法机关与党政机关。刑事犯罪案件的辐射出现一种向纵深渗透的趋势。

在质的方面,表现为新型的犯罪类型、手段、主体等的辐射。犯罪通过各种信息载体迅速辐射,逐步蔓延,使案件在类型或手段上发生变化。如改革开放以来新出现的绑架犯罪、涉枪犯罪、劫机劫船犯罪,经济犯罪中的金融犯罪、诈骗犯罪、打劫押款专车、打劫银行金库等案件,会在一地发生后继续在别处陆续发生。此外,刑事案件的辐射规律还有犯罪主体的辐射,如从个体自然人的犯罪到单位的犯罪;案发部位的辐射,如某些经济领域拓展到何处,新的经济犯罪就可能蔓延到何处;发案率和案件数值的辐射,如沿海地区的发案率与案值往往要高于内地和边远山区。一些大案要案先发生在沿海地区,慢慢地也发展到内地边远地区。

刑事案件辐射蔓延规律的形成,主要受社会心理、大众传播、趋同现象、从众效应、交叉感染的影响。归根到底还是社会、政治、经济及人的因素在起作用,因为犯罪案件形成的核心是社会生活方式当中的犯罪行为人。

2. 区域特征

刑事案件都是在一定的自然环境中发生的。自然环境、地理区域与刑事案件的发生存在一定的相关性。经济学研究证明,经济的发展会有一个增长极,即经济不是均匀地在每个地区平衡发展的,总是在一些地区发展快,在一些地区发展慢。发展快的地区就是增长极。在犯罪的地理分布上,也同样存在这类现象。刑事案件的增长、发案多少总是以不同的强度出现在一些点、极、区域和地带上。由此可见,刑事案件在地域方面存在不平衡的现象。自然环境的差异和经济文化发展程度的差异,决定了我国刑事案件具有明显的地域分布特点。这种自然环境的差异导致刑事案件发案差异的现象,可称为案件区域分布不平衡规律。这一规律主要表现在以下几点。

(1)刑事案件在分布上具有高发区。从刑事案件总体分布规律看,人口密集、经济发达的东南沿海及内陆地区、东北地区是我国刑事案件发案数量较集中的地区。而西藏、新疆、甘肃、青海、宁夏、内蒙古则是刑事案件发案数量较少的地区。如在东南沿海地区,人口流动性大,市场经济较发达,海陆空交通较便利,同时由于受境外、海外的犯罪活动的影响和渗透,诱发犯罪的因素也较多,往往成为犯罪的高发区。如广东省,在改革开放以来,刑事案件一直居高不下,发案的总数居全国各省前列。就一个省而言,也有发案数量多与少的区域分布差异。

（2）刑事案件在分布上具有高发点。案件高发点是指刑事案件较集中的某些具体的区域。从一个省、市等区域来看,刑事案件一般集中在经济发达的大中型城市,以及经济繁华的闹市区、城镇或主要交通枢纽、公路铁路沿线和集市贸易场所周围。那些治安情况复杂、发案数量多的地点即形成刑事案件的高发点,并继而形成高发线、高发带。

（3）刑事案件的类型分布具有区域性。从全国情况来看,盗窃、抢劫、诈骗等侵财型案件和经济型案件集中在沿海和人口聚集的内陆地区。杀人、伤害等暴力性案件多集中在东北、西北及西南地区,抢劫案数量较多的为东北及中南、西南地区。走私案件多发于沿海地区,制、贩毒案件较多的省份在西南、西北地区,以及广东省和港澳台地区。涉枪犯罪案件在西南、华南地区。

（4）刑事案件在城乡分布上具有差异性。一般来说,城市刑事案件发案数的增长速度与发案率均高于农村,尤其是城市的侵财型案件发案率高,而农村的发案数量总体上多于城市。农村中发案部位较集中,主要是私人民宅;城市的发案部位较分散,主要是在商业场所、娱乐服务场所和居民住宅区、商住楼等。有资料表明,城市中流动人员作案的比例明显高于农村,流窜犯罪已成为危害城市社会治安的关键问题,团伙性犯罪、共同犯罪也比较突出。

3. 城乡特征

我国是一个农业大国,城乡差异大,犯罪案件的城乡地理分布在较大程度上体现了刑事案件空间分布不平衡的规律特点。了解刑事案件的城乡分布对于做好有效的防控工作十分重要。

（1）中小城镇是农村刑事案件的高发点。中小城镇是犯罪分子实施侵害的主要地区,是农村犯罪分子作案的主要场所。据调查,中小城镇的发案率远远高于乡村。近几年来,中小城镇的刑事案件已占到整个农村地区刑事案件的50％以上,有的甚至达70％以上,农村的重特大案件绝大多数发生在中小城镇。美国犯罪学家路易丝·谢利在《犯罪与现代化》一书中指出:"现代化在过去200年对资本主义国家和社会主义国家的犯罪率和犯罪方式都有发生影响","现代化进程对一切国家的犯罪都有着重要的和持续的影响"。在广东珠江三角洲,农村尤其是经济发展速度较快、规模较大的县市的中小城镇,工业化水平较高,城市化特征更明显,有的已经城乡一体化,但同时也带来大量的治安问题,成为农村刑事案件的高发区。其主要原因:一是改革开放以来,农村乡镇企业崛起,经济迅猛发展,农村工业化、城市化进程加快,人、财、物的密度大,形形色色的犯罪分子混杂其中,趁机作案,与此同时小城镇的防范条件差,犯罪分子易于得手;二是有的企业基础薄弱、管理混乱,导致诈骗、侵占、挪用等案件时有发生,还有因企业内的福利分配、工资差异等引起的矛盾被激化,酿成报复杀人、伤害的案件;三是小城镇已成为农村地区政治、经济、文化的中心,也成为各类矛盾的聚集之处;四是外流人员的大量涌入,使小城镇成为外来人口的滞留地和聚集地。

(2)铁路沿线、国道、省道等交通沿线是案件高发地段。其主要原因:一是交通便利,客货车运输量大,客观上提供了侵财作案的目标;二是交通沿线的个体饭店、旅馆等路边店由于管理失控往往成为滋生各类犯罪的场所;三是交通沿线的距离长,警力不足,治安防范能力差,犯罪分子利用便利的交通工具快速流窜,作案易得逞且侦查难度大。

(3)城乡接合部是刑事案件的高发区。其主要原因:一是城乡接合部处于城乡过渡地带,人员流通量大,常住人口、暂住人口混杂一处,人际关系复杂,社会凝聚力小,治安情况复杂;二是地域上环绕城市,一些有城区特点的犯罪在此表现突出;三是城乡犯罪分子有勾结作案的有利条件,他们组成城乡接合型的犯罪团伙,互相利用对方熟悉地形、人头、行情的特点进行作案和销赃。

分析城乡刑事案件的地理分布不平衡规律,需要抓住农村发案突出、犯罪率高的重点地区,尤其是对犯罪活动突出的县城进行重点整治,这是搞好稳定社会治安的基础,是解决农村刑事犯罪问题的中心环节。要在部署警力方面向重点地区倾斜,减少农村刑事案件的发生。[①]

除此之外,网络亦不是法外之地。近年来,网络中的违法犯罪行为屡见不鲜,例如,近年来,大学生网络受骗事件在全国各地广大高校中屡屡发生,影响重大。第一,当今时代是一个信息时代,也是一个信息不保的时代,个人信息很容易被泄露给他人。大学生参与现实和网络社会频繁,很容易在不经意间将个人信息泄露,相关部门和组织亦不注重对大学生信息的保护,这就留给犯罪分子很大的利用空间。网络诈骗由于其低成本和技术性的特点,适合对大学校园这样一个人口高度集中的空间实行诈骗行为的密集覆盖,尤其是当诈

---

① 任克勤.论刑事案件(二)——刑事案件发案的一般规律和特点探讨[J].公安大学学报,1999(4):76-83.

骗行为人将大学生个人信息拼凑得更加齐备的时候,更容易设下一些冒充真实身份和连续性的骗局以保证诈骗"成功率"。本着"广撒网"的心态,面对学生数量动辄上万的校园群体,诈骗行为人变得更加肆无忌惮。第二,大学生虽然在生理上逐渐成熟,但是没有真正身处于社会中,处世经验欠缺,对诈骗行为的警惕性和防范性不足。诈骗行为的基本要素就是要使受害人陷于错误认知并"自愿供上"财产,诈骗行为人将全部精力投入圈套的设计,针对大学生的心理状态设计出五花八门的骗局,再结合网络的虚拟性和一定的网络技术,使得网络骗局一环接一环,层层推进。或先威胁恐吓,再转接其他权威部门假意帮助;或出售"低价商品",再谎称系统故障要求重新打款;或乔装打扮冒充朋友,再激发大学生仗义疏财的心理等。诈骗行为人将大学生的心理状态摸得非常透彻,其设计的骗局能够牵着大学生的鼻子走。第三,大学生对科技的运用始终处于前沿,对网络的使用遍及生活的各个方面,对大学生来说,离开了网络,生活将是无法想象的。大学生活丰富多彩,大学生需求多种多样,如购物、兼职、运动、游戏、旅游、交友等,在满足大学生方方面面的需求中,网络提供了不可或缺的平台。网络诈骗行为人针对大学生的各种需求,投其所好,设计不同内容的陷阱,使得骗局非常具有针对性,大学生很难拒绝自己感兴趣的事物,并且缺少对风险的评估,从而降低戒备心理。第四,大学生对于网络诈骗行为大多数处于沉默状态。一方面,受骗学生倾向于选择沉默。出于顾及面子或是认为金额不大无所谓的原因,受骗大学生大多不愿对受骗事件再次提及,更不用说向老师或警方求助,缺少对正确看待自己受骗事实的勇气,通常自认倒霉而选择回避,缺少对诈骗事件的分析。这既不会给警方破案提供帮助,也不能对其他学生起到警示作用。另一方面,没有受骗的学生也容易选择沉默。面对他人受骗的经历和学校反反复复的警示教育,大学生缺少足够的重视,对骗局缺少足够的了解。对发生在他人身上的诈骗事件,或报以同情,或以局外人的身份品头论足,而当骗局"换了一身马甲"朝向自己的时候,却毫无防范意识。网络诈骗存在于虚拟空间,本就难以追踪,线索有限,打击难度很大,加上大多数大学生的沉默,让警方破案和学校防范变得十分困难,反过来使得大学生更容易暴露在网络诈骗密集陷阱的危险中。①

---

① 肖谢,黄江英.大学生网络受骗的类型、原因及对策研究[J].重庆邮电大学学报(社会科学版),2015,27(5):67-72.

四、基于多源大数据的突发事件本体数据挖掘

(一)暴雨的多源数据来源

为全面了解暴雨的基本情况、发展规律、衍生灾害、相关舆情等信息,本书从微博、政府网站、各大机构等渠道获取了暴雨的定义、划分标准、降雨量、次生灾害等数据。通过中国气象局官网可以得知关于暴雨的分类标准,即每小时降雨量 16 毫米以上,或连续 12 小时降雨量 30 毫米以上,或 24 小时降雨量为 50 毫米及以上的降雨才能称为暴雨。根据降雨量的多少,暴雨又可划分为暴雨、大暴雨和特大暴雨。此外,本书借助温室数据共享平台等开放权威网站进行数据爬取,使用 python requests、pandas 库,得到全国除香港、澳门、台湾地区外 31 个省(市、自治区)自 2010—2019 年的降雨量数据,经过对站点的严谨筛选,除去站点数过少的省(市、自治区),得到最终具有较高可信度的暴雨降雨量数据共 12969 条,由此得到暴雨 10 年间的时空分布,并单独筛选数据,得到一小时降雨量高于 200 毫米的大暴雨和特大暴雨在我国的分布情况。针对新浪微博客户端,本书使用 python scrapy 框架爬取微博官方报道底下的评论数据,使用 jieba 进行分词,使用正则表达式处理评论文本信息,得到具体包括《人民日报》、新华社、澎湃新闻在内的大约 120 家主流媒体近 5 年间有关暴雨的历史报道,共有效报道 12969 条,并进一步爬取报道相关的网民评论,对于报道和评论进行词云分析,得到暴雨期间媒体和民众的关注领域。

除了从中国气象局、温室数据共享平台、微博等渠道获得对暴雨的描述数据外,本书还进一步从爬取的 12969 条微博有效报道中提取有关暴雨次生灾害的报道共 2875 条,探究暴雨与有关次生灾害的关系,总结出更全面的暴雨发展规律。中国气象爱好者的微博数据为本文暴雨的定义、成因提供了大量资料支持,也为有关暴雨基本情况的介绍提供了专业视角。

(二)暴雨的定义及其特点

暴雨,是指降雨强度很大的雨,常在积雨云中形成。我国规定,每小时降雨量 16 毫米以上,或连续 12 小时降雨量 30 毫米以上,或 24 小时降雨量为 50 毫米及以上的降雨称为暴雨。

学界通常从两大维度对暴雨进行分类,一是按降雨强度大小将暴雨为三个等级:24 小时降雨量为 50～99.9 毫米称为暴雨,100～249.9 毫米为大暴雨,250 毫米以上称为特大暴雨。但由于各地降雨和地形特点不同,所以各地暴雨洪涝的标准也有所不同。二是在业务实践中,按照发生和影响范围的大小,将暴雨划分为局地暴雨、区域性暴雨、大范围暴雨、特大范围暴雨。

其中,局地暴雨历时仅几个小时或几十个小时左右,一般会影响几十至几千平方千米,造成的危害较轻。但当降雨强度极大时,也会造成严重的人员伤亡和财产损失。区域性暴雨一般可持续 3～7 天,影响范围可达 10 万～20 万平方千米或更大,灾情为一般,但有时因降雨强度极大,可能造成区域性的严重暴雨洪涝灾害。特大范围暴雨历时最长,一般都是多个地区内连续多次暴雨的组合,降雨可断断续续地持续 1～3 个月。

特大暴雨是一种灾害性天气,往往造成洪涝灾害和严重的水土流失,导致工程失事、堤防溃决和农作物被淹等重大的经济损失。特别是对于一些地势低洼、地形闭塞的地区,雨水不能迅速宣泄,造成农田积水和土壤水分过度饱和,导致更多的灾害。[①]

本书立足于相关数据对暴雨特征进行探究,在分析了 2010—2019 年这 10 年里全国可爬取的省份的气象台数据后,通过整合各省份每月降雨量平均值,将暴雨高发期锁定在 5—8 月,多数省份在这四个月里迎来了降雨量峰值。空间分布上,10 年内广东、广西、四川三地是每年夏季降雨量最为突出的三个地区。冬季暴雨、北方暴雨也是数据传递出的特殊现象。

在《中国暴雨理论的发展历程与重要进展》一文中,丁一汇院士结合学界权威研究,总结了中国暴雨的四个主要特征。

(1)暴雨主要集中在 5—8 月汛期期间,例如华北京津冀地区大暴雨日集中出现在 7 月下旬至 8 月上旬,即"七下八上",这段时间的降雨量占全年总降雨量的 66%;长江流域中上游地区,全年 71% 的暴雨集中在 6—8 月,而高峰期集中在 6 月下旬到 7 月上旬,这就是著名的东亚梅雨季。

(2)暴雨强度大、极值高。如果与相同气候区中的其他国家相比,我国暴雨的强度很大,不同时间长度的暴雨极值均很高,如 1 小时暴雨极值是 198.3 毫米(河南林庄,1975 年 8 月 5 日),24 小时降水极值是 1248 毫米(台湾地区,

---

① 暴雨科普一:暴雨及其定义 [EB/OL]. (2012-08-20). http://www.cma.gov.cn/2011xwzx/2011xqxxw/2011xqxyw/201208/t20120817_182197.html.

1963年9月10日)。其中不少时段的极值均打破世界纪录,比类似气候区的纪录要高得多,如美国的24小时降雨极值是983毫米(佛罗里达州)。

(3)暴雨持续时间长。我国暴雨持续的时间从几小时到两三个月不等,有研究认为1986年的梅雨持续达65天。暴雨的持续性是我国暴雨的一个明显特征。

(4)暴雨的范围大。长江流域的暴雨区面积是全国最大的,雨带多呈东西走向,如1954年与1998年特大持续性暴雨,600毫米以上的降雨量区覆盖了长江流域的绝大部分地区;1991年的江淮流域特大暴雨也覆盖了长江流域十几万平方千米。在半湿润半干旱的华北地区,特大暴雨的面积也可达10万平方千米(如1963年8月)。①

参照著名天气与气候学家丁一汇院士的研究,本书还爬取了2010—2019年这10年间全国28个省份24小时降雨量达200毫米的地区的数据,进一步细化总结暴雨的空间分布:暴雨多聚集在靠近热带的沿海地区,但是北方出现大暴雨、特大暴雨的次数也不在少数,且多呈现出强度大、极值高的特点。总体来说,南方出现大暴雨、特大暴雨的地域分布上更为集中、在发生次数上也更为频繁。

我国区域性的连续大暴雨都与东亚及至全球的大气环流、海洋以及陆地状态等密切相关。造成洪水灾害的原因是多方面的,但直接的原因是气候异常、降雨量过大。这种气候异常现象是大气与海洋、冰雪圈、陆地表面以及生物圈所组成的复杂系统和一些人类活动综合作用的结果。②

(三)暴雨事件的本体分析

暴雨是一种影响严重的灾害性天气。某一地区连降暴雨或出现大暴雨、特大暴雨,不仅会直接导致洪水泛滥,还常导致山洪暴发、水库垮坝、江河横溢、房屋被冲塌、农田被淹没,交通和通信中断,引起诸如山崩、滑坡、泥石流等次生灾害,给国民经济和人民的生命财产带来严重危害。这些灾害常常波及

---

① 丁一汇.中国暴雨理论的发展历程与重要进展[J].暴雨灾害,2019,38(5):395-406.
② 我国暴雨及其灾害[EB/OL].(2007-08-07). http://www.cma.gov.cn/kppd/kppdqxsj/kppdtqqh/201212/t20121217_197770.html.

很大范围。我国每年因暴雨而伤亡的人数以千计,经济损失高达数亿元。[①]

我国是世界上暴雨较为频繁和降雨强度较大的地区之一。不完全统计,自公元前206年到1949年的两千多年间,全国各地较大的暴雨洪水灾害有1092次,平均每两年一次。[②] 20世纪以来,嫩江、松花江流域于1932年、1957年、1998年发生的暴雨,河北1963年的暴雨,河南1975年的暴雨,江淮地区1991年的暴雨,长江流域1931年、1935年、1954年、1991年、1998年的暴雨,均给人民的生命财产造成重大损失。

长江流域是暴雨、洪涝灾害的多发地区,其中两湖盆地和长江三角洲地区受灾尤为频繁。历史数据显示,1954年是长江流域百年一遇的全流域特大暴雨洪水年。该年雨季来得早,且一直持续到7月底。其暴雨之猛,波及范围之广,持续时间之长,都超过了1931年。湖北、湖南、江西、安徽、江苏有123个县市受灾,淹没农田4755万亩,受灾人口1888万人,死亡3万多人[③];岳阳、黄石、九江、安庆、芜湖等城市受淹。

黄河流域的暴雨和洪涝灾害虽不像长江流域那么频繁,但洪涝灾害也很严重。新中国成立后治理黄河这几十年以来,虽然结束了过去"三年两决"的局面,但黄河水流的泥沙尚未得到有效控制,下游河床以每年10厘米的速度抬升,隐患无穷。海河流域、东北的辽河流域和松花江流域也常有暴雨洪涝灾害发生。资料显示,1963年8月上旬,河北省连续7天暴雨,24小时最大雨量950毫米,相当于甚至超过华北地区正常年份的总雨量,过程总雨量1000毫米以上的暴雨区面积达到了5560平方千米,使京广线中断,天津告急,为华北地区历史上少见的特大暴雨。[④] 1975年8月5—7日,河南省中南部发生了一次历史上罕见的特大暴雨。暴雨中心3天降雨总量1605毫米,24小时最大降雨量1054.7毫米,1小时最大降雨量189.5毫米。其中1~6小时暴雨创我国历史最高纪录。"75·8"暴雨使两个大水库,不少中小水库几乎同时垮坝,洪水迅速泛滥,这可能是新中国成立后使我国人民生命财产损失最大的一次暴雨

---

① 我国暴雨及其灾害[EB/OL].(2007-08-07).http://www.cma.gov.cn/kppd/kppdqxsj/kppdtqqh/201212/t20121217_197770.html.

② 王乃仙.说说我国的暴雨[N].经济日报,2015-6-25(15).

③ 长江洪水记忆(五)[EB/OL].(2016-06-22).http://www.360doc.com/content/16/0622/21/3219047-570000900.shtml.

④ 来源于历年中国气象局公开数据。

（截至 2013 年 7 月）。[①]

本书通过数据和各方资料，尝试探索暴雨的本体发展特点，包括暴雨的时空分布特征和次生灾害衍生情况。从整体时空分布来看，4 月至 6 月，我国暴雨集中在华南地区，形成华南前汛期雨季；6 月至 7 月，我国暴雨向北移动，集中在长江流域，形成江淮梅雨季；7 月至 8 月，北方成为暴雨集中地区，形成北方雨季。上述暴雨集中地区的变动与东亚夏季风的发展规律有关，随着东亚夏季风在夏季生成、加强和向北推进，主雨带明显跳跃性自南向北移动。

从具体时间分布来看，截至 2021 年，我国暴雨时间变化主要经历了四个时期。第一时期是 2010 年至 2012 年，为低频期。这一时期全国各省份暴雨发生频次整体维持在 25 次以下，偶有省份暴雨发生频次达到 25～50 次。第二时期是 2013 年至 2015 年，为上升期。进入 2013 年后，全国暴雨发生频次整体上升，全国近一半省份的暴雨发生频次达到 25 次以上，还有不止一个省份暴雨发生频次高达 100 次。虽然 2014 年暴雨发生频次超过 25 次的省份减少，但仍存在部分省份暴雨发生频次达 231 次的极端情况，暴雨整体发生情况仍高于低频期。暴雨发生频次在 2013 年和 2014 年经历不同情况的上升后，于 2015 年整体趋于平稳，全国各省份平均在 10～30 次，偶有 40 次以上的情况，但数量较少且极值不高。第三个时期是 2016 年至 2019 年，为高频期。这一时期我国暴雨发生频繁，仅有一半不到的省份暴雨发生频次小于 25 次，全国大部分省份都达到了 40 次以上，且超高频次暴雨辐射地区越来越多，暴雨发生频次超过 100 次的省份数量不断增加，并在 2019 年时达到高峰。2019 年，共有 9 个省份暴雨发生频次达 100 次以上，在这之中又有超过半数的省份暴雨发生频次甚至超过 300 次。2020 年、2021 年是我国暴雨时间变化的第四个时期，为平缓期。从数据上可以看到这一时期暴雨发展趋势是较为平稳的，即暴雨发生频次整体平缓，既不似低频期全国暴雨发生均值低于 25 次，又不似高频期出现大量年暴雨次数超过 100 次的极端情况，更像是 2015 年的状况，再次回到了平稳上升的阶段。从上述每年详细的分析可以大胆推断，暴雨每隔一至两年便会出现一个高发期，2010 年至 2021 年暴雨发生频次由早期的每年各省份平均低于 25 次变为近年来平均高达几十次，甚至很多省份超过 100 次，我国暴雨发生频次总体呈现曲折增加后回落的趋势（见图 3-42）。

---

① 来源于历年中国气象局公开数据。

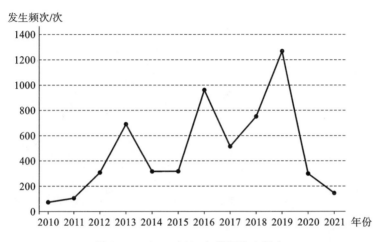

图 3-42　2010—2021 年暴雨发生频次

从具体空间分布来看,2019 年广西壮族自治区、广东省、四川省、江西省、浙江省、湖北省、山东省和福建省整体遭到了暴雨的频繁"袭击",暴雨发生频次均高于 100 次,广东省暴雨发生频次更是高达 885 次(见图 3-43)。

空间分布上,北方地区暴雨发生情况更让我们惊讶。进入 2013 年后,全国暴雨发生频次整体呈上升态势,全国近一半省份每年的暴雨发生频次达到 25 次以上,还有不止一个省份每年暴雨发生频次达到 100 次以上,大部分暴雨发生频次低于 25 次的省份集中在我国北部,沿海地区和长江流域是暴雨多发地区。但这并不意味着暴雨是南方地区的"专利",恰恰相反,从空间尺度来看,2011 年至 2021 年间,北方极端暴雨不再是少数,北方地区的暴雨发生频次也不再全都低于南方地区。2010 年,常被认为干旱少雨的甘肃省却是当年暴雨发生频次最多的地区;2011 年,河南省暴雨发生频次居全国第二;2013 年吉林省发生了 100 次以上的暴雨;2014 年山东省暴雨发生频次甚至高于江苏省和上海市;2015 年,陕西省作为干旱少雨的代表地区之一,暴雨发生频次达到了 58 次,高于同年暴雨多发的长江流域(如湖北省、湖南省、江西省等);2016 年至 2019 年,全国暴雨大面积爆发,低于 25 次的地区越来越少,极端暴雨天气越来越多,陕西省、河南省、内蒙古自治区等北方少雨区的暴雨发生频次轮番达到 50 次以上,打破了人们"降水南多北少"的常规认识;2021 年,在全国整体暴雨发生频次较少的情况下,河南省发生了 100 次以上的暴雨(见图 3-44),其以震撼了全国的"7·20"河南暴雨为代表,暴雨强度之大、造成的损失之惨重

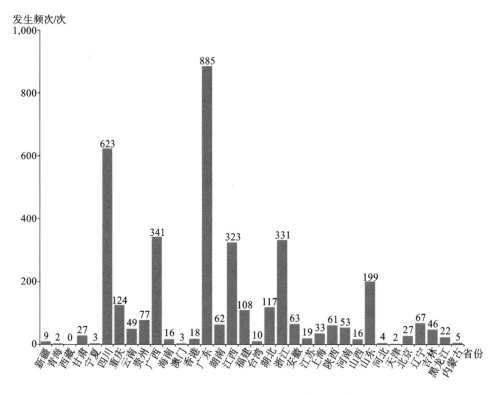

图 3-43　2019 年暴雨发生频次地域分布情况

难以言喻。

中国天气网首席气象专家李小泉介绍,气象次生灾害指的是因气象因素(例如暴雨、台风)引起的其他灾害(例如地质灾害、农业灾害),其中由暴雨所引发的次生灾害不容小觑。

根据中国气象网的官方资料,本书总结出洪水、泥石流、山体滑坡、内涝等13 种暴雨相关次生灾害(见图 3-45)。

近 10 年来,每当暴雨来临,其相关次生灾害也在新闻报道中频频出现。根据次生灾害的报道频次,可以推测这些次生灾害与暴雨间关联的强弱,被多次报道的次生灾害极有可能在暴雨期间高频发生,带来不小的危害,对这些暴雨带来的"帮凶"应该提高警惕和着重预防。

为更直观地展示暴雨相关次生灾害的情况,本书利用力导向图展示暴雨带来的各类次生灾害。圆圈越大,表明近 10 年来该次生灾害被报道的次数越多,

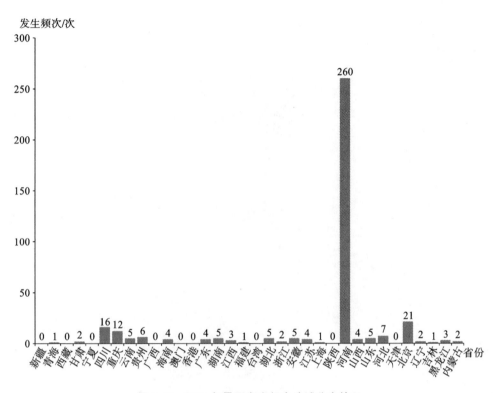

图 3-44　2021 年暴雨发生频次地域分布情况

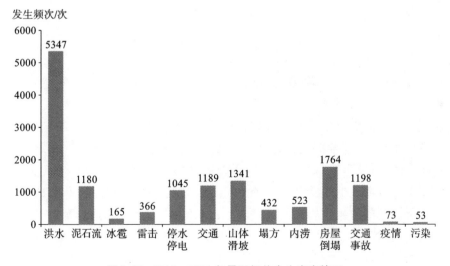

图 3-45　2010—2021 年暴雨相关次生灾害情况

从而可以进一步推测该次生灾害在 10 年内发生的次数越多(见图 3-46),因这些
次生灾害报道均基于暴雨有关报道,故可得出结论,发生次数越多的次生灾害与
暴雨的关系越紧密,简言之,当暴雨发生时,此类次生灾害也极易发生。

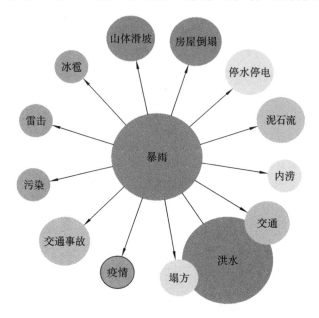

图 3-46　2010—2021 年暴雨相关次生灾害力导向图

　　本书按照该逻辑总结出暴雨发生后极有可能发生也是非常必须要提防的
次生灾害,按发生概率由高至低为:洪水、房屋倒塌、山体滑坡、交通事故、交
通、泥石流、停水停电、内涝、塌方、雷击、冰雹、疫情、污染。其中,洪水是与暴
雨联系最密切的次生灾害,在这 10 多年内,它随暴雨出现的次数高达 5347 次,
这意味着暴雨极易带来洪涝。而紧随其后的房屋倒塌、山体滑坡、交通事故、
交通、泥石流、停水停电等次生灾害出现次数均在 1000 次以上,需要在暴雨爆
发后格外注意,并且各次生灾害之间还极易相互作用,彼此叠加。如暴雨带来
洪水和内涝,引发房屋倒塌,故须高度警惕暴雨导致的一系列次生灾害,不可
忽视此类灾害造成的巨大损失。此外,出现次数较少的灾害与暴雨的联系不
如上文所提及的次生灾害紧密,多发生在暴雨本体演化后期,是暴雨带来的间
接影响,也有各自一些特定的发生条件。如内涝多发生在人口密集、排水系统
不佳的大城市,塌方则与地质条件有密切关联,疫情是近年出现的新挑战等,
对应区域应重点关注、精准预防。

（四）暴雨事件的舆情分析

2021年7月19—25日，河南遭遇强降水，致63人死亡，引发全社会高度关注。国家防汛抗旱总指挥部工作组赴郑州展开救援排险指导工作、多地多部门采取应对措施抢险救援。据不完全统计，2021年7月19—25日，"河南遭遇强降雨，灾情引发舆论广泛关注"热度最高，相关新闻转发量260万余条；其次为"国家防总、应急管理部持续推进河南防汛救援工作"，相关转发量42万余条；再次是"国家防办、应急管理部部署台风"相关转发量21万余条。7月19—25日，涉及应急管理领域的网络信息累计528万余条，其中，网络媒体报道量122.5万余条，网络转发讨论量405.5万余条。[①]本文爬取了主流媒体在河南暴雨期间在微博平台发布的344条报道及报道对应的5565条评论，通过制作词云（见图3-47、图3-48）可窥见事件的媒体报道和舆情评论倾向。

图 3-47　媒体报道词云图

图 3-48　网民评论词云图

---

① 张展.河南遭遇强降雨灾情引发舆论广泛关注[J].现代职业安全,2021(8):9.

①心系救援,加油鼓劲。不同于以往以负面情绪占主导的情况,"河南加油"反而是词云中最为突显的词汇。这表明一方面主流媒体面对在突发事件中不太稳定的社会环境,积极引导舆情,着重鼓励民心、鼓舞救援。另一方面网民在情感上与受灾群众更为贴近,网民评论中大量出现的"愿平安""帮扩""抱抱"等体现了大家鼓励受灾群众振作起来,或是为投身救灾的军民点赞打气,整体舆论导向向好。

②关注真相,心有余悸。通过网民评论词云图可以看出,暴雨下的舆论是多元且微观的。一方面网民的情感导向与主流媒体一致,话语多包含"河南加油""愿平安"等。另一方面也更贴近受灾情况,大力寻求救援,表达对灾情和对救援的忧虑。暴雨作为一种带来巨大危害的突发性自然灾害,在其发生期间也存在着许多负面的舆情,对其进行引导是在突发事件下稳定社会的重要工作。因此可以看到,除了加油鼓劲,主流媒体在报道中也出现了大量客观的表达,如"7 月 20 日""特大暴雨""雷阵雨"等。这与前文提及的高热度话题重点不谋而合。网民关注政府的动态,代表政府的主流媒体更应重视对客观事实的报道,如暴雨的规模、成因等,尽快与民众同步前线情况,通过事实满足网民的需求,理性引导舆论。

舆情的引导往往是多层次的,暴雨作为突发事件中的自然灾害与其他类型灾害相比有自身的特殊性。在其网络舆情演化规律中,可以发现人们对受灾地区等级、波及人群、财产损失、灾害等级等信息格外关注,如何对这些关键信息进行有效引导是舆情管理的关键。考虑到暴雨本身的灾害特点和舆情特征,应将生命周期理论与危机管理理论相结合,提出有效的、科学的管理措施。面对暴雨发生期间复杂多变的舆情,本书试从灾前、灾中、灾后三个阶段进行舆情对策的讨论。

1. 灾前舆情预警引导

突发事件(暴雨)潜伏期持续 48 小时左右,这是进行舆情预警引导工作的最佳时期。暴雨作为突发事件,在演变过程中可能会因地区经济差异出现不同地区受关注时间、程度不平衡的情况,如经济发展较快的地区更容易被关注,而乡镇等经济较落后地区在引起关注方面较滞后。但网络的发展让经济落后地区在暴雨期间得以更快更多地发声,此时,政府应顺应网络舆情规律,将对暴雨舆情的关注重点从中心城市引向周边城市,实现关注范围的全覆盖。

除此之外,从新闻报道和网民评论的重点中可以看出,很多损失的造成是因为大家对于暴雨的了解不够。因此在灾前,相关部门应注意对民众进行暴雨知识的介绍、自救知识的普及,避免民众因不了解情况而被谣言所误导。在对民众进行知识宣传的同时,要注意及时发布暴雨预警,并对预警信号进行详细阐述,让各地民众知晓突发事件的时间、地点、灾害等级等重要信息,减少突发事件带来的舆情危机。

2. 灾中舆情引导

灾中舆情引导是暴雨舆情演变的重要环节。当灾害来临时,网络极易成为民众唯一的宣泄平台,无论人们是向外界展示身边环境的受灾情况还是对外发出求救信号,是发出对受灾情况无人重视的控诉还是表达求助无门的绝望,都是网络舆情中不可忽视的内容。而在信息交互传播的同时,也存在着一定的风险,如果出现不实言论,不仅会让灾区人民在内心产生恐慌、不安,增加心理上的负担,而且不利于政府开展舆情引导工作。因此对自然灾害网络舆情的应对工作,应从灾区人民入手,对灾区人民进行心理建设。灾区人民自发将实际情况、自身经历传输到网络当中,可自下而上地确保舆论的真实性与可控性。

诚如上文舆情分析所示,暴雨发生之时,民众都格外关注救援、物资、重建等与自身利益息息相关的信息,如要在此时稳住民心、稳定舆论,相关部门就需要积极合作,一方面快速广泛地获取民意信息,另一方面注意工作开展的针对性、速度和透明度,尽快帮助民众解决受灾问题,尽快利用多方渠道筹集资金,恢复基础设施,让民众恢复正常生活。比如引导网络捐款等,这样既给广大网络用户提供献爱心的机会,真正实现"一方有难、八方支援",弘扬中华民族伟大精神,又可降低灾区人民因财产损失带来的心理压力,也让他们切实感到来自社会和政府的温暖。但尤其需要注意办理过程的便捷和透明,真正实现公信力建构。

3. 灾后舆情引导

灾后舆情引导主要针对自然灾害网络舆情演化的衰落阶段。在这一阶段,暴雨本体灾害已经结束,网络关注度也在下降,但并不代表相关问题彻底消失。这时政府不能放任舆情,而应对舆情进行规范有效的控制,因为灾后很可能在网络当中再次产生次生舆情。同时这个阶段也是政府树立公信力、提高民众自然灾害防御意识的关键阶段。暴雨带来的后续影响极大,不论是灾后的重建还是灾情的统计,都需要在较长一段时间内耗费大量的人力、物力、财力,这也意味着在比较长的一段时间里,民众会持续关注事件的发展动态。以河南暴雨为例,在 2021 年 7 月"千年一遇"的强降雨结束后的一个月内,大家仍心系河南暴雨,甚至到了当年 10 月,仍有人在经过河南时感叹此次暴雨带来的巨大危害。

因此,灾后舆情引导环节,政府须积极开展灾后救援工作,清点统计民众所关心的财产损失、伤亡人数等信息,并及时进行公开,同时发布相应的治理政策,让民众能够实在地看到事态好转。在进行救援工作时,政府要善于联系和运用各方媒体和各大平台,在网络上对暴雨事件的发生、处理过程进行简要的总结,让民众及时了解相关暴雨灾害的真实情况。政府还应积极反省灾情处理过程中自身工作的不足,宣传暴雨防灾意识和自救知识,进一步凝聚人心,树立政府公信力。[1]

---

① 张青峰.突发事件网络舆情演化机理及对策研究[D].武汉:武汉理工大学,2020.

第四章
基于传媒大数据的突发事件风险传播模式

预测突发事件引起的次生灾害及风险演化情况无疑是传媒预警中十分重要的一环。目前来说,要做到对于突发事件本身的即时性预警尚存在一定难度,然而如果能对其次生灾害及风险演化做出及时预判并进行预警,便能有效地减少进一步危害,降低社会损失。

基于此,本章主要论述基于传媒大数据的突发事件风险传播模式,具体分为:不同突发事件之间的关联分析与风险演化;基于图论的突发事件风险演化建模与分析;社交媒体中突发事件报道的传播效果预测。我们选取了洪涝灾害、动物疫情、安全事故和群体性事件,分别对其进行风险演化与原因解释,并辅以案例分析。

一、不同突发事件之间的关联分析与风险演化

(一)风险演化的核心概念

在风险演化问题中,我们主要涉及自然灾害、社会安全、事故灾难和公共卫生事件四大类,包括人为突发事件和非人为突发事件。我们在讨论风险演化的过程中,将分三部分展开:纯粹的自然灾害形成的灾害链,自然灾害和社会事件形成的风险理论,以及人为事件的演化机制。

不同领域(包括地质、工程、企业、社会、信息安全等多领域)对风险的定义不同,例如在金融信贷领域,风险通常为贷款的信用风险,可以用 5C 原则,即借款人品质(character)、能力(capacity)、资本(capital)、担保(collateral)、环境(condition),或者 LAPP 原则,即流动性(liquidity)、活动性(activity)、营利性(profitability)、潜力(potentialities),定性分析贷款申请方的财务水平,再根据一些指标定量计算违约概率。[1] 在供应链领域,产品的生产往往不

---

① 王春峰,万海晖,张维. 基于神经网络技术的商业银行信用风险评估[J]. 系统工程理论与实践,1999,19(9):24-33.

是一对一的,而是有一条很长的供应链,原材料通常要经过多个步骤才能被加工为产成品,若中间一环断裂则会引发供应风险。丁伟东等(2003)①将供应链风险分为自然风险和社会风险,地震、台风等自然风险往往难以预测和控制,而社会风险则被划分为独家供应商风险、信息传递风险、物流风险、财务风险、市场波动风险、合作伙伴风险、利润分配风险等。而在信息安全领域,冯登国等(2004)②认为信息系统的风险是指在计算机系统和网络中每一种资源缺失或遭到破坏对整个系统造成的预计损失,是对威胁、脆弱点以及由此带来的风险大小的评估。对于自然领域的风险,以洪水为例,周成虎等(2000)③认为洪水灾害风险研究涉及自然与社会经济系统诸多方面,如洪水的形成与发展、下垫面的土地利用状况等,主要包括洪灾危险性分析、洪灾易损性分析和洪灾损失评估等三方面:洪灾危险性分析研究受洪水威胁地区可能遭受洪水影响的强度和频度,强度可用淹没范围、深度等指标来表示,频度可用洪水的重现期来表示;洪灾易损性分析研究承灾体遭受不同强度的洪水可能造成的损失程度,关注的是区域承灾体受到洪水的破坏、损害的难易程度;洪灾损失评估研究在不同的危险性和易损性条件下,洪水可能造成的损失。在工程项目领域,工程项目风险是所有影响工程项目目标实现的不确定因素的集合④,具有客观性、普遍性,这类风险影响范围广,造成损失严重,而且不同主体的承受能力不同。⑤ 而在农业领域,农业气象灾害风险是指农业气象灾害事件发生的可能性,在此基础上的风险评估实际上是估计导致农业产量损失、农产品品质降低以及最终的经济损失的农业气象灾害事件发生的可能性。⑥ 杜鹏等(1997)⑦在农业生态地区法的基础上建立了华南果树生长风险分析模型,是国内较早将风险分析方法应用于农业气象灾害的研究。李世奎等(1999)⑧以风险分析技术为核心,探讨了农业自然灾害风险评估的理论、概念、方法和模型。但是,有

---

① 丁伟东,刘凯,贺国先.供应链风险研究[J].中国安全科学学报,2003(4):67-69.
② 冯登国,张阳,张玉清.信息安全风险评估综述[J].通信学报,2004(7):10-18.
③ 周成虎,万庆,黄诗峰,等.基于GIS的洪水灾害风险区划研究[J].地理学报,2000(1):15-24.
④ 张青晖,沙基昌.风险分析综述[J].系统工程与电子技术,1996,18(2):42-45.
⑤ 尹志军,陈立文,王双正,等.我国工程项目风险管理进展研究[J].基建优化,2002(4):6-10.
⑥ 霍治国,李世奎,王素艳,等.主要农业气象灾害风险评估技术及其应用研究[J].自然资源学报,2003(6):692-703.
⑦ 杜鹏,李世奎.农业气象灾害风险评价模型及应用[J].气象学报,1997,55(3):95-102.
⑧ 李世奎,霍治国,王道龙,等.中国农业灾害风险评价与对策[M].北京:气象出版社,1999:1-221,227-275.

关农业气象灾害风险评估理论的基础研究仍相当薄弱,针对某种农业气象灾害的风险评估技术的研究更是一个崭新的课题。

重大灾害的相继产生并非相互独立的事件,而是存在一定的关联,发生一种突发事件极易引起连锁效应。我们把灾害相继出现的模式,或者灾害在时空维度上的传播形成的链式有序结构称为灾害链。一些情况是比较常见的,比如暴雨可能引发泥石流或山体滑坡,而有些情况则并不常见甚至尚未证实。例如,关于雅安地震是否属于汶川地震的一次余震,中外专家有不同的说法,中国地震台网中心科技委主任蒋海昆认为,雅安地震为"逆冲型的地震",破裂特征与汶川地震非常相似,但不是汶川地震的余震。中国地震台网中心研究员孙士鋐则表示,发生在雅安的7.0级地震与2008年汶川地震有一定的关联性。孙士鋐说,雅安在汶川南边,虽然汶川地震时破裂带主要向北边延伸,雅安受到的影响没有北边严重,但本次雅安地震与汶川地震仍有一定的关联。[①]

我国地震学家郭增建于1987年首次提出灾害链的理论概念:灾害链就是一系列灾害相继发生的现象。[②] 灾害链描述了自然界中各种灾害之间的联系,通常把地震后伴生的滑坡、泥石流等次生灾害称作第一类灾害链,科学界公认的海气相互作用外的地气耦合则被称为第二类灾害链。[③] 除了灾害链引发机制问题以外,风险评估问题在灾害链的研究中同样有重要意义。王翔等人总结了灾害链风险评估的模式,将其分为供应链风险和事故链风险,并对区域灾害链风险进行了系统分析。[④] 史培军通过对灾害链的研究,多次对相关概念的内涵与外延展开论述:1991年提出由致灾因子、承灾体及孕灾环境共同组成的灾害系统的概念,并阐述了灾害链、灾害群、灾害机制、灾度与灾害区划等概念并做了明确定义[⑤];1996年评述了灾害研究的致灾因子论、孕灾环境论、承灾体论和区域灾害系统论,并阐述了致灾因子与承灾体的分类和区域灾害的形成机制[⑥];2002年明确了灾害领域的研究应由灾害科学、灾害技术与灾害管理3个分支学科组成,并进一步把灾害科学划分为基础灾害学、应用灾害学和区

---

① 四川雅安地震与汶川地震的关系[EB/OL]. (2013-04-20). http://scitech. people. com. cn/n/2013/0420/c1057-21212701. html.

② 郭增建,秦保燕. 灾害物理学简论[J]. 灾害学,1987(2):30-38.

③ 高建国. 中国灾害链研究[C]. 2007中美灾害防御研讨会. 2007.

④ 王翔. 区域灾害链风险评估研究[D]. 大连:大连理工大学,2011.

⑤ 史培军. 论灾害研究的理论与实践[J]. 南京大学学报(自然科学版),1991(11):37-42.

⑥ 史培军. 再论灾害研究的理论与实践[J]. 自然灾害学报,1996(4):8-19.

域灾害学①；2005 年阐述了灾害脆弱性评估、灾害风险评估、灾害系统动力学及区域灾害过程等概念，明确了减灾战略作为可持续发展战略的主要组成内容②；2008 年结合人与环境的关系，阐述了对区域灾害系统作为社会生态系统、人地关系地域系统和可划分类型与多级区划体系本质的认识，区分了多灾种叠加与灾害链损失评估的差异，论证了综合灾害风险防范的结构、功能，以及结构与功能的优化模式，并构建了由灾害科学、应急技术和风险管理共同组成的灾害风险科学学科体系。③

更广义的灾害链或者说风险演化机制不仅仅只包括自然灾害，也包括人类社会的社群风险。刘爱华(2013)④对几种典型的城市灾害链进行了研究，发现城市中各承灾体之间的复杂作用是引起灾害链的直接原因，并且在时间维度上表现出持续性与瞬时性两种不同的演化特性⑤，需要建立相关的系统动力学模型和评价模式来辅助建模。⑥ 而社会突发事件的建模与自然突发事件又有些差异，在不同的自然-经济-社会背景下，不同突发事件在不同的阶段演化的速度也有所不同，范泽孟等(2007)⑦认为社会突发事件扩散是一个加速度传播过程，将社会突发事件的性质、强度、原因等抽象为作用力，而自然-经济-社会环境的承载能力被类比为社会突发事件扩散的"质量"；而社会突发事件的应急响应同样是一个加速度传播过程，在应急响应过程中投入的人力、物力、财力等作为社会突发事件响应的作用力，社会和谐度则被抽象为社会突发事件应急响应的质量。

在社会突发事件中，群体冲突与舆情风险是两大重要风险机理。对于群体性事件带来的风险，国内外目前的研究主要以西德尼·塔罗等人代表的集体行为学说为基础，认为集体暴力是社会互动的片段，而集体暴力的构成需要满足三个条件：对个体造成伤害，有多个施害者，伤害至少部分源于施害者之

---

① 史培军.三论灾害研究的理论与实践[J].自然灾害学报,2002(3):1-9.

② 史培军.四论灾害系统研究的理论与实践[J].自然灾害学报,2005(6):1-7.

③ 史培军.五论灾害系统研究的理论与实践[J].自然灾害学报,2009,18(05):1-9.

④ 刘爱华.城市灾害链动力学演变模型与灾害链风险评估方法的研究[D].长沙:中南大学,2013.

⑤ 谢自莉.城市地震次生灾害连锁演化机理及协同应急管理机制研究[D].成都:西南交通大学,2011.李智.基于复杂网络的灾害事件演化与控制模型研究[D].长沙:中南大学,2010.

⑥ 张明媛.城市承灾能力及灾害综合风险评价研究[D].大连:大连理工大学,2008.王薇.我国城市应急管理能力综合评价研究[D].哈尔滨:哈尔滨工程大学,2010.

⑦ 范泽孟,牛文元,顾基发.社会突发事件应急模型及控制模式的构建分析[J].中国软科学,2007(8):85-92.

间的相互协作。只有当社会民主度高、国家经济实力强时,群体暴力的伤害才是最小的。[①] 布鲁默在勒庞理论的基础上创造了循环反应理论,将整个群体性事件分成三个阶段:集体磨合、集体兴奋和社会感染。[②] 雷斯勒从时间序列上进行分析,认为若在前期介入处理非暴力冲突不会向暴力冲突转变,在后期介入时反而更容易引发新一轮暴力冲突。[③] 勒庞从社会心理学的角度来解释集体行动中的非理性因素,认为个人作为个体时是理性的,但随着聚众的发展,个体的思维方式和行动方式会逐渐变得野蛮和非理性化,整个群体行为会趋向于一种非理性的方式。[④]

针对舆情风险演化的过程,国内外相关学者提出了一系列风险演化模型,目前使用较为广泛的模型为基于多数原则的网络舆情风险演化模型、基于有限信任的网络舆情风险演化模型以及基于 Sznajd 的网络舆情风险演化模型。但是上述三种方法均存在着网络舆情风险预测准确性低、控制效果差的缺陷,无法满足现今互联网的需求。[⑤]

风险演化的量化建模方法主要包括基于贝叶斯统计[⑥]构建贝叶斯网络(事实上也是目前量化建模中采用最多的方法),基于复杂网络与共现机制[⑦]联合建模(复杂网络与共现往往不是单一模型,多与贝叶斯统计方法结合起来进行联合建模分析),基于群体智能与启发式方法将风险演化抽象为三维欧几里得空间中的一个拓扑模型以进行相似模式的识别。[⑧] 随着近年来人工智能技术的飞速发展,基于知识图谱等智能技术对风险演化进行建模,能够从数据驱动

① 蒂利. 集体暴力的政治[M].谢岳,译.上海:上海人民出版社,2006:4.

② 赵鼎新. 社会与政治运动讲义[M]. 北京:社会科学文献出版社,2011:63.

③ Rasler R. Concessions, Repression, and Political Protest in the Iranian Revolution[J]. American Sociological Review,1996(61):52−132.

④ [法]古斯塔夫·勒庞. 乌合之众:大众心理研究[M]. 北京:中央编译出版社,2000.

⑤ 刘洁,王飞. 基于"互联网＋"模式中大数据环境下的网络舆情群体极化现象中的传播模型演化问题研究[J]. 数码世界,2017,23(11):189-189.任昌鸿,童春燕.大数据平台下网络舆情风险演化模型仿真研究[J].计算机仿真,2021,38(6):190-194.

⑥ 董磊磊. 基于贝叶斯网络的突发事件链建模研究[D].大连理工大学,2009.

⑦ 胡明生,贾志娟,雷利利,等. 基于共现分析的历史自然灾害关联研究[J].计算机工程与设计,2013,34(6):2015-2019.胡明生,贾志娟,雷利利,等. 基于复杂网络的灾害关联建模与分析[J].计算机应用研究,2013(8):2315-2318.

⑧ 胡明生,贾志娟,刘思,等. 基于蚁群优化的历史灾害关联分析方法[J].计算机应用与软件,2012,29(10):62-64.胡明生,贾志娟,吉晓宇,等. 基于改进萤火虫群的区域灾害链挖掘方法[J].计算机应用与软件,2012,29(10):62-64(11):29-31.

中发掘原因、损失、策略等一系列模式。①

风险评估是风险演化问题中非常重要的一个部分,它能够帮助决策者合理评估事件对灾害链整体带来的风险以及灾害链的局部风险。在对灾害链模型进行风险评估时,可从四个方面进行:一个灾害事件引发另一个灾害事件的概率;灾害链上的灾害事件对整个灾害链造成的损失;在复杂网络上一个灾害事件引发另一灾害事件对其他灾害事件的影响强度;灾害事件度量灾害链的评估模式。对于灾害链构成的复杂网络的脆弱性与结构,我们使用图论理论与复杂网络理论对其进行剖析。下面提出基于复杂网络理论的灾害链的风险评估模型。

对于一条灾害链上一个灾害事件引发另一个灾害事件的概率,可使用共现分析(第二章中已经介绍过共现算法和改进算法)。不同的灾害造成的损失不同,即使是同一类灾害,每一次发生造成的损失也不同。在进行灾害损失分析时,若使用历史数据的平均值,难以把控整体局势,而且数据难以收集并且存在严重缺失。这里不采用简单数据驱动的模式,而使用复杂网络结构,寻找一个理论衡量方式。对于某一个灾害网络,该灾害在网络中的度为 K,引入改进系数,那么由事件 i 造成事件 j 的损失可以用公式(4.1)表示为:

$$L = K_j^{\alpha} \tag{4.1}$$

这里引入的改进系数与两个向量有关,一个是归一化后的受灾频次向量,另一个是不同指标的权重向量,后面我们将提到这一权重向量应该如何归一化衡量。改进系数的计算公式为:

$$\alpha_j = \overline{F} \cdot \overline{E} \tag{4.2}$$

其中,对于事件 j 的损失改进系数,其归一化的受灾频次向量 F 可以根据时间和与爆发点之间的距离,将一个大范围区域内的受灾情况进行归一化表示为:

$$F_p = \sum \frac{Ae^{-d}}{t} f(p,t,d) \tag{4.3}$$

其中,$f(p,t,d)$ 代表引发的 p 类灾害在距离爆发点距离为 d、间隔时间为 t 的情况下爆发的次数,引入常数 A 进行归一化,最终将向量 F 的每个维度进行归一化,每个维度都表示了一种损失指标。而向量 E 的计算方法采用层次分析法,计算过程我们将在后面提及。

---

① 文宏,陈路雪,张书.改革开放 40 年社会稳定风险的演化逻辑与知识图谱分析——基于 CiteSpace 软件的可视化研究[J].华南理工大学学报(社会科学版),2018,20(3):73-80.

为了衡量灾害链的脆弱性，我们从每条边出发，对于灾害链的脆弱性用下式来进行衡量：

$$V_{<i,j>} = \frac{B_{<i,j>} D_{<i,j>}}{H_{<i,j>}} \tag{4.4}$$

其中 B 为边 $<i,j>$ 的介数，D 是除去 $<i,j>$ 的平均路径长度，$H<i,j>$ 是除去 $<i,j>$ 后网络的连通度。有关这些图论和复杂网络中的基本概念我们在本章第二节中详细介绍。

将这三个量都求解完毕以后，对事件 i 引发事件 j 的损失进行衡量，得到事件 i 会造成的整体损失的公式如（4.5）所示：

$$R_i = \sum_j P_{ij} K_j{}^{a_i} V_{<i,j>} \tag{4.5}$$

现在我们介绍向量 E 的求解方法。这一归一化方法基于层次分析法，将受灾情况的不同方面归一到一个向量中。王翔（2011）[①]总结出衡量灾害的相关指标结构，如图 4-1 所示。

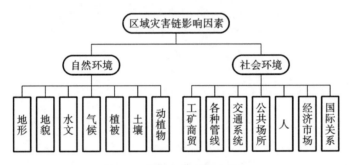

图 4-1　衡量灾害的相关指标

从图中可以看到模型呈现两级架构，我们先对自然环境和社会环境使用层次分析法，再对自然环境和社会环境进行 AHP 或赋权进行归一化。

层次分析法是一种解决多目标的复杂问题的定性与定量相结合的决策分析方法。该方法将定量分析与定性分析结合起来，用决策者的经验判断各衡量目标之间的相对重要程度，并合理地给出每个决策方案的标准权数，利用标准权数求出各方案的优劣次序，应用于那些难以用定量方法解决的课题。在查阅相关文献或者使用德尔菲法等方法获得不同指标之间的大致相对重要程

---

① 王翔. 区域灾害链风险评估研究[D]. 大连：大连理工大学，2011.

度之后,我们可以构建权重矩阵如公式(4.6)所示。

$$\begin{cases} a_{ij} = \dfrac{1}{a_{ji}} \\ a_{ij} = a_{ik}a_{kj} \end{cases} \tag{4.6}$$

其中,元素值越大表示两两相比第一项更重要。定义一致性指标如公式(4.7)所示。

$$CI = \frac{\lambda - n}{n - 1} \tag{4.7}$$

一致性指标越接近 0,则一致性越好。为了衡量 CI 的相对大小,削弱主观因素的影响,可引入随机一致性指标 RI(常数表格)。然后计算 CR,如公式(4.8)所示。

$$CR = \frac{CI}{RI} \tag{4.8}$$

若 CR 小于 0.1,则通过检验,最终求解得到向量 E。

此外,国内外有一些学者将灾害链研究应用于特定事件种类,例如洪涝灾害[1]、地震灾害[2]、电力系统灾害[3]等。此类研究可以在很大程度上指导类似事件的应对,同时减少经济损失,有着重要意义。

(二)风险演化的内在原因

国内外对于风险演化内在原因的相关研究有很多。我们将从不同事件的风险演化展开分析。关于自然风险的演化原因,以生态环境风险为例,生态环境风险是指一个种群、生态系统或整个景观的生态功能受到外界胁迫,从而在当下和未来对该系统健康、生产力、遗传结构、经济价值和美学价值产生不良影响的一种状况。[4] 黄木易等(2016)[5]以巢湖流域污染风险为例,分析其演化特征和内在机理,发现巢湖流域土地的利用情况有很强的空间聚集性,演化机

---

① 刘永志,唐雯雯,张文婷,等.基于灾害链的洪涝灾害风险分析综述[J].水资源保护,2021,37(1): 20-27.

② 余世舟,张令心,赵振东,等. 地震灾害链概率分析及断链减灾方法[J]. 土木工程学报,2010(S1): 479-483.

③ 孙宝军. 内蒙古电力系统自然灾害链分析[J].灾害学,2020,139,35(4):10-14,49.

④ 曾辉,刘国军. 基于景观结构的区域生态风险分析[J].中国环境科学,1999,19(5):454-457.

⑤ 黄木易,何翔. 近20年来巢湖流域景观生态风险评估与时空演化机制[J].湖泊科学,2016,28(4): 785-793.

制可以分为两个阶段和三个变化区域。

第一阶段为 1995—2005 年。该阶段,合肥市社会经济发展较为平稳,合肥市区在生态园林规划与绿化建设中投入较大,生态环境质量较好,同时市区土地开发强度平稳,生态风险趋于下降,低生态风险和较低生态风险的范围扩大,而相对于市区较为稳定的空间结构,县域在城镇建设、土地开发、交通基础设施新建等方面的力度更大,生态风险等级上升,较高生态风险范围扩大。第二阶段为 2005—2013 年。该阶段巢湖流域生态风险空间演化规律表现为:合肥市区生态风险等级上升,由低、较低风险等级向较低、中和较高风险等级转变;划归合肥市的巢湖市区、庐江县由较低和中风险等级演变为中、较高风险等级;划归芜湖市的无为县由较低、中和较高风险等级向较高和高风险等级变化;划归马鞍山市的含山县、和县主要表现为由中、较高风险等级向较高和高风险等级演变。整体上,该阶段巢湖流域生态系统在政策驱动下受到了强烈人为活动干扰,生态风险演化特点表现为:局部优化,整体恶化;低风险等级区域范围缩小,高风险等级区域范围扩大;生态风险变化空间性强,与区域社会经济发展关系紧密;流域东部较西部区域生态风险变化大。

对市场风险演化机理的研究是市场经济研究中非常重要的一环。以产业集群风险为例,产业集群风险研究可以追溯到马歇尔在《经济学原理》中的论述:产业集群的形成原因在于为了获取外部规模经济提供的便利,包括提供协同创新的环境、共享辅助性服务产品和专业化劳动力市场,从而能够促进区域经济健康发展、平衡劳动需求结构和方便顾客等。但是当集群区域内企业数量和规模超过一定范围,土地、资本和劳动力价格就会上涨,从而制约集群内企业的进一步发展,使得集群本身也开始衰落。从演化经济学的视角看来,技术在经济演化过程中扮演着重要角色,但存在技术能力僵化风险和技术选择失误风险。演化的特征在于:第一,演化的结果事前难以预料,很难确定哪种技术会垄断市场;第二,成为市场主流的技术并非是最有效的技术。另外根据基于制度路径依赖的演化经济学分析,当收益递增普遍发生时,制度变迁不仅得以巩固,而且能在此基础上一环扣一环沿着良性循环轨迹发展,反之则朝着非绩效的方向发展,而且愈陷愈深,最终闭锁在某种无效状态中。其运行机理认为:首先给定条件,随机偶然事件的发生,即启动并决定了路径选择。[①]

在对群体性事件的演化机理研究中,邻避冲突逐渐成为一个热门话题。"邻避"一词产生于20世纪70年代,欧·海洛首次提出并用来描述那些既能创造经济价值,同时也会对环境以及居民生活产生负效应的设施和项目,随后便被广泛应用于社区和地区冲突的研究和治理之中。孟卫东等(2013)[②]认为从邻避冲突到群体性事件的演化机理包括六个阶段。

1. 冲突潜伏阶段

冲突潜伏阶段是指公民在不了解邻避政策的前提下,对建设邻避设施的风险认识模糊,邻避设施尚未引起公民的关注。

2. 个人理性抗争阶段

当邻避政策正式制定并实施的时候,公民群体中并不是所有人都能认识到邻避设施所产生的或潜在的安全和环境隐患,只有公民群体中的部分人群进行个人理性抗争。该阶段属于邻避冲突的缓慢发展阶段,邻避设施的负面影响进一步扩大。

3. 群体理性抗争阶段

当邻避设施的负面影响被利益相关群体所认识和了解之后,更多的公民个体会自发地参与到邻避设施的抗争活动之中,从而进入群体理性抗争阶段。这一阶段属于邻避冲突急速拓展和传播阶段。

4. 观点交互阶段

当事态的发展超出了政府的预期控制范围之后,政府开始采取危机公关的方式,采取与公民群体代表进行谈判和沟通的方式交换意见和观点。观点交互阶段的不同效果会导致两个截然相反的结果:其一是双方就相关问题达成一致,随后进入邻避冲突化解和善后阶段;其二是如果双方就主要议题未能形成统一意见,那么势必会进入群体非理性抗争阶段,也即引发所谓的群体性事件,会对社会的和谐和稳定造成破坏。

---

① 杨峰,杨文选,李卫锋.产业集群风险:一个演化经济学的视角[J].经济师,2005(5):91-92.

② 孟卫东,佟林杰."邻避冲突"引发群体性事件的演化机理与应对策略研究[J].吉林师范大学学报(人文社会科学版),2013,41(4):68-70.

5. 群体非理性抗争阶段

此阶段在谈判阶段失败的情况下才会出现的一个阶段。当公民群体的期望与政府所满足的要求不一致,公民群体可能会拒绝继续谈判而采取更为激进的非理性对抗方式,以给政府施加压力,从而实现公民群体的利益期望。

6. 冲突处理及评价阶段

当邻避冲突主体双方就邻避设施本身以及对公民群体的各项赔偿等达成一致意向的前提下,即进入邻避冲突的善后处理阶段。当邻避冲突得到彻底解决之后,政府部门要总结此次冲突过程中的经验和教训,不断完善邻避设施的政策制定和执行制度,为今后类似事件的处理提供借鉴和参考。

许多重大突发公共卫生事件都对全球经济造成了重大冲击,这使得我们将更长远的目光放在了对重大突发公共卫生事件中的风险感知与演化机制的研究上。由于突发事件风险演化过程具有不确定性、重大突发公共卫生事件的信息不对等性,公众的风险感知并不稳定。公众在这一过程中的风险感知是公众对某事物所表达的担心或忧虑①,是一个搜集、选择、理解危机信息并做出反应的过程。② 现有的研究认为,公众的风险感知主要受到公众个体的特征、时间、事件扩散情况、风险信息等因素的影响。③ 魏玖长(2020)④认为,重大突发公共卫生事件的信息及其扩散过程、风险应对组织的社会接受度与风险责任归因等方面会影响公众风险感知的变化;重大突发公共卫生事件的风险感知、个体特征、信息沟通、政府措施等方面都会影响到公众对应对措施的认同与遵从性。

针对公共安全领域的任何一个问题的致因因素进行分析,都可以从人的

① Sun Y,Han Z. Climate Change Risk Perception in Taiwan: Correlation with Individual and Societal Factors[J]. International Journal of Environmental Research and Public Health,2018,15(1):91

② Liu-Lastres B,Schroeder A,Pennington-Gray L . Cruise Line Customers' Responses to Risk and Crisis Communication Messages: An Application of the Risk Perception Attitude Framework[J]. Journal of Travel Research,2019,58(5):849-865.

③ 王飞. 风险感知视角下的公众防护型行为决策研究.[D]. 合肥:中国科学技术大学,2014.曾静.核电项目建设情景下公众的风险应对行为与信息沟通研究.[D]. 合肥:中国科学技术大学,2017.魏玖长.公众对突发公共卫生事件的风险感知演化与防护性行为的研究进展与展望[J].中国科学基金,2020,34(6):776-785.

④ 魏玖长.公众对突发公共卫生事件的风险感知演化与防护性行为的研究进展与展望[J].中国科学基金,2020,34(6):776-785.

因素、物或技术的因素、环境和生态因素、社会管理和体制机制因素来入手①。
突发事件当中的风险感知与舆情风险演化作为一类自然因素与人为因素相互
作用的复杂整体,同样可以采取类似策略。叶琼元等(2020)②在经过数学建模
与仿真以后发现,若公众感知风险演化水平增加,环境因素风险水平自然就会
提高,进而政府管理能力提高,管理因素风险水平就会降低,但是各个因素影
响程度不同。与此同时,公众感知风险演化水平增加,舆情态势失衡的可能性
就会变大,影响环境因素风险水平变化。政府组织管理不完善容易造成信息
供需失衡、内容真实性失衡,影响环境风险演化等。多因素构成一个复杂的因
果关系网络,是一个整体上的动力系统,如图 4-2 所示。

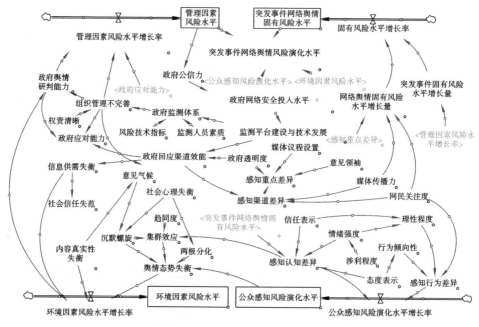

图 4-2　公共卫生事件舆情风险演化因果关系网络③

①　袁亚楠.基于事故致因理论的建筑施工安全评价研究[D].哈尔滨:哈尔滨工业大学,2015.

②　叶琼元,夏一雪,窦云莲,等.面向突发公共卫生事件的网络舆情风险演化机理研究[J].情报杂志,
2020,39(10):100-106.

③　叶琼元,夏一雪,窦云莲,等.面向突发公共卫生事件的网络舆情风险演化机理研究[J].情报杂志,
2020,39(10):100-106.

（三）风险演化的案例分析

1. 案例一：阿苏卫垃圾场抗议事件中表现出的邻避风险与社会安全性事件

阿苏卫垃圾填埋场抗议事件发端于 1994 年底当时刚建成的亚洲最大的垃圾填埋场投入运营。按照抗议主体和对象的不同，抗议过程可划分两个阶段，每一阶段均形成了自危机酝酿、发展、高潮到消退完整的发展过程，甚至包括重启阶段。[①]。

第一个阶段是 1994—2014 年。由于阿苏卫地区在北京属于地下水高氟带，不作为生活用水补给区域，适合作为东城、西城、朝阳、昌平 4 区的生活垃圾处理处。然而，在项目运行 6 年后，填埋场周边生活环境发生严重污染，让村民不堪其苦。其间，阿苏卫村癌症发病率大幅上升，并且有关专家曾在此处检测出严重的渗漏和污染问题。但当时相关部门负责人却声称填埋场并未发生渗漏。而且，由于政府许诺的村庄搬迁一直未予兑现，更加激发了村民的不满情绪。2014 年 5 月，村民重启堵路抗议行动。在这一抗议阶段，我们发现，填埋场在选址敲定之时，其固有客观风险的生产和分配便随之发生，这一风险形式不以人的主观意志为转移，并最终成为村民抗议的肇源。客观风险的存在和加剧，使得感知风险的形成、积累和突变成为可能。村民所感知到的环境风险、健康风险，加之未兑现的搬迁承诺所形成的经济风险，最终造成通过群体性事件表达诉求的后果，形成严重的社会稳定风险。

第二个阶段是 2007—2014 年的业主抗议阶段。2007 年 4 月，阿苏卫垃圾综合处理项目获得批复。2009 年 7 月，垃圾焚烧厂项目开始启动环境影响评估。然而，该项目并未真正调研项目周边相关利益群体，随着项目公告被居住在附近的一名业主"偶然发现"，以业主为主体的抗议垃圾焚烧厂风波拉开序幕。在 2009 年 9 月 4 日，超过百名群众公开表达诉求，但并未收到合理答复。抗议者后来调整策略，并最终"逆转"了事件进程。2010 年政府相关部门与当地居民经久协商达成一致意见，垃圾综合处理项目得以重启。但由于各方因素，后来又爆发了几起村民抗议活动。总的来看，我们发现，公民风险感知仍

---

① 侯光辉，王元地."邻避风险链"：邻避危机演化的一个风险解释框架[J].公共行政评论，2015，8(1)：4-28，198.

旧来源于实在风险,即便这一风险仍停留在"概念"层次。这表明,感知风险作为一种心理预期,与项目固有却难以度量的实在风险具有"非对称性"。并且,其感知风险形成社会抗争(社会稳定风险)的速度之快、影响之广远超村民主导的抗议阶段,这表明抗议者的个人和群体特征在此发挥了重要的影响。

从邻避风险链的视角来看,邻避风险链存在实在风险、感知风险和社会稳定风险三种形态。我们发现,在业主抗议阶段,抗议是随着垃圾焚烧厂环境影响评估公示公告被发现而发动的,而此时垃圾焚烧厂并未建成。这表明,感知风险完全可能脱离实在风险,而仅仅作为一种预期和建构的产物而存在。在两个抗议阶段中,由于都没有外部刺激事件的出现,抗议的形成都是风险感知的不断累积而"自发"形成的,即所谓的"慢性"公共危机。

2. 案例二:基站建设中的邻避冲突及其风险演化

城市公共设施为社会经济运转和居民日常生活提供了重要保障。但是部分设施由于存在负外部性且收益-成本不对称而遭到附近居民的反对与抵制,出现了邻避效应。① 操世元等(2017)②对2004—2016年中国94个基站建设冲突案例进行分析,建立了邻避效应演化过程模型,总结了此类邻避效应的三个多样化特征,并从风险属性、风险扩散和利益-风险理性衡量三个角度对此类邻避效应的作用机理进行了分析。

关于从社会心理学角度分析风险的演化过程,汪伟全(2015)③提供了一条很好的思路。

第一阶段:不满情绪的形成。特纳在研究集体行为时提出突生规范理论,他认为集体行动的产生需要某种共同的心理,包括共同的意识形态和思想或共同的愤恨。共同心理形成的关键是聚众中某个共同规范的产生,不满情绪就属于这种共同规范。例如在爆发了群体性事件的基站建设案例中,大部分基站建设前,建设方都未进行显著的信息公示,或者信息公示并未被居民感知并认可。在未进行信息公示的基础上选择伪装或者掩饰建设基站的行为,一旦被小区居民感知,则容易引发不满情绪。

① 李晓辉.城市邻避性公共设施建设的困境与对策探讨[J].规划师,2009(12):80-83.
② 操世元,王永志.城市社区邻避冲突演化及其政策建议——以94个基站建设冲突案例为例[J].中共杭州市委党校学报,2017(6):50-57.
③ 汪伟全.风险放大、集体行动和政策博弈——环境类群体事件暴力抗争的演化路径研究[J].公共管理学报,2015,12(01):127-136,159.

第二阶段:持续发酵。推动群体事件向暴力化发展受两个因素的制约:一是参与者数量,统计表明,参与抵制环境类项目的群体规模越大,聚集人数越多,集体行动暴力抗争的可能性就越大;二是率先行动者,率先行动者与行动的组织性有很大关系。

第三阶段:焦点事件。在公众风险感知过激的情况下,某些代表性事件形成的情境是刺激情绪升温的触发性动因。群体状态下的人们情绪很不稳定,容易受到外界的刺激和干扰,当这种情绪的升级到达一定的临界点后,暴力化的行为也就形成了。

第四阶段:冲突与对抗。在集体行动中,由于个体身份特征的不显著性,个体呈现出一种狂热状态,其暴力行为倾向更为显著。当人们处于这种状态时,就表现出群体维度上的无意识和无理性,甚至趋于暴力,最终在基站建设的事件中表现出集体上诉甚至暴力抗争等行为。

二、基于图论的突发事件风险演化建模与分析

(一)图论模型与典型应用

图论研究与复杂网络研究一样,研究节点之间的拓扑关系。但图论研究和复杂网络研究的侧重点有所不同:复杂网络更侧重于对网络结构及其稳定性的特性分析,包括一些属性的计算;而图论更侧重于典型实际问题,包括算法研究与设计。

图论研究最早起源于欧拉提出的哥尼斯堡七桥问题,自此对图形的研究不再单纯考虑其几何关系,而是更多地考察拓扑特性。图论实际上就是一个复杂网络,它同样具有节点、边,分为有向图和无向图。不同于前面所讲的复杂网络,这一节我们更多地提及图论研究中的一些典型算法问题。

1. 欧拉回路和哈密顿回路问题

欧拉回路是图论研究中较早的相关问题之一。图 G(有向图或者无向图)中所有边一次且仅一次行遍所有顶点的通路称作欧拉通路;图 G 中所有边一次且仅一次行遍所有顶点的回路称作欧拉回路。判断图是否存在欧拉回路的方法也很简单,对于有向图而言,图连通,所有的顶点出度等于入度;对于无向图而言,图连通,所有顶点都是偶数度。常用的求解算法有深度优先遍历算

法、Fleury算法等。欧拉回路在信息安全领域有着重要应用,基于欧拉回路序列的加密原理,能够在给定进制范围内动态生成数与数的一一映射,以此进行全范围的字节替换,算法支持细粒度可变密钥长度,密钥长度由欧拉图的节点数决定。[①]

欧拉回路不重复遍历边,而哈密顿回路的要求更加严苛一些,需要不重复遍历节点。哈密顿回路是数学、拓扑学、计算机科学研究领域十分火热的话题。若图 G 的回路通过图的每一个节点一次且仅一次,就是哈密顿回路,存在哈密顿回路的图就是哈密顿图。哈密顿图就是从一个节点出发,经过所有的节点一次且仅一次,最终回到起点的路径。显而易见,图中有的边可以不经过,但是边不会被经过两次(见图 4-3)。对于图 G 是否存在哈密顿回路的充分必要条件,目前学界还没得到证明,因为哈密顿回路的求解是一个NP 难问题。但幸运的是我们有充分条件和必要条件,很多情况下也可以通过一些启发式方法求解哈密顿回路。对于哈密顿回路的充分条件,我们有以下两个定理。[②]

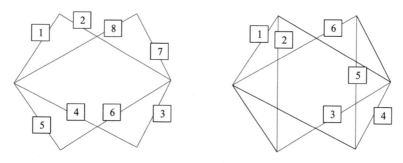

图 4-3 欧拉回路与哈密顿回路示例

狄拉克定理:设一个无向图中有 N 个顶点,若所有顶点的度数大于等于 N/2,则哈密顿回路一定存在。

欧尔定理:如果一个总点数至少为 3 的简单图 G 满足任意两个不相邻的点 u 和 v 度数之和至少为 n,即 $\deg(u)+\deg(v) \geqslant n$,那么 G 必然有哈密顿回路。

对于哈密顿回路的输出,目前的研究提出了很多方法,典型的如基于遗传

① 祁振一,郑旭,刘建林.一种基于欧拉回路序列的加密算法[J].信息网络安全,2013(3):29-33.
② Rosen K H. 离散数学及其应用[M].陈琼改编.北京:机械工业出版社,2015.

算法①、基于矩阵代数方法②，以及基于循环、递归等方法③求解哈密顿回路。

2. 图着色问题

图着色问题是图论研究中一项非常典型的 NP 完全问题。给定一个无向图 $G=(V,E)$，其中 V 为顶点集合，E 为边集合，图着色问题即为将 V 分为 K 个颜色组，每个组形成一个独立集，即其中没有相邻的顶点。也就是说，希望用最少的颜色给图顶点上色，使得没有任意两个相邻顶点颜色相同。最简单的二色上色情况中，若一个图能够满足二色定理，则这个图是一个二分图。对于更多的上色情况，有著名的四色原理：任何一张地图只用四种颜色就能使具有共同边界的国家着不同的颜色。这也是人类历史上第一个由计算机方法证明的定理。关于图着色情形的求解有很多相关研究，例如基于 Douglas-Rachford 算法求解图着色方法等。④而在这些方法中，启发式方法占了很大一部分，有基于蚁群算法及其改进算法为代表的群体智能算法⑤，有基于遗传算法及其改进算法为代表的进化计算方法⑥，还有禁忌搜索算法⑦等。

3. 最短路径问题

最短路径问题有两个典型算法——Floyd 算法和 Dijkstra 算法。

Floyd 算法是解决给定的加权图中顶点间的最短路径的一种算法，可以正确处理有向图或负权的最短路径问题，同时也被用于计算有向图的传递闭包。

---

① 侯爱民，郝志峰，陈小莉，等. 无向哈密顿图的自适应遗传算法[J]. 华南理工大学学报（自然科学版），2011，39（2）：136-140. 王彦祺. 用"遗传"算法求任意图的所有哈密顿回路[J]. 哈尔滨工业大学学报，2004（12）：1690-1692.

② 郭俊杰，伊崇信，毕双艳，等. 哈密顿回路存在性判定及输出算法[J]. 吉林大学自然科学学报，1998（2）：5-8. 姚源果. 用矩阵判断哈密顿图的一个充要条件[J]. 广西民族学院学报（自然科学版），2001（1）：9-10.

③ 王彦祺. 逐点循环递归法求哈密顿回路[J]. 哈尔滨工业大学学报，2004（1）：115,117,121.

④ Aragón A F J, Campoy R, Elser V. An Enhanced Formulation for Solving Graph Coloring Problems with the Douglas-Rachford Algorithm[J]. Journal of Global Optimization, 2020, 77（2）：383-403.

⑤ 朱虎，宋恩民，路志宏. 求解图着色问题的最大最小蚁群搜索算法[J]. 计算机仿真，2010，27（3）：190-192,236. 廖飞雄，马良. 图着色问题的启发式搜索蚂蚁算法[J]. 计算机工程，2007（16）：191-192,195；胡小兵，黄席樾. 蚁群优化算法及其应用[J]. 计算机仿真，2004（5）：81-85.

⑥ 韩丽霞，王宇平. 图着色问题的新遗传算法[J]. 西安电子科技大学学报，2008（2）：309-313. 黄昉菀. 遗传算法在图着色问题中的应用[D]. 福州：福州大学，2005.

⑦ 马艳萍. 基于禁忌搜索算法的图着色研究与实现[D]. 西安：陕西师范大学，2011.

它是一种动态规划算法,应用于稠密图效果最佳,边权可正可负。它只需要三次循环,但也恰恰是因为它属于循环结构,所以 Floyd 算法适合做节点数量小而且稠密的图,能够一次输出所有节点对之间的最短路径。

Floyd 算法的伪代码如下。

```
for(k=1;k<=n;k++ )
    for(i=1;i<=n;i++ )
      for(j=1;j<=n;j++ )
        if(e[i][j]> e[i][k]+e[k][j])
                e[i][j]=e[i][k]+e[k][j];
```

Floyd 算法被广泛应用于交通路径规划[1]、机器人自动行进控制[2]等领域。

Dijkstra 算法是基于贪心思想实现的最短路径算法,首先把起点到所有节点的距离存下来,找出其中最短的距离,开展松弛操作后再找出最短路径节点。所谓的松弛操作就是遍历后将刚刚找到的最短路径节点作为中转站,看有没有更短路径,如果比有就更新距离,这样把所有的点找遍之后就存下了起点到其他所有节点的最短距离。Dijkstra 算法是一种典型的单源最短路径算法,用于计算一个节点到其他所有节点间的最短路径。主要特点是以起始点为中心,向外层层扩展,直到扩展到终点为止。

Dijkstra 算法在交通流系统优化[3]、疏散路线设计[4]等方法应用广泛,有关研究也非常多,陆锋(1999)[5]对最短路径问题中的一些核心概念和细节进行了详细阐述。

Dijkstra 算法的伪代码如图 4-4 所示。

---

① 胡晓轩,孔宁,杨山林,等.基于 Floyd 算法的邮轮应急疏散算法设计[J].船舶标准化工程师,2021,54(5):27-31,52.

② 卢天翼.基于改进人工蜂群与 Floyd 算法的多机器人运输路径规划[J].科技与创新,2021(15):39-40,45.

③ 王树梅,黄石,臧禹顺.基于 Dijkstra 算法的城市物流公交系统优化[J].计算机技术与发展,2021,31(10):179-183,189.

④ 廖慧敏,朱宇倩,陈子鹏.一种基于 Dijkstra 算法的火灾动态疏散指示系统[J].安全与环境学报,2021,21(4):1676-1683.

⑤ 陆锋.最短路径算法:分类体系与研究进展[J].测绘学报,2001(03):269-275.张广林,胡小梅,柴剑飞,等.路径规划算法及其应用综述[J].现代机械,2011(5):85-90.乐阳,龚健雅.Dijkstra 最短路径算法的一种高效率实现[J].武汉测绘科技大学学报,1999(3):209-212.

```
Algorithm : Dijkstra

Input :Directed graph G = (V, E, W) with weight

Output :All the shortest paths from the source vertex s to every vertex v_i ∈ V \ {s}

1 : S ← {s}
2 : dist[s, s] ← 0
3 : for v_i ∈ V − {s} do
4 :     dist[s, v_i] ← w(s, v_i)
        (when v_i not found, dist[s, v_i] ← ∞)
5 : while V − S ≠ ∅ do
6 :     find min dist[s, v_i] from the set V − S
            v_j∈V
7 :     S ← S ∪ {v_j}
8 :     for v_i ∈ V − S do
9 :         if dist[s, v_j] + w_{j,i} < dist[s, v_i] then
10 :            dist[s, v_i] ← dist[s, v_j] + w_{j,i}
```

图 4-4　Dijkstra 算法的伪代码[①]

4. 最小生成树问题

最小生成树问题也是图论中的典型问题。对于一棵树而言,树是一类特殊的图,其中没有回路。一个连通图的生成树是一个极小的连通子图,它含有原图中全部节点,并且有保持图连通的最少的边,而且一个图的生成树往往不唯一。设 $G=(V, E)$ 是一个无向连通网,生成树上各边的权值之和为该生成树的代价,在 G 的所有生成树中,代价最小的生成树称为最小生成树。对于最小生成树算法的求解,我们主要使用 Prim 算法和 Kruskal 算法。

Prim 算法从任意一个顶点开始,每次选择一个与当前节点集最近的一个节点,并将两节点之间的边加入树中。Prim 算法在找当前最近节点时使用了贪婪算法,可在加权连通图里搜索最小生成树,由此算法搜索到的边子集所构成的树中,不但包括连通图里的所有节点,且其所有边的权值之和亦为最小。此算法的具体思路为:在一个加权连通图中,顶点集合为 V,边集合为 E,任意选出一个点作为初始节点,标记为 visit,计算所有与之相连接的点的距离,选择距离最短的,同样标记为 visit.

重复以上操作,直到所有点都被标记为 visit。在剩下的点中,计算与已标记 visit 点距离最短的点,同样标记 visit,证明其加入了最小生成树。

Kruskal 算法的具体思路是将所有边按照权值的大小进行升序排序,然后

---

① Kenneth H. Rosen. 离散教学及应用[M]. 北京:机械工业出版社,2015.

逐一判断,判断条件为:如果这个边不会与之前选择的所有边组成回路,就可以将这个边作为最小生成树的一部分,反之则舍去,直到具有 n 个节点的连通网筛选出来 $n-1$ 条边为止,筛选出来的边和所有的节点构成此连通网的最小生成树。判断是否会产生回路的方法为:在初始状态下给每个节点赋予不同的标记,对于遍历过程的每条边,其都有两个节点,判断这两个节点的标记是否一致,如果一致,说明它们本身就处在一棵树中,继续连接就会产生回路;如果不一致,说明它们之间还没有任何关系。

Kruskal 算法的伪代码如下。

```
1 // 把所有边排序,记第 i 小的边为 e[i] (1<=i<=m),m 为边的个数
2 // 初始化 MST 为空
3 // 初始化连通分量,使每个点各自成为一个独立的连通分量
4
5 for (int i=0; i <  m; i++ )
6 {
7      //用 if 语句判断 e[i].u 和 e[i].v 是否属于同一连通分量
8      {
9          // 把边 e[i]加入 MST
10          // 合并 e[i].u 和 e[i].v 所在的连通分量
11      }
12 }
```

最小生成树算法在管道架设、线路架设等领域有着极为广泛的应用,例如,刘健等(2004)[1]、黄红程等(2015)[2]利用最小生成树算法进行了配电网的优化和规划。此外,银行金融领域的信贷情况也可以用最小生成树算法进行建模[3],云计算服务的任务调度也可以用最小生成树算法。[4]

5. 最大流问题

最大流问题是一类应用极为广泛的问题。许多系统都包含了流量,例如,

---

① 刘健,杨文宇,余健明,等.一种基于改进最小生成树算法的配电网架优化规划[J].中国电机工程学报,2004(10):105-110.

② 黄红程,顾洁,方陈.基于无向生成树的并行遗传算法在配电网重构中的应用[J].电力系统自动化,2015,39(14):89-96.

③ 谢赤,凌毓秀.银行信贷资产证券化信用风险度量及传染研究——基于修正 KMV 模型和 MST 算法的实证[J].财经理论与实践,2018,39(03):2-8.

④ 史恒亮.云计算任务调度研究[D].南京:南京理工大学,2012.

公路系统中有车辆流,控制系统中有信息流,供水系统中有水流,金融系统中有现金流等。例如在图 4-5 中,整个网络的流量方案应该满足以下几个条件。

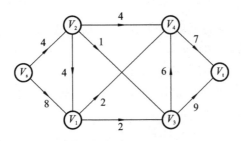

图 4-5　最大流问题实例

①实际运输量不能是负的。

②每条弧的实际运输量不能大于该弧的容量。

③除了 Vs 和 Vt 外,对其他顶点来说,所有流入的运输量总和应该等于所有流出的运输量总和。

求解最大流问题的典型方法有 Ford-Fulkson 算法。其算法操作流程如下。

①初始化网络中所有边的容量,c 为继承该边的容量,初始化为 0,其中边为回退边。初始化最大流为 0。

②在残留网络中找一条从源 S 到汇 T 的增广路 p。如果找到,转步骤③;如果不能找到,则转步骤⑤。

③在增广路 p 中找到所谓的"瓶颈"边,即路径中容量最小的边,记录下这个值 X,并且将其累加到最大流中,转步骤④。

④将增广路中所有 c 加上 X,构成新的残留网络。转步骤②。

⑤得出网络的最大流,退出。

最大流问题广泛应用于求解航线航程最小费用最大流问题[1]、电力系统配送问题[2],以及城市最大交通流量问题[3][4]等。在理论方面,也涌现出了一大批

①　孙宏,杜文,徐杰.最小费用最大流模型在航班衔接问题中的应用[J].南京航空航天大学学报,2001(5):478-481.

②　鞠文云,李银红.基于最大流传输贡献度的电力网关键线路和节点辨识[J].电力系统自动化,2012,36(9):6-12.

③　杨晓萍,杨国志.基于网络最大流的城市道路网容量计算[J].上海公路,2005(2):53-56,6.

④　向红艳,张邻,杨波.基于最大流的路网结构优化[J].西南交通大学学报,2009,44(2):284-288.

求解最大流问题的不同想法。①②③

6. TSP 问题

TSP 问题源自一个古老的问题,即旅行商难题:假设有一个旅行商人要拜访 n 个城市,每个城市只能拜访一次,而且最后要回到原来出发的城市,他应该怎样选择要走的路径,且使路径里程最短。TSP 问题是图论领域一个典型的 NP 难问题,目前相关研究进展迅速,代表性成果有使用群体智能方法等启发式方法求解精确解或者近似解。

群体智能算法是启发式算法中一个重要的分支,也是计算机科学中一类非常重要的问题。群体智能算法试图模拟现实中群体生物的行为,对一些问题进行优化(如 TSP 问题等)。④

群体智能算法包括蚁群算法、粒子群算法、萤烛群算法等。蚁群算法将所有可能走的路线设置为待优化问题的解空间,通过信息素矩阵反复迭代来保存最优信息。⑤ 但蚁群算法存在收敛速度慢、容易陷入局部最优等缺点。粒子群算法是目前应用最为广泛的群体智能算法:粒子通过对当前位置和的最优位置之间的距离以及与群体最好位置的距离的迭代来获得最优解。⑥ 虽然这种方法有收敛速度快等优点,但存在精度低、易发散等缺点。萤火虫群算法根据相对亮度来决定萤火虫的移动方向,从而找到全局的最优个体值,不仅可以优化单峰函数,也可以优化多峰函数,适用范围更广。⑦ 但这种方法只能在一定的前提下实现,所以还存在一定的局限性。

---

① 吴艳,杨有龙,刘三阳.基于网络流矩阵求解网络最大流[J].系统工程,2007(10):122-125.

② 王志强,孙小军.网络最大流的新算法[J].计算机工程与设计,2009,30(10):2357-2359.

③ 张宪超,陈国良,万颖瑜.网络最大流问题研究进展[J].计算机研究与发展,2003(9):1281-1292.

④ Mansour O . Group Intelligence:A Distributed Cognition Perspective[C] // Intelligent Networking and Collaborative Systems,2009. INCOS 09.

⑤ 段海滨,王道波,朱家强,等.蚁群算法理论及应用研究的进展[J].控制与决策,2004(12):1321-1326

⑥ 倪庆剑,邢汉承,张志政,等.粒子群优化算法研究进展[J].模式识别与人工智能,2007,20(3):349-357.

⑦ 吴斌,崔志勇,倪卫红.具有混合群智能行为的萤火虫群优化算法研究[J].计算机科学,2012,39(5):198-200.

(二)洪涝灾害的风险演化与原因解释

全球气候变暖正引发越来越多的极端灾害事件。城市洪涝灾害逐渐常态化,严重威胁着城市居民的生命财产安全,阻碍经济社会高质量发展。面对极端洪涝灾害频发的现状,以及未来洪涝灾害常态化的预期,亟须正确认识当前洪涝灾害治理的制约因素和短板,从加强风险管理、合理规划城市基础设施建设体系、提升公众对洪涝灾害的应对能力等方面进一步推进我国城市洪涝灾害治理体系和治理能力现代化建设。

由图 4-6 可知,洪涝灾害所引发的次生灾害包括次生洪涝灾害、地质灾害、环境污染和生态破坏事件、安全事故以及动物疫情等。在洪涝灾害引发的所有次生灾害中,比例最高的是次生洪涝灾害(也就是由一次洪涝灾害引发的二次洪涝灾害),引发概率为 0.374253,其次为地质灾害,引发概率为 0.117557。其余几种次生灾害引发概率占比差别不大。由洪涝灾害引发地质灾害的原因主要如下。

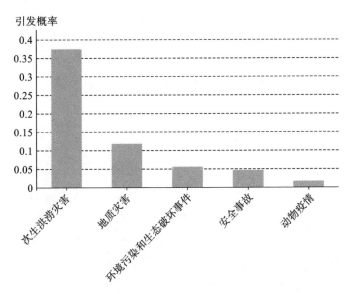

图 4-6　洪涝灾害风险演化概率

地质灾害的主要代表为泥石流,泥石流是山区沟谷中由暴雨、冰雪融水等激发的,突然爆发、破坏性极大的,含有大量固体物质的特殊洪流。泥石流的形成须同时具备三个条件:陡峻便于集水集物的地形地貌条件;松散泥石物质来源丰富的地质条件;短时间内有大量水源的水文气象条件。泥石流常发生于新构造运动强烈、地质构造复杂、断裂褶皱发育地带。泥石流发生的时间规律与洪涝发生的时间规律相一致,具有明显的季节性,一般发生于夏秋季节的6—9月。中国水利水电科学研究院减灾中心副主任杨昆在接受澎湃新闻采访时解释,对久旱地区而言,降雨特别是和风细雨,对于缓解旱情是件十分有利的事情,但突发的高强度降雨,会使久旱地区发生旱涝急转,进而引发洪涝灾害。洪涝会使得地表植被、土体,以及地表径流和地下水在短时间内发生变化,造成原有生态的失衡,导致滑坡泥石流、水土流失、土壤盐碱化等地质灾害。

杨昆表示,洪涝灾害更多是客观原因造成的:"也就是说,土壤处于长期干旱状态下时,其本身强度降低了。"他指出,客观而言,长期持续处于干旱状态下的土壤,易出现土质疏松、土壤颗粒间的连接强度降低等现象,这时一旦遭遇暴雨洪涝,便容易引发泥石流等灾害。如果发生持续时间极长的极端干旱,还会导致水利工程出现旱损现象,即堤防、大坝等土质结构工程出现较大裂缝。就主观方面而言,久旱地区的干部群众往往更关注抗旱作物、保供水,对于防汛抗洪有麻痹大意的倾向。另外,北方一些常年干旱的地区,也缺乏防汛抗洪方面的经历和经验。[①]

洪涝灾害也会引发安全事故,比如 2010 年 7 月鹰潭站附件的一段铁路中断通行的安全事故实则由暴雨洪涝所引起,该路段经过长时间的抢修才恢复通车。"早上 6 时,随着一声长鸣的汽笛,一列货车缓缓驶离鹰潭站,标志着因水灾中断行车 10 多天的鹰厦铁路全线恢复通车,这也意味着连接福建和江西的铁路交通全面恢复。"

此外,洪涝灾害引发环境污染与生态破坏事件及动物疫情的概率分别达到了 0.054887 和 0.016039。历史上我国发生过多次大大小小的洪涝灾害,地表水源和浅层地下水水源均遭到严重污染,且污染持续了较长时间。1998 年我国发生大范围洪涝灾害,嫩江流域、松花江流域、长江流域遭遇百年一遇的洪涝灾害,佟延功等(2001)[②]于 1998 年 9 月至 1999 年 6 月的 10 个月时间里对

---

① 为什么"久旱逢甘霖"却可能引发洪涝灾害[EB/OL].(2019-08-13).https://baijiahao.baidu.com/s? id=16417163947675569748&wfr=spider&for=pc.

② 佟延功,吕玉芹,杨超.哈尔滨市洪灾区浅层地下水水质监测及分析[J].中国公共卫生,2001(6):539-540.

哈尔滨市灾区部分浅层地下水(压水井)水质进行动态监测,发现灾区浅层地下水部分监测指标各月份合格率明显低于对照点对应指标的合格率,主要表现在色度、浑浊度和氨氮含量、亚硝酸盐氮含量、总大肠菌群数量等污染指标上,说明洪涝灾害对浅层地下水水质有一定影响。尤其是灾区的总大肠菌群数量指标在 10 个月监测期内的总合格率为 82.2%,对照点的总合格率为94.7%,两者有显著性差异,表明灾区水质合格率明显低于对照点水质合格率,反映出灾区部分浅层地下水存在着严重污染。洪水会破坏城乡的自来水管网系统、下水道系统、污水处理厂、垃圾填埋场、堆肥场等,洪水中的细菌、病毒、原虫、寄生虫等微生物和原生动物也会随着洪水的肆虐而扩散,这些病原体会造成人们轻微的腹泻症状,也有可能造成痢疾、传染性肝炎等较严重的疾病。洪水过后,往往会造成水体粪便污染指示菌增多和周边地区胃肠道感染病例的上升。

近 20 年来,随着国民经济的发展,我国救灾防病能力以及人民群众的卫生意识普遍提高,洪涝灾害后传染病的流行因而形成了新的特点。在洪涝灾害发生后,不同时期传染病的表现形式和危害程度也不同。由洪涝灾害后各类疾病的统计资料来看,发病频率和病种数量灾害中期以及灾后恢复期达到最高值。洪涝灾害初期一般为灾后数日至十数日,这一期间灾害的严重性尚未暴露,因而发病频率基本与平时近似。数日或十数日后进入灾害中期,由于洪水积蓄,土地大面积被淹,水体被污染,生态环境遭到极大破坏,尤其是饮食和饮用水污染问题严重,再加上人、畜的迁移,居住和生存的卫生条件进一步恶化,这为肠道、虫媒及自然疫源性传染病暴发与流行创造了条件。随后进入灾害后期,即灾害末期或灾害恢复期。此期间虽然洪涝已经消退,灾民多返回原地开始重建家园,但洪涝对灾区环境的破坏作用和致病因素仍然存在,地表水和浅层地下水的污染可持续数月,可能引起某些传染病的扩散流行。[1]

(三)动物疫情的风险演化与原因解释

现阶段,人们对于畜禽产品的需求量不断上升,但我国基层畜牧养殖人员的养殖观念和技术仍存在滞后性,而且动物疫病防控人员匮乏,导致基层动物防疫工作产生的问题较多。因此,须加强重视防疫工作。动物防疫关乎养殖

---

[1] 班海群,张流波.我国洪涝灾害生活饮用水污染及肠道传染病的流行特点[J].中国卫生标准管理,2012,3(4):61-63.

者的经济收益,关乎动物与人的健康,且对人们食用畜禽产品的安全性有直接影响。对动物疫情及其风险演化情况进行分析,有利于相关群体更好地做好防疫工作。①

由图 4-7 可知,动物疫情所引发的次生灾害包括次生动物疫情、环境污染和生态破坏事件、群体性事件、网络与信息安全事件以及公共卫生事件等。在动物疫情引发的所有次生灾害中,除次生动物疫情以外,比例最高的为环境污染和生态破坏事件,引发概率为 0.074491,其主要原因在于病死和死因不明动物未经无公害化处理被任意抛弃,进而对环境和水源等造成污染,危害人体健康。

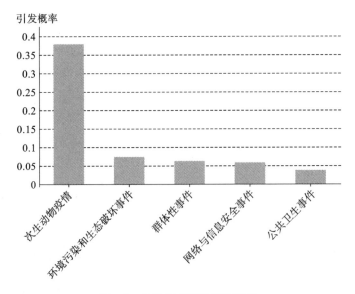

图 4-7 动物疫情风险演化概率

关于动物疫情引发的群体性事件,微博数据表明对于动物疫情的瞒报行为可能引发社会质疑及相关群体性事件。关于动物疫情与网络信息安全事件的关联,下面这则微博数据表明散播虚假动物疫情信息,可以造成影响重大的网络安全事件。

＃象警官辟谣＃【河南要地震?谣言!造谣言者被拘留】近日,网络上在传播一条以《地震警示,河南》为题目的"地震信息",以所谓

---

① 刘荣稳.动物疫情防控工作中存在的问题与优化策略[J].兽医导刊,2021(13):68-69.

"河南南阳 7 月 10 日凌晨出现的大规模蛤蟆迁移"为由,说"未来两个月内中国还将发生 7 级以上地震,湖北、河南等地为重点,地震震级可在 7.3～8.0 级,初预测震点在驻马店、南阳地段"。目前河南省地震局已经发布公告:目前我省各类地震监测数据未发现异常,也未接到动物宏观异常的报告,此信息没有任何科学依据,属于地震谣传,切勿相信,更不要传播这类信息。根据《地震预报管理条例》规定,只有省级人民政府才有权利发布地震预报。目前,编造地震谣言的王某已被湖北警方处以拘留 5 日的处罚。

动物疫情引发公共卫生事件的概率为 0.037533。近年来,世界范围内流行的重大恶性病毒引起的传染病多源自动物疫病,如中东呼吸综合征(MERS)等。这些传染病传染力极强,且具备有限的人传人能力,严重威胁着人民的生命健康与社会安全。[①] 人畜共患病是由病原体引起的,而病原体源于其他动物物种。通常认为,与野生动物密切接触是埃博拉疫情等公共卫生事件暴发的必要条件。像狩猎、屠宰及交易野生动物等活动都有接触病原体的风险,但它们实际导致疾病的可能性有多高尚未可知。在非洲和亚洲的一些国家,蝙蝠是很受欢迎的野味,因此,捕捉蝙蝠的人面临着特殊的感染风险。但更常见的传播途径根本不需要人与动物直接接触,而是通过咬人的昆虫作为病媒进行传播。例如,在野生哺乳动物中发现的由细菌引起的莱姆病,可通过蜱虫传播给人类。过去 30 年间,在北美和欧洲,莱姆病的发病率持续上升。总而言之,人畜共患病等公共卫生事件危害性极大。目前没有确切办法预防人畜共患病的暴发,但保护生态系统和恢复自然栖息地,从根本上禁止野生动物交易,减少人类接触病原体的危险行为,显然是十分必要的。

近几年,随着全球社会经济发展,环境恶化现象也较为明显,野生动物疫病与人类疫病之间的关系愈发密切。野生动物、家禽家畜及人三者间的疫病相互交织、相互传播。野生动物疫病风险问题主要包括:在一些经济发达区域,人们对野生动物加大了保护力度,使得野生动物数量成倍增加,当野生动物混入家禽家畜中后,易在其中造成疫病传播;野生鸟类在跨区域迁移过程中,通过排泄粪便、尿物和掉落羽毛等,将疫病传染给家禽家畜等。

---

① 李燕凌,吴楠君.突发性动物疫情公共卫生事件应急管理链节点研究[J].中国行政管理,2015(7):132-136.

病死动物涉及疾病传播、畜产品安全问题。由于我国饲养方式较为落后，规模化程度、饲养管理水平也相对较低，在夏季高温、冬季严寒、阴雨潮湿环境中，很容易导致幼畜、仔畜死亡。一些养殖小区、养殖村，因防疫措施未能落实到位，增加了动物因疫病死亡的数量。针对病死的动物，如果养殖户未采取无公害化处理措施，乱丢乱弃病死动物，不仅会造成疫病进一步传播，还会引发畜产品质量安全事件。甚至有不法分子从国外走私未经检疫的冷冻肉、"僵尸肉"，这种肉不仅影响人体健康，严重威胁我国公共卫生安全，还严重冲击了我国畜牧业的正常发展。此外，随着养殖业规模化程度明显提升，随之而来的环境污染、疫病传播问题也日益突出。一些规模化养殖场没有修建畜禽排泄物处理设施，造成了周围环境、土壤、水源污染，加快了病原体扩散速度，严重威胁着畜禽和人的健康。我国本身属于畜牧生产大国，随着养殖规模的扩大，养殖场附近产生了大量的畜禽粪便，对周围水源造成了污染，严重威胁着生态环境。

总的来说，突发性动物疫情卫生事件是动物疫情演化与人类干预活动交织作用下形成的，其演变机理非常复杂，影响频率有所增长，破坏程度有所加剧。人类感染动物疫病，导致恶性病毒大范围传播。更为恶劣的是，由于病死畜禽管控失范，部分病死畜禽流入餐桌导致食品安全，还有病死畜禽被抛入江河导致饮水和环境污染，致使动物疫情卫生事件管控环境日益严峻。我们必须科学准确研判突发性动物疫情公共卫生事件应急管理链节点，力求实现应急管理"快、准、全、简、效"。

为此，第一，应坚持"预防为主"方针，把预控环节放在首位。其关键在于落实好"一案三制"，且领导要重视、全民要动员、各管理主体责任要到位，形成齐抓共管、群防群治的动物疫情卫生事件应急管理新格局。

第二，夯实政府应急管理链节点信息研判基础。必须加快适应大数据时代应急管理新形势，充分运用云计算等先进技术，从疫病研究、疫情监测、疫苗接种，到疫区划分、无害化处理、市场监测，直至畜禽监测、群众救济、责任追究等各个应急管理链节点，加强应急管理数据库建设，为政府应对动物疫情公共危机打牢快速准确研判应急形势的信息基础。

第三，科学把握"抓重点、重点抓"应急管理方法。政府应当明确不同阶段应急管理的主要目标和重点任务，要重点抓住疫情监测、疫苗接种、疫情确认、疫情报告、紧急免疫、隔离扑杀、畜禽监测、经济补偿等各个环节，有的放矢地做好基础工作,从人力、物力、财力上给予重点保障。

第四,加快构建动物疫情卫生事件应急管理网格体系。动物疫情具有传播载体多、传播速度快、传播力强的特点,因此不能放松应急管理网格体系建设。必须加快建成由政府牵头、企业为主、消费者协同、媒体畅通的社会化治理主体体系;加快建成分区负责、多层监管、交叉联防的网格化治理责任体系。[①]

除此之外,动物疫情防范中必不可少的重要措施包括:做好疫苗接种,确保免疫质量;进一步强化检疫监管,做好流通控制,加强对产地检疫证的检查和登记备案工作,规范检疫出证,做到进出有痕迹、可追溯。[②]

全面推动动物疫情卫生事件应急管理依法治理,可以为推进动物疫情卫生事件应急管理体系科学化打牢坚实的法治基础。

(四) 安全事故的风险演化与原因解释

重特大安全事故会给经济、社会发展带来恶劣影响,为减少安全事故发生,我国做出了巨大努力,颁布了大量安全生产法律法规、标准规范。但近年来重特大安全事故发生率并未呈现持续下降趋势,甚至在危险化学品等个别行业还出现了阶段性上升趋势。究其根源,一方面是在建立关于安全生产的红线意识、底线思维,落实管业务、管安全、一岗双责、党政同责、齐抓共管方面还存在严重的差距;二是各级政府在执法执纪能力建设方面还存在不足;三是在安全生产法治建设方面须进一步提升和完善。下文通过梳理国内安全事故风险演化模式,结合我国安全事故现状进行原因分析,并提出改进建议,以期达到更好的风险预警效果。[③]

由图可知,安全事故所引发的次生灾害包括次生安全事故、环境污染和生态破坏事件、群体性事件、网络与信息安全事件以及公共卫生事件等(见图 4-8)。在安全事故引发的所有次生灾害中,除次生安全事故以外,比例最高的为环境污染和生态破坏事件,引发概率为 0.142602。目前,我国安全生产形势总

①　李燕凌,吴楠君.突发性动物疫情公共卫生事件应急管理链节点研究[J].中国行政管理,2015(7):132-136.

②　许翔,杨珍,汪娟,等.九江市 2022 年动物疫情形势分析与防控对策探讨[J].江西畜牧兽医杂志,2022(2):42-44.

③　邵理云,肖真.重特大安全生产事故原因分析及安全生产管理的思考与建议[J].安全、健康和环境,2020,20(7):7-11.

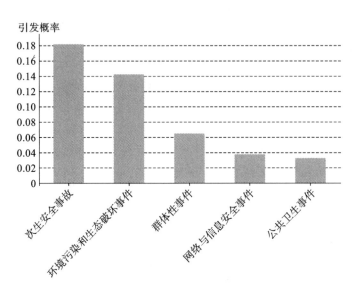

图 4-8　安全事故风险演化概率

体保持平稳,但部分高危行业生产安全事故多发态势尚未得到有效遏制,生产和使用危险化学品的企业安全生产形势非常严峻,其生产设备损坏、企业监管不到位、操作人员失误等情况一旦发生,极可能引发爆炸、火灾等事故。这类事故常伴有大气污染的发生,甚至威胁到周边群众的生命安全;在应急救援中,如果对消防水处置不当,还可能加重和扩大水体污染。2005 年震惊中外的松花江重大水污染事件,就是消防废水没有得到妥善处置,直接排入松花江导致的。当前,生产企业、消防、安监、环保等部门正不断从生产污染事故中吸取教训,处置安全生产事故的手段愈加完善。[①] 除此之外,安全事故引发群体性事件、网络与信息安全事件和公共卫生事件的概率相差不大,分别为:0.064953、0.037515、0.032423。2020 年发生的"8·29"聚仙饭店重大坍塌事故即一起由监管不严导致的建筑事故所引起的重大群体性伤亡事件。

应急管理部披露山西临汾聚仙饭店"8·29"重大坍塌事故详情

　　1 月 4 日,应急管理部公布了 2020 年全国生产安全事故十大典型案例,其中包括山西临汾聚仙饭店"8·29"重大坍塌事故。2020 年

---

　　①　孟海涛.妥善处置事故防止环境污染——从近期几起生产安全事故说开去[J].环境保护,2011
(14):51-52.

8月29日9时40分许,山西省临汾市襄汾县陶寺乡陈庄村聚仙饭店发生坍塌事故,造成29人死亡、28人受伤,直接经济损失1164.35万元。应急管理部有关负责人表示,该事故发生原因是聚仙饭店建筑结构整体性差,经多次加建后,宴会厅东北角承重砖柱长期处于高应力状态;北楼二层部分屋面预制板长期处于超荷载状态,在其上部高炉水渣保温层的持续压力下,发生脆性断裂,形成对宴会厅顶板的猛烈冲击,导致东北角承重砖柱崩塌,最终造成北楼二层南半部分和宴会厅整体坍塌。该负责人进一步表示,该事故主要教训包括:一是聚仙饭店经营者长期违法占地;二是聚仙饭店经营者先后8次违规扩建;三是聚仙饭店经营者擅自将自建农房从事经营活动;四是襄汾县陶寺乡政府和陈庄村"两委"未认真履行属地管理职责;五是临汾市襄汾县政府及有关部门行政审批和监管执法不严。

安全事故引发的突发性公共卫生事件可能造成严重的社会影响,对国家社会经济发展造成严重阻碍,同时直接影响到正常的公共卫生工作。而安全生产事故是指在生产经营活动中发生的意外突发事件,通常会造成人员伤亡或财产损失,使正常的生产经营活动中断。而当生产过程中所需的原材料、采用的工艺流程等含有对人体生命健康有害的物质或工艺,当设备密闭通风、排毒、运行效果不好,设备检修或抢修不及时造成设备故障引起跑、冒、滴、漏时,当个人防护用品缺乏、不使用或不当使用,工作人员因过度疲劳或其他不良身体状态导致操作失误,或有从事有害作业的禁忌证时,当没有安全操作规程、违反安全操作制度或安全操作制度执行不当,没有安全警告标志或保障装置,缺乏必要的安全监护措施时,当化学品无毒性鉴定证明、化合物成分不明、化学品来源不明、化学品贮存或放置不当、化学品转移或运输无标志或标志不清时,极易引发安全生产事故。安全生产事故发生时,由于是在短时间内出乎意料地发生,往往应对不及时,因而极易造成从业人员或事故发生地周围人群伤亡,造成一定强度或广度的公共卫生影响。因此,当安全生产事故发生后,势必产生连带的突发公共卫生事件,而且往往首先以公共卫生突发事件的形式表现出来。

例如,1998年,浙江温州曾发生一起196位农民患硅肺的突发公共卫生事件。在调查中发现,1993年浙江温州数百名农民受雇参与沈阳至本溪高速公路打隧道工程项目。该工程地段多为石英砂岩、石英岩,二氧化硅含量高达

97.6%，雇主隐瞒地质实情，令民工们用风钻"干式掘进"打炮眼，并且未向民工提供有效的防尘面罩，不知情的民工们三年多时间内在二氧化硅粉尘飞扬的隧道中作业，雇主也未定期为民工体检。1996年，隧道工程竣工验收交付使用。而到了1998年，这些受雇农民中陆续发现患硅肺的情况，短短一两年就有近二百人被确诊患硅肺。2001年，浙江温州中级人民法院认定196名民工在公路隧道施工中患硅肺，严重侵害了原告的人身权益。这一事件的发生现在看是一起违反《中华人民共和国安全生产法》《中华人民共和国职业病防治法》的严重安全生产事故导致的公共卫生事件。[①]

（五）群体性事件风险演化与原因解释

随着我国经济的快速发展以及社会结构的深刻变革，各类社会矛盾和冲突也在不断积聚，由此所引发的群体性事件时有发生。群体性事件在影响社会稳定的同时，也对新时期预警工作提出了巨大挑战。有鉴于此，进行相关风险演化研究及原因解释具有重要的理论和现实意义。其有助于及时发现和预判群体性事件的爆发，有利于提前制订预防对策和处置措施，将矛盾扼杀于萌芽之中。[②]

群体性事件所引发的次生灾害包括次生群体性事件、刑事案件、环境污染和生态破坏事件、安全事故以及网络与信息安全事件（见图4-9）。在群体性事件引发的所有次生灾害中，除次生群体性事件以外，比例最高的为刑事案件，引发概率为0.128425。究其原因，当前我国正处在改革全面推进、经济快速发展、社会结构急剧变化、新旧体制并存的转型时期，各种利益主体之间、新旧体制和新老观念的多种矛盾冲突日益凸现，由此而引发的群体性事件明显增多，已成为影响社会稳定的突出问题。随着改革开放和社会主义市场经济体制的深入发展和利益格局的进一步调整，由人民内部矛盾引发的群体性事件将会时有发生，而且在今后一段时期内可能还会增多。这种现象是任何经历过或正在经历由农业社会向工业社会、现代社会转型的国家都必须承受的阵痛和必须付出的代价，我国也不例外。而在这些群体性事件中，往往有一部分事件的参与人员有冲击国家机关、殴打执法人员、打砸抢等过激行为，构成了刑事

---

① 伊丹.安全生产及事故与公共卫生突发事件的法制关联[J].实用医技杂志,2018,25(4):403-404.
② 吴心怡,王林生,吴程程.群体心理理论视角下群体性事件应对研究[J].南方论刊,2021(7):55-56,61.

犯罪。[①] 群体性事件在发生初期,大多采取较为平和的表现方式,若当地政府部门采取有效的应对措施,可以有效缓和矛盾,平息事态；若是久拖不决,群体可能会采取各种极端行为发泄不满情绪,或破坏公共财物,或恶意阻碍交通等,危害社会管理秩序。从法律后果看,这类极端行为常常涉及违法犯罪,会造成对其他人员的伤害、社会秩序的混乱、生产生活的破坏和停滞,以及恶劣的社会影响。[②]

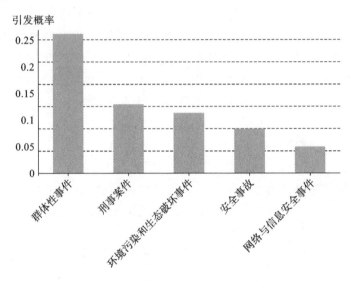

图 4-9　群体性事件风险演化概率

三、社交媒体中突发事件报道的传播效果预测

(一)社交媒体传播效果的概念界定

传播效果即传播对人的行为产生的有效结果。从广义上来讲,传播效果是传播行为所引起的客观结果,包括对他人和周围社会实际发生作用的一切

---

① 江波均,李国军,王强,等. 群体性事件引发的刑事犯罪案件的处理对策[C].2006 年全国刑事政策与和谐社会构建研讨会,2006.

② 程春丽.群体性事件引发刑事案件的刑法学思考[J].中国青年政治学院学报,2013,32(4):105-109.

影响和后果。从狭义上来讲，传播效果是传播者的某种行为实现其意图或目标的程度。社交媒体传播效果则指的是社交媒体上的传播行为产生的有效结果。①

在新媒体时代，新浪微博已然成为突发事件最普遍、最快捷的传播平台。有关部门不得不在短时间内对于社交媒体上的突发事件相关信息做出迅速处理。因此，预测突发事件的微博传播效果有助于管理部门及时发现潜在问题，提高决策前瞻性。对于官方媒体发布的突发事件，本文提出了一种预测其传播效果的方法：从转发、评论以及点赞的次数来测算微博上突发事件的传播效果。为达到这一目标，我们首先提取了用户画像、文本特征以及交互属性并分别进行核查。在此基础上，我们构建了一个基于随机森林的改良模型，并对其进行训练和测试，用于预测新浪微博数据库中的公众互动情况。实验结果表明，该算法与现有模型相比具有较好的性能。

新浪微博是一款能够进行转发、评论和点赞的社交软件，截至 2022 年 6 月其用户月活量达 5.82 亿，是人们获取信息的主要媒体平台之一。通常情况下，突发事件首先会在微博上被发布并得到广泛传播，且随着近年来新媒体平台的迅速发展，新浪微博已然成为中国广大网民使用最普遍、传播最迅捷的信息来源。

许多突发事件都是用户率先在社交媒体上发布的，他们发布信息的速度要比官方媒体快得多。因此如何在用户体量非常大的新浪微博上报道突发事件，对于官方媒体的突发事件传播意义重大。

事实上，已经有大量实验从两个角度对人们在社交媒体上的互动行为进行了研究。其一，研究转发模式的个人行为。Yao[2] 等人发现新浪微博的转发行为呈现出聚合特征，不同属性的用户具有特定的转发习惯。Li[3] 等人结合潜在话题特征和用户特征建立了预测转发行为模型。但由于用户数据的限制，研究个体行为较为困难。其二，不针对特定用户，而是从完整的用户群体中进

---

① 张咏华. 一种独辟蹊径的大众传播效果理论——媒介系统依赖论评述[J]. 新闻大学,1997(1):27-31.

② Yao W, Jiao P, Wang W, et al. Understanding Human Reposting Patterns on Sina Weibo from a Global Perspective[J]. Physica A: Statistical Mechanics and its Applications,2019(518):374-383.

③ Li Z. Predicting Retweeting Behavior Based on LDA Topic Features[J]. Journal of Intelligence,2015(34):158-162.

行交互行为的研究。研究者使用了不同的模型，如逻辑回归模型[①]、LSTM[②] 模型和决策树[③]模型。虽然其中一些模型已经达到了较高的精度，但它们主要关注的是各种类型的帖子。而且这些模型也存在一定的局限性，比如需要实时详细的数据或者只适用于特征相对较少的数据集。

关于突发事件对社会公众影响的研究非常有限，更不用说使用定量的方法研究突发事件的传播效果了。部分研究人员对公共卫生方面的突发事件进行了研究，例如 Ritterman 等[④]利用市场预测和推特，通过时间序列模型预测了猪流感的流行。An 等[⑤]研究了有关传染病暴发的帖子的传播影响，通过研究埃博拉病毒的帖子，他们的决策树模型达到了 86％ 的准确率。

然而，这些方法都只局限于某一特定事件，缺乏时效性，不能应用到其他类型的突发事件中。相比之下，我们的成果可概括如下：首先，我们引入机器学习的方法来预测突发事件在社交媒体上的传播效果，使突发事件的传播效果更具可控性。其次，为了保证突发事件的权威性和真实性，我们使用了官方媒体的微博数据，采用规范化和数据预处理的方法，保证了不同特征的一致性。再次，本文尝试了四种机器学习模型：SVM 模型、Random Forest 随机森林模型、CatBoost 模型和 LightGBM 模型，并根据准确率、召回率和 f1 值对它们进行了比较。这里增加了同类数量、再发布数量和评论数量等数据维度，以全面有效地评估公众的互动程度。最后以不同因素对应急传播的重要程度为标准进行排序，以精准预测一篇博文对突发事件信息传播的影响。

（二）社交媒体传播效果的数据来源

首先，我们在新浪微博上收集了一些官方媒体用户的数据，在删除了信息不相关或者包含不完整信息及异常值的帖子之后，我们得到了所需的有关突发事件的博文。

---

① Zhu H,Wang M. A Novel Reposting Prediction Method Based on Quantified Microblog Hotness in Sina Weibo[C]. CSAE 2017,2017：13-18.

② De S,Maity A,Goel V,et al. Predicting the Popularity of Instagram Posts for a Lifestyle Magazine Using Deep Learning[C]. CSCITA 2017,2017：175-178.

③ De S,Maity A,Goel V,et al. Predicting the Popularity of Instagram Posts for a Lifestyle Magazine Using Deep Learning[C]. CSCITA 2017,2017：175-178.

④ Ritterman J, Osborne M, et al. Using Prediction Markets and Twitter to Predict a Swine Flu Pandemic, 1st International Workshop on Mining Social Media,2009：9-17.

⑤ An L,Yi X,Yu C,et al. Prediction of the Influence of Public Health Emergencies Micro-blog[J]. Information studies：Theory & Application ,2017(40)：76-81.

根据国家对突发事件的分类标准,以及官方媒体在报道中对于常见突发事件的分类情况,本文将突发事件分为 14 种类型(见图 4-10)。我们从这些官方媒体的微博中摘录了关于突发事件的有关微博,以不同类型突发事件的正规表达进行初步筛选。

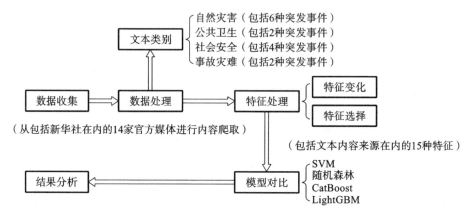

图 4-10　方法流程图

根据初步筛选结果,我们结合了一万个被评定为突发事件的帖子和一万个未被评定的帖子,将它们一并放入 BERT[①] 中,这是第一个基于微调并在一组大型的句子级和标记级任务的基础上实现先进性能的表示模型,我们运用了超越特定任务的架构对该模型进行训练,从而获得多级分类模型。然后,我们使用此模型将数据集中的所有帖子再次分为以上 14 种突发事件类别,以便进一步进行准确性分类。

下面我们详细介绍一下这个数据集的信息。该数据集包含 2012 年至今发布的样本帖子,总共 24466 个,每个帖子由用户信息、帖子文本信息和用户人际关系信息组成。

根据每年新浪微博用户的发展报告,我们发现女性和男性在新浪微博上表现出的行为及兴趣通常大相径庭,因此我们将性别作为重要研究因素之一。而 VIP 级别越高的用户拥有更多权限,他们的帖子有更高的优先级,通常会被优先推荐给其他用户,也就是说,他们的帖子会吸引更多人的注意力。根据过往经验和其他论文的研究成果,带有图片或视频的原创帖子会赢得更多人的

---

① Devlin J, Chang M, et al. BERT: Pre-training of Deep Bidirectional Transformers for Language Understanding[J]. arXiv. 2018;1810

关注。至于粉丝数和帖子数，它们分别反映了用户的受欢迎程度和发帖活跃度。最后，我们统计了在新浪微博中具有重要作用的"♯"和"@"符号的数量。

时间也是我们需要考虑的一个重要因素。新浪微博用户数量及功能、界面每一年都在变化。而且根据人们的日常生活安排，在节假日人们通常有更多时间上网娱乐。对于发帖时间，我们将一天分为六个时段，因为数据显示一天中的不同时段交互行为的程度不尽相同。每个因素对交互式数字的重要性将显示在实验结果中。

在本文中，我们将帖子的点赞数、转发数和评论数相加，作为评定其受欢迎程度的标准，因为点赞、转发和评论是人们能且仅能在与帖子互动时进行的三种互动行为，而其中任何一种都不能完全显示人们对这个帖子的反馈情况（见表 4-1）。

由于无须预测每个帖子的精确互动次数，因此我们将互动次数分为三个区间：0～100、100～1000、1000 以上，原因是：首先，对于社交媒体用户来说，小于 100 的互动数量相对不足，而 100～1000 之间是官方社交媒体账号的互动中位数值。但互动数在 1000 以上的帖子传播范围更为广泛，也更受大众关注。其次，我们根据数据集中所有帖子的互动数量分布情况来看，三个区间的帖子数量比较均衡，这对接下来的模型训练是十分有益的。

我们尝试了四种多类模型：SVM、随机森林、CatBoost 和 LightGBM。我们根据三个标准比较了它们的预测效果：准确率、召回率和 f1 值。最后选择了随机森林，原因如下：①在这个数据集中，我们的大部分特征都是分类数据，基于距离的模型只能使用 one-hot encoding 来处理这些特征，这会大规模地增加特征的数量，但是鉴于决策树模型的结构，这个问题可以得到很好的解决；②当数据不成比例时使用随机森林，可以减少过度拟合；③在三个标准下，随机森林在这四个模型中表现最好。

（三）社交媒体传播效果的预测模型

在实验中，我们通过新浪微博获取了 972515 个帖子，并在硬件为①cpu：Intel Core i7 2.6GHz，②gpu：NVIDIA Tesla V100 32GB，③ram：128GB 2400 MHz DDR4 的环境中进行了处理。从数据中我们可以知道所有帖子的互动数分布如下（见表 4-1）。我们发现大多数帖子的互动数在 0～100 之间，并且获取了不同类型突发事件的互动数分布。它表明互动数服从幂律分布和长细节分布(见图 4-11)。

表 4-1 因素和案例

因素		子因素	案例	因素		子因素	案例
微博因素	1 转发数	转发数	440832～88634880	24	年份	2012	2012～2019
	2 发帖数	发帖数	18643～152600	25		2013	
				26		2014	
	3 VIP 等级	VIP 等级	0～6	27		2015	
	4 @数	@数	0～19	28		2016	
	5 标签数	@数	0～13	29		2017	
	6 有视频	有视频	0/1	30		2018	
	7 有图片	有图片	0/1	31		2019	
	8 信息来源	信息来源	0/1	32	时间因素	0:00～6:00	0～5
博文因素	9	公共卫生事件	0～14	33		6:00～9:00	
	10	刑事案件		34		9:00～12:00	
	11	动物疫情		35		12:00～14:00	
	12	地质灾害		36	小时	14:00～18:00	
	13	地震灾害		37		18:00～24:00	
	14	安全事故		38		假日	
	15 突发事件类型	恐怖袭击		39		星期一	
	16	森林草原火灾		40	周末	星期二	0/1
	17	气象灾害		41		星期三	
	18	洪涝灾害		42		星期四	
	19	生物灾害		43		星期五	
	20	海洋灾害		44	星期	星期六	0～6
	21	环境污染和生态破坏		45		星期日	
	22	网络与信息安全事件					
	23	质量事故					

我们根据以下三个标准比较了 SVM、随机森林、CatBoost 和 LightGBM

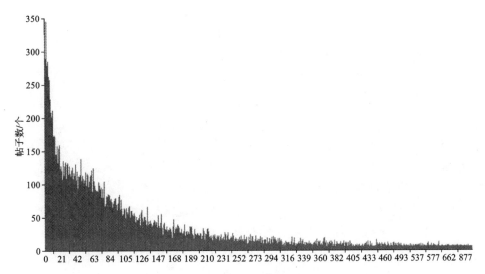

图 4-11　微博互动数分布情况

这四种模型的预测效果。从结果中不难发现，无论我们选择哪种标准，随机森林都是这四种模型中表现最好的一种，并且通过分析不同系数，可知它们对交互行为的影响（见表 4-2）。

表 4-2　四种模型对比

模型	准确值	召回值	f_1 值
随机森林	0.76	0.69	0.72
SVM	0.63	0.64	0.70
CatBoost	0.75	0.69	0.71
LightGBM	0.71	0.68	0.71

粉丝数是影响新浪微博公众互动的重要因素，发帖数和发布年份也同样重要。诚然，发布时刻、VIP 等级和突发事件的类型也对人们与帖子的互动有一定的影响，但一般来说，它受用户的粉丝数的制约。粉丝数、发帖数显示了用户的活跃度并决定了帖子互动的程度如何，而那些与图片、主题标签、@数和原创性等内容有关的特征等只是普通的影响因素。

（四）社交媒体传播效果的影响因素

总的来说，粉丝数、微博数和报道年份是重要的影响因素，VIP 等级和发布时间、突发事件类型则是预测人们互动行为的重要因素。官方媒体用户特征的重要性远远大于其发帖内容。以下对影响因素做简要说明。

首先是粉丝数,这是判断一个账号权重的重要依据之一,其粉丝数量多少决定了其作为意见领袖所能影响的群体规模的大小,因而是传播效果的重要影响因素之一;其次是微博数,根据传播学理论,信息的多次叠加传播可以形成"累积效果"和"便在效应",因此可以以重复多次的方式增加信息数量和扩大信息覆盖范围,以达到预期传播效果,粉丝数和微博数基本决定了帖子互动的程度如何。

除去上述重要影响因素之外,突发事件类型也是相关因素之一。一般来说,突发且传染性较强的公共卫生事件更容易引起人们的关注,对大部分公众来说,自身涉及事件的程度与关注度是呈正相关的;其次,VIP 等级越高的用户拥有越多的权限,他们的帖子有更高的优先级,通常会被优先推荐给其他用户,也就是说,他们的帖子会吸引更多人的注意力。时间因素方面,节假日人们通常有更多时间上网娱乐,在一天中上网时间也多集中在下班或者放学后的晚上,通常在睡觉前达到高峰。

需要注意的是,目前我们仅比较了 SVM、随机森林、CatBoost 和 LightGBM 模型基于微博文本数据的性能,还没有充分挖掘每个帖子的内容。接下来我们会考虑更细致的特征,尝试更多的深度学习模型,比如 DNN、RNN 等,下一步的研究目标就是对以上各个算法进行改进。

第五章
突发事件传媒预警的对策建议与应用示范

传媒预警是一个含义广泛的概念,开展传媒预警除了必要的技术基础、技术队伍之外,还需要行之有效的具体对策。本章节以不同突发灾害为例,详细论述各种灾害的时空分布特征、风险演化特征以及传媒预警策略,包括暴雨洪涝、公共卫生、环境污染和刑事案件。最后提出了突发事件传媒预警的局限性,以促进传媒预警的发展与进步。

一、暴雨洪涝类突发事件的传媒预警应用策略

(一)暴雨洪涝类突发事件的时空分布特征

暴雨极值出现的区域会随着时间变化不断推移。4月至6月,我国暴雨集中在华南地区,形成华南前汛期雨季;6月至7月,我国暴雨向北移动,集中在长江流域,形成江淮梅雨季;7月至8月,北方地区暴雨多发,形成北方雨季。暴雨集中区域的变动与东亚夏季风的发展规律有关。东亚夏季风在夏季出现、盛行和向北推进,导致主雨带随之产生明显的自南向北的移动。

从时间变迁角度来看,2010年至2021年暴雨发生频次由早期的每年各地平均低于20次发展到近年来平均高达几十次,甚至很多地区远远超过100次,我国暴雨发生频次总体呈现上升趋势(见图5-1)。

月份数据可以更细致地展示我国暴雨的时间变化。从暴雨成因来看,暴雨频发的关键原因之一是季风气流从海上带来丰沛的水汽和不稳定空气,而我国位于世界上著名的季风区,即东亚季风区,在夏季受到季风的影响较大,因而我国暴雨在时间分布上总体集中在夏季,具体来说,集中在4月至8月。通过爬取28个省份在2010—2019年这10年里的气象台数据,整合各省份每月降雨量平均值,可以发现5月至8月是我国的暴雨高发期,这与从暴雨成因角度分析得到的暴雨月份分布基本一致,大部分省份在这4个月里迎来了年

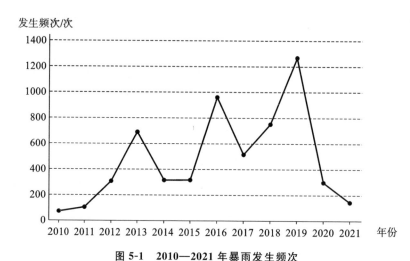

图 5-1　2010—2021 年暴雨发生频次

降雨量峰值。

　　2010 年,在经过了夏季暴雨期后,部分地区在 9 月和 10 月出现了滞后的暴雨小高峰。2011 年,从 4 月至 5 月,各地降雨量直线攀升,大部分省份在经历暴雨高峰后降雨量急速下降,在几个月内降雨量上下波动大。2012 年,秋冬季降雨量高于前两年,在 10 月降雨量整体较少的情况下,不少省份在 11 月迎来冬季降雨小高峰。2013 年至 2015 年,全国降雨量符合一般规律,暴雨集中在夏季,但 2016 年,秋冬季的极端降雨让我们看到暴雨的奇怪走势,少数省份在这一时期的降雨量超过 400 毫米,甚至直逼 800 毫米,超过春夏的降雨量。2017 年,降雨量虽然没有在冬季出现反常情况,但是在暴雨高发期之前的 3 月提前迎来了小范围降雨小高峰。2018 年至今从数据来看,降雨情况与暴雨高发情况与正常年份的情况基本一致。总体来说,从全国的时间尺度来看,一方面在年度变化上,每隔一至两年便会出现一个暴雨高发期,全国暴雨发生频次整体为增长趋势;另一方面,在月份变化上,暴雨整体集中在 5 月至 8 月,但不可忽视有时出现秋冬季暴雨的情况。

　　从全国的空间尺度来看,南方地区降雨情况基本正常,2010 年至 2021 年,福建省、广西壮族自治区、广东省等地区除少数几年外,暴雨发生次数均超过 25 次,并且东南沿海地区有 5 年以上暴雨发生频次超过了 50 次。2019 年广东省的暴雨发生频次更是高达 885 次(见图 5-2)。

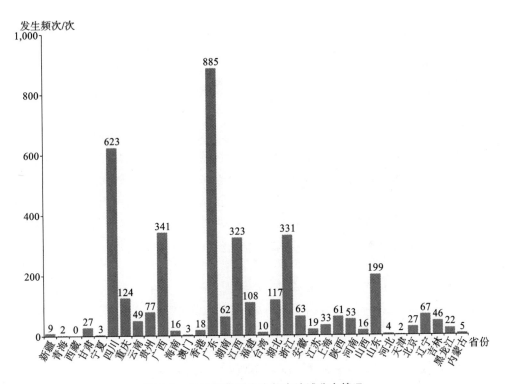

发生频次/次

图 5-2　2019 年暴雨发生频次地域分布情况

　　但常年遭受暴雨袭击的东南沿海地区并不总是暴雨发生频次的"霸主"，长江中下游地区、西南地区的暴雨发生情况也不容小觑，如长江中下游地区的湖南省、湖北省、江西省，西南地区的四川省、云南省在 2010 年至 2012 年的暴雨发生频次均高于东南沿海地区。2013 年至 2015 年，四川省（2013 年）和云南省（2014 年）都出现过暴雨次数超过 200 次的情况。在 2016 年至 2019 年，长江中下游地区的暴雨爆发更加猛烈。2016 年，湖北省一年内出现暴雨 407次，安徽省也高达 107 次，均超过同年沿海地区暴雨次数最高的福建省（103次）。2017 年，湖南省当年暴雨发生频次高达 185 次，成为该年全国唯一一个暴雨发生次数过百的省，2018 年，虽然广东省暴雨发生频次高达 527 次，但东南沿海地区其他省份暴雨发生频次趋缓。而西南地区，如四川省和云南省的暴雨发生频次则后来居上，云南省为 113 次，四川省超过 200 次。2019 年，全年各地暴雨频发，四川省、湖北省、江西省"挤进"暴雨发生频次过百大军，其中四川省暴雨发生频次位居全国第二,高达 623 次,仅次于暴雨"王者"——广东省。2020 年、2021 年虽然全国暴雨发生频次趋于平缓,但四川省、湖北省、江西省的暴雨发生频次仍保持在 30 次以上,超过了同年的广东省、福建省等东南沿海地区。

而空间分布上,北方地区暴雨发生情况更让我们惊讶。从上文中我们已经得知,在进入 2013 年后,全国暴雨发生频次整体上升,全国近一半省份的暴雨发生频次达到 25 次以上,还有不止一个省份暴雨发生频次高达 100 次以上。大部分暴雨发生频次低于 25 次的省份集中在我国北部,暴雨多发地区则多为沿海地区或者长江流域。但这并不意味着暴雨是南方地区的"专利",恰恰相反,从空间尺度来看,2011 年至 2021 年,北方极端暴雨情况不再是少数,并非所有北方地区的暴雨发生频次都低于南方地区。2010 年,常被认为干旱少雨的甘肃省却是当年暴雨发生频次最多的地区;2011 年,河南省暴雨发生频次居全国第二;2013 年吉林省发生了 100 次以上的暴雨;2014 年山东省暴雨发生频次甚至高于江苏省和上海市;2015 年,陕西作为干旱少雨的代表地区之一,暴雨发生频次达到了 58 次,高于同年的长江流域(如湖北省、湖南省、江西省等地);2016 年至 2019 年,全国各地区暴雨大面积爆发,发生频次低于 25 次的地区越来越少,极端暴雨天气越来越多,陕西省、河南省、内蒙古自治区等北方少雨区的暴雨发生频次都轮番达到 50 次以上,打破了"降水南多北少"的常规认识;2021 年,在全国整体暴雨发生频次较少的情况下,河南省发生了 100 次以上暴雨,以暑期震撼了全国的"7·20"河南暴雨为代表,其暴雨强度之大、造成损失之重显而易见(见图 5-3)。

暴雨的时间分布打破了大部分人的固有思维,即降雨量多的地区暴雨一定多,降雨量少的地方暴雨一定少。从相关数据可以看到,不少我们认为的干旱少雨的北方地区,暴雨发生频次并不低,甚至有时候还会超过湿润多雨的南方地区。除了南北差异,我们在研究暴雨发生频次时还需将眼光从长江流域和沿海地区转移到西南的云贵川地区,虽然云贵川地区不是大众普遍认知的暴雨多发区,但其每年受到暴雨袭击的次数始终居高不下,甚至有时会超过沿海地区或长江流域。暴雨作为突发事件的代表之一,对其进行研究不应局限于对常规情况的认知,更要注意非常规情形的发生,这样才能更大限度地做到有效防范,提前预警。

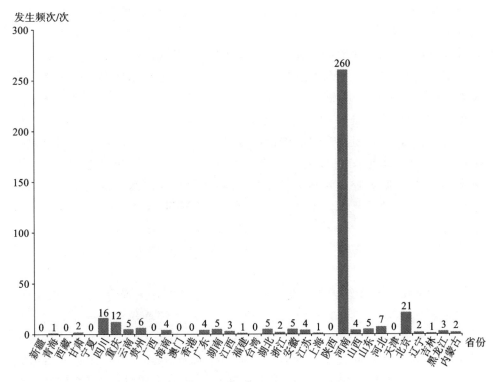

图 5-3　2021 年暴雨发生频次地域分布情况

（二）暴雨洪涝类突发事件的风险演化特征

　　暴雨洪涝类突发事件的风险演化特征可以采用三种分析和描述方法：一是基于灾害系统要素的分析法，二是基于次生灾害的三级分析法，三是基于突发事件的特征描述。

　　首先是基于灾害系统要素的分析法。这类方法从致灾因子、孕灾环境和承灾体三个角度对暴雨洪涝的风险演化进行分析。前文对暴雨事件的本体分析和对暴雨洪涝类突发事件的时空分布特征的描述中均提及"北方暴雨"这一特殊的暴雨趋势，本书以"7·20"河南暴雨为例，对其进行基于灾害系统要素的分析。这次河南暴雨的致灾因子是台风"烟花"带来强烈水汽，为特大暴雨的产生奠定了水汽基础。河南暴雨的孕灾环境是本次暴雨如此极端且罕见的重要原因，当台风"烟花"带来水汽后，河南地区在气压和地形的双重作用下形成了完美的孕灾环境，一方面是原本应挡住海面水汽的副热带高压受北美热穹顶的影响提前北移,导致充足水汽没有阻挡的进入华北平原,另一方面是河南的太行山和伏牛山阻挡了水汽的扩散,水汽不断随地形攀升,在河南上空大量聚集,最终导致一小时降雨量达 200 毫米的超强暴雨。[①]

其次是基于次生灾害的三级分析法。这类方法是根据暴雨与次生灾害的关联程度进行分析。暴雨是一种影响严重的灾害性天气。某一地区连降暴雨或出现大暴雨、特大暴雨,不仅直接导致洪水泛滥,还会导致山洪暴发、水库垮坝、江河横溢,乃至房屋被冲塌,农田被淹没,交通和通信中断,引起诸如山崩、滑坡、泥石流等次生灾害,给国民经济和人民的生命财产造成严重损失。这些灾害不仅是局地的,还常常波及很大的范围,我国每年因暴雨而伤亡的人数以千计,经济损失达数亿元。根据中国气象局相关资料,本书将暴雨带来的主要衍生灾害归纳为以下 13 种:洪水、房屋倒塌、山体滑坡、交通事故、交通中断(交通停滞、交通堵塞等)、泥石流、停水停电、内涝、塌方、雷击、冰雹、疫情、污染。[②]

从次生灾害的蔓延顺序角度来看,暴雨类突发事件呈现为三级危机事件,可据此划分出暴雨演化的三个阶段。第一级危机事件是暴雨直接导致的子危机事件。本书基于 2010 年至 2021 年的微博数据,整理了各类次生灾害的发生频次,其中洪水在其间发生频次高达 5347 次,如此高的发生频次意味着可以大胆推断洪水是暴雨直接导致的子危机事件。此外山体滑坡、泥石流等自然灾害也是由暴雨直接导致的子危机事件,除了自然灾害,子危机事件房屋倒塌、交通事故、停水停电等发生频次高达 1000 次以上的社会灾害。第二级危机事件则是子危机所导致的危机事件,比如 2010 年至 2021 年发生频次在 100次以上的内涝、塌方等危机事件,这些事件多为暴雨演化过程中出现的子危机不能及时解除产生的后果,如内涝就是因为城市排水系统无法应对暴雨带来的子危害——洪水而衍生的次生危机,塌方则是因为暴雨导致泥石流,进而衍生出的次生危机。第三级危机事件的发生与暴雨的关联不如前两级危机事件紧密,但仍是暴雨不断演化下的危机事件带来的次生灾害,包括疫情、污染、人员伤亡等。其中疫情是当下新三级危机事件,暴雨带来的洪水成为大量病毒的潜在载体,不断演化的洪水又造成了内涝、塌方等二级危机事件,导致了大

---

① 郭静原.暴雨预报难在哪 其形成机制仍是全世界气象领域难题[J].决策探索(上),2021(8):30-31.
② 我国暴雨及其灾害[EB/OL].(2007-08-07). http://www.cma.gov.cn/kppd/kppdqxsj/kppdtqqh/201212/t20121217_197770.html.

量病毒随洪水流入人们生活的区域,且塌方等灾害还会造成人、动物等伤亡,不仅给人们的生活造成损失,给疫情防控工作带来巨大挑战。除此之外,一、二级危机事件带来的人员伤亡、误工误产、财产损失等社会问题多出现在暴雨灾害演化后期,是暴雨危害程度的社会显化(见图 5-4)。[1]

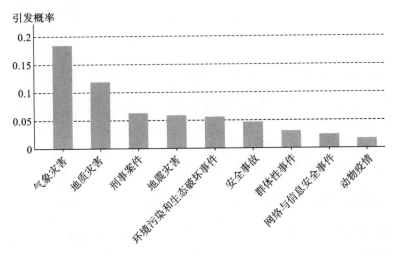

图 5-4　洪涝事件引发的次生风险及概率

最后是基于突发事件的特征描述。暴雨作为突发事件,其发生和演化具有随机性、复杂性和迅速扩散性。随机性体现为暴雨的发生虽然有一定的气象规律可循,但气象条件变化莫测,气象监管部门虽不断提高暴雨预测能力,但也无法精准捕捉每一场暴雨。暴雨作为突发事件受气象成因的影响,必然具有随机性。复杂性体现在两个方面:一方面由于暴雨发生地区的地理特征、城市化情况、排水系统不尽相同,暴雨发生之后的气象情况也受到气压、地形等多方因素影响,暴雨的演化过程异常复杂;另一方面,暴雨的第一、二、三级危机事件相互交织,第一级危机事件可能在暴雨之后即时发生,也可能发生在第二级、第三级危机事件之中。这意味着在暴雨演化过程中,其内部属性状态不断地发生改变,渐进地引发或演化为新的突发事件,这些次生灾害的发生情况瞬息万变,进一步加剧了暴雨的复杂性。迅速扩散性体现为暴雨的影响范

---

① 朱伟,陈长坤,纪道溪,等.我国北方城市暴雨灾害演化过程及风险分析[J].灾害学,2011,26(3):88-91.

围急剧扩大,暴雨的迅猛和与其不匹配的应急措施是导致暴雨产生迅速扩散性的原因之一,如上文的河南暴雨,一小时降雨量高达 200 毫米,作为少雨的北方省份,河南的暴雨应急措施无法应对如此迅猛的突发情况,这就导致暴雨没能在爆发初期被人为有效地控制和调节,迅速发展为重大危机事件。易引发多种次生灾害则是暴雨具有迅速扩散性的原因之二,上述次生灾害作为新的突发事件成为暴雨本体事件的"延伸触角",加速了暴雨影响力的辐射范围,使得暴雨作为突发事件不再是以单一主体对自然和社会产生各种各样的影响,而是多种灾害影响叠加,加速暴雨的扩散。

总体而言,单个突发事件造成的损失和影响较易应对,但突发事件通过发展演化,引发次生事件形成事件链、事件网,打破了原有单一事件的相对确定性,使其发展演化过程难以预料和控制,且事件间的相互影响会放大突发事件的破坏作用,对外部环境造成更大的损害。

(三)暴雨洪涝类突发事件的传媒预警策略

传媒预警是传媒机构发现、采集、传播危机可能发生的信息,并及时向公众与有关部门预警,以期化解危机或使其造成的损失降到最低程度的行为。[①]从 2010 年至 2021 年的暴雨数据可以得知,我国暴雨发生频次总体呈现上升趋势。这种上升趋势提醒着有关部门须加大对暴雨洪涝类突发事件的传媒预警力度。暴雨虽属于突发事件,但经过长期的研究,可以从大量数据中得出一些规律,暴雨洪涝类突发事件的传媒预警策略应根据这些规律进行针对性设置。

从暴雨本体规律来看,媒体机构应从正常规律和异常情况两方面出发,采取不同的传媒预警策略。

1. 正常规律

前文已介绍了我国暴雨的时空分布规律,媒体机构应针对上述情况,及时和气象部门做好联动工作,获悉该年东亚夏季风的发展情况,在 4 月前对华南地区的民众进行提前预告,具体内容应包括可能到来的暴雨发生频率、持续时长、爆发规模、次生灾害、紧急避险措施等。在 6 月前对长江流域的民众进行提前预警,尤其结合长江流域的特殊地理环境和暴雨的次生灾害发生情况,着

---

① 喻发胜,宋会平."传媒预警"与"预警新闻"[J].青年记者 2008(21):9-10.

重提醒这一区域人民防洪防汛,联动有关部门制订和发布应急预案。邻近 7 月时,传媒预警须将目光移至北方地区,因北方常被认为"干旱少雨",政府及民众对暴雨进行防范意识稍弱,传媒预警的重点应放在对民众进行暴雨知识科普和暴雨自救知识讲解,并通过展示北方暴雨的历史情况,联合有关部门加强防控,提高暴雨应对能力。

2. 异常情况

基于对暴雨长期以来的跟踪研究,常规的规律性传媒预警已逐步成熟,更应该警惕的是暴雨的异常情况,其发生之突然、影响之重大亟须进行传媒预警。这种异常主要体现在三个方面:冬季暴雨、西南暴雨和北方暴雨。

2016 年冬季的极端降雨展现出暴雨爆发的奇怪走势,少数省份(广东省、福建省、广西壮族自治区)的降雨量超过 400 毫米,广东省 1 月份的降雨量甚至直逼 800 毫米,超过了同年 4 月至 6 月的降雨量。这一数据提醒我国南方沿海地区的传媒机构不仅要在 4 月至 6 月对暴雨进行传媒预警,还要注意在冬季,特别是 1 月前后做好传媒预警准备,传播冬季暴雨应对知识。

西南地区的四川和云南并非人们常规认知中的暴雨高发区域,但在近十年里,上述两地暴雨发生频次多次超过东南沿海地区,次数多达百次以上。2018 年,四川和云南的暴雨发生频次均过百。2019 年,四川省暴雨发生频次位居全国第二,高达 623 次;2020 年、2021 年,四川的暴雨发生频次超过了同年的广东省、福建省等东南沿海地区。这提醒这有关部门要多关注西南地区,尤其是四川省的暴雨异常情况。当地传媒机构应积极与有关部门合作,梳理暴雨相关资料,在暴雨发生前对民众进行知识科普,让民众知悉自己所处地区的暴雨发生情况,在暴雨发生后对民众公开重要信息、提供救援渠道,通过传媒预警提高本地区暴雨应对能力。

空间分布上,北方地区暴雨发生情况也是传媒预警需要警惕的。北方暴雨以突然和迅猛著称,如 1963 年 8 月 24 小时最大降雨量达 950 毫米的华北"6·38"暴雨,1975 年 8 月 24 小时最大雨量高达 1060.3 毫米的河南"7·58"暴雨,2012 年 7 月让北京及其周边地区遭遇 60 多年来最强暴雨及洪涝灾害的"7·21"特大暴雨,以及 2021 年 7 月一小时降雨量超 200 毫米的"7·20"河南暴雨。过去的历史也在为我们总结规律,传媒机构一方面应加大对于北方暴雨的重视和科普,调整民众"暴雨南多北少"的思维定式,提高民众对于北方暴雨的警惕,另一方面应利用历史资料建立北方暴雨信息库,总结其发生规律、发生规模及应急措施,并及时与有关部门合作,向民众公开信息,让各方在面对北方极端暴雨情况时都能更加从容。

除了对于暴雨本体的分析,暴雨带来的次生灾害也是传媒预警策略的重点。根据中国气象局 2010 年至 2021 年相关资料显示,洪水、泥石流、山体滑坡、内涝等 13 种暴雨次生灾害中近一半出现次数超过 1000 次,其中洪水发生频次高达 5347 次,房屋倒塌、山体滑坡、交通事故、交通、泥石流、停水停电等出现次数也均在 1000 次以上。这些次生灾害往往会在暴雨发生后给人们带来重大损失,但是却极易被忽略。这是因为处在风险演化中后期时,大众或疲于早期的猛烈暴雨,或在短暂的平静中掉以轻心,此时大众传媒应做好"瞭望人",一方面鼓舞民众斗志,另一方面警醒大众应对可能到来的后续次生灾害。比如做好组织动员,配合政府及时撤离处在低洼地带或沿江、沿湖地区的民众,避免群众受到洪水带来的二次灾害;还比如提前准备好备用房屋、电源和交通应急方案,以应对暴雨演化后期可能导致的房屋坍塌、停水停电和交通事故等情况,让民众能够在暴雨发生过程中,尽可能做好每一步的应对准备。此外还要注意针对次生灾害与暴雨联系的密切程度和发生特征安排不同的传媒预警,如洪水极易因暴雨而发生,最好与暴雨的传媒预警同步发出,而其他几种发生频次较多的灾害,则可以在暴雨传媒预警之后第一时间进行针对性发出,比如在老城区注意发布房屋倒塌的预警,在山区进行山体滑坡、泥石流等预警,帮助民众应对暴雨的次生灾害带来的二次伤害。同时,暴雨发生末期应重视发生频次较少的内涝、疫情等次生灾害,这些次生灾害虽然与暴雨的联系不如上述次生灾害密切,但仍会给民众带来巨大不便,让暴雨的后续处理工作更加困难,这需要媒体提前向大众传递暴雨可能带来的危险,做好防控工作。

由于暴雨具有突发性和复杂性,传媒预警相关主题应建立社会预警信息采集系统。暴雨绝非某一家媒体或某一个部门可以完全应对的突发事件,在传媒预警策略上必须注重发挥地方各级传媒机构的积极性,鼓励他们组建相对独立的社会预警采编人员队伍,负责采集、接收和处理社会预警信息,国家应设立专项资金予以支持。同时,对地方各级传媒机构报送的社会预警信息,国家应设立专门机构及时接收并处理,政府有关部门和各级传媒机构要共同努力,形成一个统一指挥、功能齐全、反应灵敏、运转高效的社会预警信息采集系统,以降低危机防范成本、减少社会震荡、有效化解矛盾、维护社会稳定、保证人民生命财产安全。①

二、公共卫生类突发事件的传媒预警应用策略

本书将公共卫生类突发事件分为公共卫生事件和动物疫情事件,本小节将对这两个事件进行介绍,以反映公共卫生类突发事件的整体情况。

(一) 公共卫生类突发事件的时空分布特征

从全国的时间变化来看,2010 年至 2020 年,全国卫生公共事件发生频次经历了先上升后下降的过程,在 2013 年达到高峰(见图 5-5)。

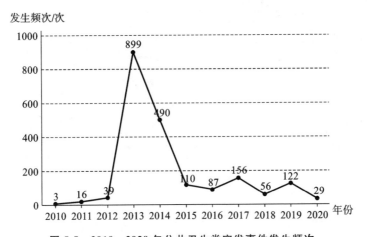

图 5-5　2010—2020 年公共卫生类突发事件发生频次

据笔者收集的数据可得出,2010 年仅有四川和安徽两个省份各有一例公共卫生类突发事件;2011 年,全国公共卫生类突发事件涉及省份增加至 8 个,但各省份发生次数均在 5 次以内;2012 年,公共卫生类突发事件在全国继续扩散;至 2013 年,全国公共卫生类突发事件大面积涌现,每个省份都有公共卫生类突发事件发生,个别省份公共卫生类突发事件爆发次数高达 100 次以上,大部分省份的公共卫生类突发事件的发生频次在 1~25 次(见图 5-6);2014 年,公共卫生类突发事件发生频次逐渐降低,部分省份为零,但仍有省份的公共卫

---

①　龙卫国.强化媒体在公共危机中预警功能[J].城市党报研究,2007(4):8-10.

生类突发事件发生频次在 100 次以上,极端情况维持了两年之久;2015 年,一年内未爆发公共卫生类突发事件的省份数量增加,爆发过公共卫生类突发事件的省份在事件发生频次上也普遍减少,发生频次均维持在 25 次以下;2016 年至 2018 年,全国公共卫生类突发事件整体情况平稳有小幅度波动;2019 年,个别省份公共卫生类突发事件发生频次出现小幅度增长,但整体发生频次仍是呈现下降的趋势;进入 2020 年后,公共卫生类突发事件发生频次进一步降低,逐渐回到 2013 年之前的水平。

从全国的空间变化来看,数据在公共卫生类突发事件发生频次上并没有太强的指向性,但值得注意的是,公共卫生类突发事件更容易出现在城市化水平较高的省份,像新疆维吾尔自治区、西藏自治区、黑龙江省等边疆地区,公共卫生类突发事件发生频次少,而城市化水平较高、人口流动较多的沿海地区公共卫生类突发事件发生频次较多。

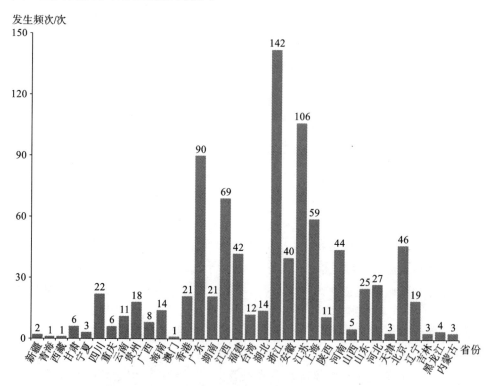

图 5-6　2013 年公共卫生类事件发生频次地域分布情况

　　比如2013年，江苏省公共卫生类突发事件发生频次高达106次，浙江省更是高达142次，同样是外来人流动大省的广东省公共卫生类突发事件也发生了90次。但不同于其他突发事件，公共卫生类突发事件的发生频次并不能完整概括公共卫生类突发事件的严重程度，有些公共卫生类突发事件虽然次数较少，但是影响极大，会给人民和社会带来严重危害。

　　动物疫情事件在2010—2021年间的发生频次少于公共卫生类突发事件，除2018年和2019年，其他年份全国各省发生频次均控制在百次以内。从时间分布上看，动物疫情事件发生频次除特殊情况外，每年增速较缓，增长到一定数量后逐渐稳定，并在2018年突发大面积动物疫情后发生频次逐年减少。具体来看，2010年，全国动物疫情发生频次仅3次，2011年增加至18次，2012年继续增加，达到了40次，2012—2015年波动不大，在30～40次之间，到了2016年，降至16次，2017年反弹至41次，2018年为这一阶段最特殊的年份，这一年，动物疫情事件飙升至308次，甚至超过前6年的次数总和。根据微博数据和新闻报道可知，其原因是2018年暴发了罕见的非洲猪瘟，导致各地动物疫情突发。2019年持续受到2018年非洲猪瘟疫情的影响，动物疫情发生频次仍居高不下，高达188次。直至2020年，我国的动物疫情暴发情况才重新稳定，恢复至40次以下，并在2021年继续下降（见图5-7）。

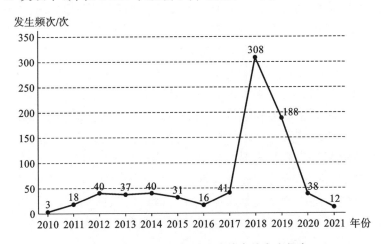

图5-7　2010—2021年动物疫情事件发生频次

　　总体来说，动物疫情作为公共卫生类突发事件，除特殊突发事件外，整体发生频次较为稳定且总量较少，变动幅度较小，随时间推移常在低发期后少量增加,高发期后稳定减少。

从空间分布上看,可以将 2010—2021 年动物疫情的暴发情况分为四个阶段:零星分布阶段、片状扩散阶段、全国暴发阶段、范围缩小阶段。第一阶段,2010 年至 2012 年的零星分布阶段。在该阶段中,动物疫情呈点状分布,单独出现在少数省份,地区分布上无规律性。第二阶段,2013 年至 2017 年的片状分散阶段。进入 2013 年后,出现动物疫情的地区从点状扩散至片状,如 2013 年西南内陆动物疫情扩散至东南沿海,2014 年广东省的动物疫情向北呈条状扩散至北京市,2016 年中部内陆地区和东部沿海地区形成两个动物疫情集中暴发区域。总体来说,空间上开始出现向邻近省份扩散从而形成某一片区的动物疫情暴发区。第三阶段,2018 年至 2019 年的全国暴发阶段。2018 年,动物疫情基本覆盖了全国各个省份,各省份动物疫情发生频次差距较大,出现了东北动物疫情高发区和长三角动物疫情高发区。其中,辽宁省在 2018 年发生动物疫情共 40 次,长三角地区除上海市外,浙江省、安徽省、江苏省动物疫情的发生次数均在 20 次以上。除了这两个高发区域,由东向西,动物疫情发生频次逐步减少,西北地区动物疫情暴发次数在 5 次以内,中部地区的动物疫情暴发次数则大多维持在 5~10 次(见图 5-8)。到了 2019 年,随着对 2018 年非洲猪瘟的控制,原动物疫情高发区数量减少,仅有江苏在当年仍发生了 27 次动物疫情,少数省份动物疫情发生频次为零。也有特殊情况出现,如原本动物疫情事件发生频次较少的广西壮族自治区在这一年暴发了 24 次动物疫情。第四阶段,2020 年至 2021 年的范围缩小阶段。动物疫情大面积暴发后,有效的治理让疫情范围得到控制,其中,东部沿海地区仍稳定出现动物疫情,西南地区有少量动物疫情发生,非洲猪瘟中的重灾区——东北地区也在 2020 年基本恢复正常,动物疫情暴发次数在 5 次以下。2021 年,原动物疫情暴发区逐渐清零,在空间上整体北移,且次数均较少,南方地区仅重庆市、上海市、浙江省有少量动物疫情暴发,其他省份在统计中未出现动物疫情。

由上述现象可知,动物疫情在空间分布上无明显规律性,较难判断常规高发区和低发区。此外,动物疫情发生情况与时间联系密切,当前一年动物疫情暴发范围广时,后一年对应区域多在良好的治理下较少发生动物疫情,动物疫情发生地区则向别处转移。

(二)公共卫生类突发事件的风险演化特征

根据我国《突发公共卫生事件应急条例》的规定,突发公共卫生事件是指

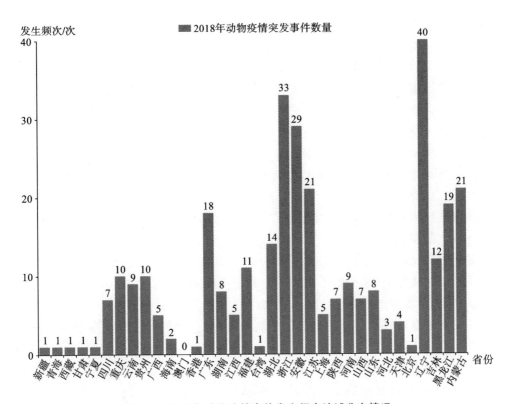

图 5-8　2018 年动物疫情事件发生频次地域分布情况

突然发生,造成或者可能造成社会公众健康严重损害的重大传染病疫情、群体性不明原因疾病、重大食物和职业中毒以及其他严重影响公众健康的事件。可以说,在这些事件中,真正能够称得上"重大"突发公共卫生事件的,主要还是具有全局性影响和长远性危害的新发烈性传染病疫情。这一点也可以在《国家突发公共卫生事件应急预案》(下称《预案》)中得到印证。《预案》在界定"特别重大突发公共卫生事件"时列举了包括肺鼠疫、肺炭疽、非典型肺炎、人感染高致病性禽流感、新传染病等事件,均是造成或可能造成全局性影响和长远性危害的传染病。[①] 本书对公共卫生类突发事件的风险演化首先以特别重大突发公共卫生事件——新发传染病为例进行分析。过去 30 年,全球新发烈性传染病呈现明显上升态势,往往引发世界性的重大公共卫生问题。相比已

---

① 解志勇.公共卫生预警原则和机制建构研究[J].中国法学,2021(5):224-246.

经发现的传染病,新发传染病在初期、传染期、致病期这一风险演化阶段中呈现出以下三大演化特点。[①]

一是不确定性。以新冠肺炎疫情为例,人们在疫情初期对于病原体、传染方式和途径、治疗方法等一系列重要问题缺乏认识,因此很难对这一新发传染病进行准确预测,无法像应对常见传染病一般快速找到应对方法,使得此类公共卫生类突发事件在短期迅速扩散。[②] 在前文对于动物疫情的时空分布的分析中可以得知,不论是从时间维度看还是从空间维度看,动物疫情的暴发都很难找到稳定的规律,随时存在大面积暴发动物疫情的潜在危机。

二是高传染性。这是公共卫生事件演化路径难预测、演化速度极快的重要原因之一。新发传染病传播方式包括飞沫传播、密切接触传播,还有可能通过气溶胶传播、粪口传播等。在具有巨大流动性的现代社会,病毒很容易快速扩散,形成区域性甚至全球性大流行。动物疫情空间分布中的片状传播也可能导致区域性传染,这种高传染性由公共卫生类突发事件的特点决定,并因愈发频繁的人、物流动而突显。

三是高病死率。在新发烈性传染病面前,由于早期发现及诊断较为困难,人群普遍缺乏免疫力,也缺乏特异性防治手段,没有特效药,因此病死率比较高。如 H5N1 禽流感病死率可高达 60%,埃博拉出血热病死率高达 50%～90%,SARS 的病死率约有 10.9%。[③] 高病死率在动物疫情中也有所体现,2018 年全国各地广泛暴发的动物疫情"罪魁祸首"——非洲猪瘟,让盘锦市大洼区王家街道王家村某养殖户的 270 头存栏生猪发病 129 头,死亡 129 头,而黑龙江省绥化市明水县一养殖场存栏生猪约 73000 头,发病 4686 头,死亡 3766 头。[④] 动物疫情给畜牧业和人们的生活都造成了巨大损失。

此外,同暴雨洪涝类突发事件会引发次生灾害一样,公共卫生类突发事件也会引发次生事件、衍生事件等,这些事件构成公共卫生类突发事件的风险演化路径,往往会借助自然系统或社会系统相互依存和相互制约的关系产生扩散演化,且事件之间基于一定的耦合模式相互影响,进一步增强了公共卫生类

---

① 侯云德. 重大新发传染病防控策略与效果[J]. 新发传染病电子杂志,2019(3):129-132.

② 容志. 构建卫生安全韧性:应对重大突发公共卫生事件的城市治理创新[J]. 理论与改革,2021(6),51-65,152.

③ 容志. 构建卫生安全韧性:应对重大突发公共卫生事件的城市治理创新[J]. 理论与改革,2021(6):51-65,152.

④ 来自中华人民共和国农业农村部公开数据。

突发事件本身的破坏力和影响力。SARS、甲流感、手足口病等疾病的暴发让我们意识到,公共卫生类突发事件具有突发性、灾难性、不确定性、不充分性、连带性等特点,因此公共卫生类突发事件初期的扩散往往是不可控的,进而导致事件在更大的空间内扩散,并衍生出其他危机事件,形成一个复杂的危机事件扩散演化过程。[①]

(三) 公共卫生类突发事件的传媒预警策略

公共卫生类突发事件的传媒预警策略需要结合公共卫生类突发事件和动物疫情的时空分布和风险演化来进行制定。在公共卫生类突发事件的时空分布特征小节中,虽然相关数据在公共卫生类突发事件发生频次上没有太强的空间指向性,但值得注意的是,公共卫生类突发事件更容易出现在城市化水平较高的省份。我国人口众多,人口流动性较大,容易导致公共卫生类突发事件的流行,而预警制度则是对抗公共卫生类突发事件的第一道防线,预警的成功完全有可能避免公共卫生类突发事件带来的负面影响,因此,完善公共卫生类突发事件的预警制度势在必行。

建立传媒预警机制,可以率先在城市化水平较高、人口流动较多的沿海地区和长三角地区进行。这要求做好知识传播,让民众了解公共卫生类突发事件的具体内涵,尤其要注意事件发生后的处理方法。这是因为公共卫生类突发事件会带来很多次生危机,如环境污染和生态破坏事件、安全事故、群体性事件等(见图5-9),如果处理不好将会进一步扩散危害范围。传媒机构须及时在相关公共卫生类突发事件发生后做好次生危害的传媒预警,告知民众其发生概率,解释次生灾害可能带来的不良影响,并传播预防或自救的措施,帮助民众形成对公共卫生类突发事件更加全面立体的认识,从而达到传媒预警的效果。

除了遵循时空规律,公共卫生类突发事件的传媒预警策略还应遵循以下三大原则:精准感知、多部门协作和信息公开。这三大原则相互结合,可以有效发挥传媒预警作用。第一点是精准感知。应对高致病性病毒导致的新发传染病和突发疫情,预警的关键是及早侦察病原体、控制传染源、切断传播途径。[②] 从上文可以得知,不少公共卫生类突发事件发生突然且无迹可寻,比如2018年的动物疫情事件发生频次突然飙升,从2017年的41次急遽增长至308

---

①　陈之强.突发公共卫生事件扩散演化机理及协同应急管理机制研究[D].成都:西南交通大学,2011.

②　关武祥,陈新文.新发和烈性传染病的防控与生物安全[J].中国科学院院刊,2016,31(4):423-431.

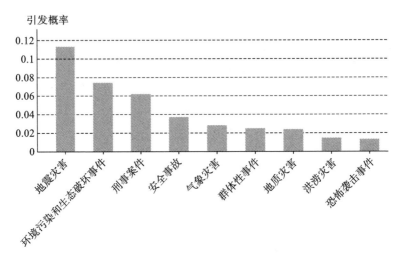

图 5-9　公共卫生类突发事件引发的次生风险及概率

次。这就是公共卫生类突发事件的特征:发生突然、规律难寻。当出现了如2018 年非洲猪瘟这种历史上少见的动物疫情时,其极易在全国范围内扩散并造成重大损失。因此在遇到这类情况后,应及时对非洲猪瘟的病原体、传染源、传播渠道进行分析处理,建立病原体档案,制订精准的传染源控制和传播渠道切断方案。突发事件从本质上讲,是一个精准感知的问题,即准确感知致病因子、病例、受感染的人员等并形成有效信息,为后续响应行动提供基础。精准感知能力还与快速防控能力成正相关关系。从科学技术来说,基于病毒学、基因组学和生物信息学的现代检测方法为病毒本体调查和追踪检测提供了基本的原理和方法,高灵敏度、高特异性、重复性好、高通量检测病原体的仪器和设备成为病原体早期诊断的重要基础和技术支撑。缺乏深厚、前沿的病毒学基础研究和快速、灵敏、准确、简便的现场检测技术,就无法进行快速诊断并及时采取防控措。[①]

如何能够实现有效的精准感知呢? 这就是第二点即要善于进行多部门协作。新发传染病的识别、确认、预警以及感染人群的检测和识别等是典型的管理性行为和社会性行动,只有依靠多层面、多尺度和多元化的组织和人员的协

---

① 容志. 构建卫生安全韧性:应对重大突发公共卫生事件的城市治理创新[J]. 理论与改革,2021(6):51-65,152.

同配合才能有效完成。^① 通过上文所述,我们能够发现公共卫生类突发事件在时间上存在一定的规律,通常是前一年发生频次较高,后一年发生频次就会降低,可以合理推测是前一年的积极治理使后一年状况明显好转,而新发传染病的再次"反扑"也能从侧面反映保持稳定的社会治理的重要性。

因此,媒体组织要积极总结治理经验,上下联动,向群众宣传政府的工作和群众可以参考的预防手段,为应对公共卫生类突发事件做好准备。一方面需要建立从临床医生的病例报告到疾病控制中心的预警机制,其中既包括信息的跨层级传递,也包括相关专业人员的协同研判和集体决策;另一方面需要社会有关部门各司其职,在这个人员聚集、高速流动的现代社会中,保证在维持城市正常运行的同时,准确、快速地识别出感染人员并迅速实施精准管控^②,"网格化管理"便是这种策略的典型代表,从网格中获得的信息可以迅速、有效地成为预警内容,有针对性地传递到不同区域,最终实现上下联动,各地互通。

第三点就是信息公开,当年 SARS 疫情就是因为信息不公开导致传媒预警无法及时开展,从而人们无法及时知晓事件有关信息并进行提前预测和防范。面对变幻莫测的公共卫生类突发事件,笔者认为应建立数据库,不断积累相关经验,在事前进行信息公开,进行事前报道让公众知晓相关事宜,在事件发生后建立信息公开共享平台,比如新发传染病后的实时情况播报,只有最快地让公众知道发生了什么,公众才能提高防范的意识,避免公共卫生类突发事件因人为因素快速扩散,满足公众的知情权,避免因信息不畅通引发公众恐慌,加剧公共卫生类突发事件引发的次生灾害。

三、环境污染类突发事件的传媒预警应用策略

(一)环境污染类突发事件的时空分布特征

1. 环境污染类突发事件的时间分布特征

从时间变迁角度来看,2009 年至 2021 年的突发性环境污染事件的总体变

---

① 容志.构建卫生安全韧性:应对重大突发公共卫生事件的城市治理创新[J].理论与改革,2021(6):51-65,152.

② 容志.构建卫生安全韧性:应对重大突发公共卫生事件的城市治理创新[J].理论与改革,2021(6):51-65,152.

化呈现先动态增长后急遽下降的趋势。

2011 年是环境污染类突发事件爆发的第一个高峰(见图 5-10),且 2011 年出现了大量与环境污染相关的博文,这些博文主要围绕 3 月 11 日的福岛核事故及其引发的次生危机展开。福岛核事故是指在日本福岛第一核电站发生的核事故,当时日本东北太平洋地区发生里氏 9.0 级地震,继而引发海啸,该地震导致福岛第一核电站受到严重损害,发生了核泄漏,波及范围巨大。福岛核事故不仅影响日本当地,其引发的次生危机影响范围甚至波及中国,且核污染危害性强,短期内无法解决,造成了较大的社会恐慌。微博平台上除了财经网、上海新讯等官方媒体账号对福岛核事故进行报道,普通民众也在微博平台

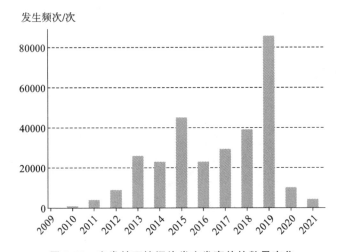

图 5-10　突发性环境污染类突发事件的数量变化

上分享自己对这件事情的看法,带来了相关博文数量的第一次爆发。

> //@楚惜刀:13 座核电站······最新消息,东京秋叶辐射超标 //@冥灵:我早说甭在××待着吧!!!//@聊聊://@陈强微博:在我所在城市的方圆百公里内就有两座//@李继锋:出了事故真是无处可逃 //@谢良兵:转发微博。

从以上博文的转发评论不难看出,这些评论不仅是信息的传递,同时包含着情绪的传播。情绪,特别是负面情绪在微博平台的蔓延又促发了网友的转发行为,由此促使相关博文数量在短时间内大量增长。

2013 年是环境污染类突发事件爆发的第二个高峰,且后续发生频次基本

维持在 100 次以上。2013 年的环境污染类突发事件相关议题较 2011 更加丰富,涉及地区也更广,如 2013 年 5 月云南"牛奶河"被曝光、9 月南昌赣江污水排放、10 月"海南三亚出现雾霾天气"等。相关报告显示,2013 年环境退化成本和生态破坏损失合计 20547.9 亿元,比 2012 年增加了 13.5%,约占当年 GDP 的 3.3%。[①] 经过多年的快速发展,我国污染问题在 2013 年集中爆发,包括雾霾天气、饮水安全问题、土壤重金属污染等。而环境污染类突发事件频发正是对当时日益恶化的生态环境的真实反映。

2019 年是环境污染类突发事件数量激增的一年。在 2013 年出现第二个高峰之后,环境污染类突发事件在 2014 至 2018 年没有太大增长。但 2019 年环境污染类突发事件数量激增,首次出现单月超过 300 次的情况,分别是当年 7 月和 11 月。环境污染类突发事件的数量发生变化,一方面是由于出现重大污染事件,继而引发后续次生危机例如海贝斯引发日本多地洪水,导致福岛核污染物被洪水冲走,后续该话题进一步传播、发酵,引起了社会的严重关切;另一方面,多地出现环境污染类突发事件,包含多种污染类型,如北京"朝阳区疑似水污染事件有了最新官方通报,存在诸如病毒感染情况"、青海"青海欣固公司沥青项目违法投产,严重污染环境"等。此外,政府对于环境污染类突发事件的应对处理也是影响因素之一,如"腾格里沙漠再现污染,企业改头换面也得理'环保旧账'!"。2019 年是新中国成立 70 周年,也是打好污染防治攻坚战、决胜全面建成小康社会的关键之年,党中央、国务院就全面加强生态环境保护、坚决打赢污染防治攻坚战做出一系列重大决策部署,因此相关环境污染类突发事件数量的增多也是对治理强度增大、治理手段多样化的真实反映。

经过前期努力,2020 年全年生态环境质量总体得到改善,主要污染物排放总量减少,环境风险得到有效管控,生态环境保护水平与全面建成小康社会目标相适应,因此 2020 年环境污染类突发事件数量大幅回落。

此外,季节也是影响环境污染类突发事件的时间因素之一。比如雾霾等天气污染事件往往在冬天出现。如 2011 年 12 月、2012 年 1 月、2018 年 3 月多地出现雾霾天气,相关博文反映了这一情况,如:"【冷空气一边吹霾一边起沙】今天凌晨到上午,北京到保定石家庄一线空气已经陆续好转,污染正在随着北风向河南一带输送,今天白天到夜间,河南的空气将自北向南转差,而且还有

---

① 章轲. 报告:2013 年环境退化成本和生态破坏损失合计超 2 万亿[EB/OL]. (2017-08-02). https://www.yicai.com/news/5325051.html.

局地扬沙","♯即时播报♯【污染因冷空气南下】记者从气象部门得知,这两天空气质量急转直下,主要是由于冷空气南下,将上游污染物吹至上海,同时雾霾天容易使PM2.5颗粒物二次生成,再加上静稳天气使污染物不易扩散,集聚在近地面","【郑州市区一年251天雾霾快成'雾都'了】河南连日出现空气污染,昨天的郑州继续被霾笼罩,9个监测点显示,空气质量继续维持重度、严重污染"。据研究显示,雾霾事件主要发生在冬季,而且霾容易出现在一天中的清晨,比例可占到一年中的33％左右。[①] 而夏季往往会出现水生污染爆发事件,如蓝藻大面积疯长。因此在应对我国环境污染类突发事件时须充分考虑季节性气候变化对污染物排放和扩散的影响。

2. 环境污染类突发事件的空间分布特征

环境污染类突发事件的发生有别于企业环境污染物的排放,而是并非社会经济发展过程中的必然产物,而是受多种因素的综合调控,主要与外在突发性因素、污染物的达标排放和控制、经济发展阶段及环境治理投入、环境监管能力和空间效应等因素有关。其中,空间效应是环境污染类突发事件发生的一个重要因素。因此,研究环境污染类突发事件的空间分布特征具有现实意义(见图5-11)。

2008年至2021年的环境污染类突发事件数量超过500次的省份有:云南省、四川省、广西壮族自治区、广东省、湖南省、湖北省、浙江省、江苏省、河南省、陕西省、山东省、河北省,以及北京市、上海市、重庆市,共计15个省(市/自治区)(不包括港澳台地区)。其中数量最多的是广东省1054次,其次是河北省1012次,再次是浙江省911次。从各省份的累计总频次亦可以看出,环境污染事件发生的高频地区主要集中浙鲁等东部沿海地区、湘赣等中部地区、粤桂滇等南部地区和川甘等西部地区,这与区域经济快速发展、当地重化工企业等污染源众多有关。比如,随着河北省的工业水平不断提高,当地产生了许多工业"三废"污染排放问题。[②] 2013年1月,河北出现农作物重金属超标问题。

> 【石家庄洨河污染致重金属超标 土种出水稻无法食用】据了解,洨河沿岸两侧各两公里的范围内有汪家庄等129座村庄,村里的村民曾用洨河的水浇灌水稻。相关部门对大米进行检测之后,发现其

---

① M. Jerrett. The Death Toll from Air-Pollution Sources[J]. Nature,2015(525):330-331.
② 何素娟.河北省主要城市大气污染形势分析与防治对策[D].河北科技大学,2017.

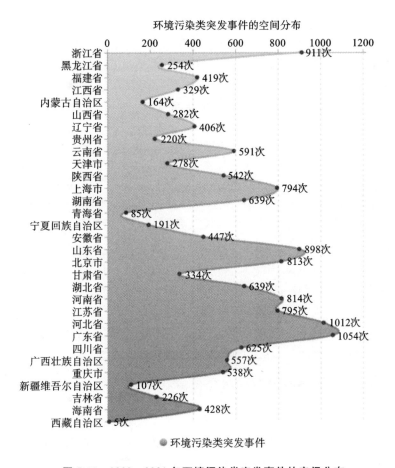

图 5-11　2008—2021 年环境污染类突发事件的空间分布

重金属超标,不能食用。相关部门还在各村张贴了通知,提醒村民不要吃这种大米。@河北青年报。

　　河北的空气污染问题也相对严重,从 2013 年 1 月开始,由国家环保部(现生态环境部)公布的 74 个环境重点监测城市空气质量报告显示,在空气质量排名较低的 10 个城市中,河北省主要城市每月均占一半以上。

　　【石家庄连续空气重污染 雾霾天气不断 呼吸道病人增加 30%】记者从石家庄市环保部门获悉,2013 年 1 月 4 日以来,石家庄市大气污染较重,PM10、PM2.5、SO2 均超标。河北省多地持续出现雾霾天气。在石家庄街头,许多市民戴上口罩以防吸入污染空气。(河北新

闻网）

【河北启动区域橙色应急响应 7 城市将出现重污染天气】经中国
环境监测总站预测，预计（2014 年）11 月 23 日至 26 日，河北省中南部
区域的石家庄、保定、衡水、邢台、邯郸、定州、辛集市可能出现连续三
天环境空气质量指数大于 300 的重污染天气。河北省大气污染防治
工作领导小组办公室启动区域橙色应急响应。（新华视点）

因此，河北省的环境污染类突发事件数量与其污染状况是相符的。

此外，经济相对发达的省份污染更为严重。经济发展所依赖的生产方式，
尤其是高耗能、高污染产业结构耗费了巨大的环境成本，目前与环境污染相关
的研究同样主要集中在京津冀地区、长三角地区、广东省等经济发达地区，与
环境污染类突发事件的空间分布特征较为一致。以江苏省为例，其环境污染
类突发事件发生频次有上升的趋势：一方面，该地区有大量的传统重化工企
业，产业结构和布局性环境风险问题突出；另一方面，周边地区的经济活动频
繁，物流运输量大，又易受台风、暴雨等自然灾害的影响，使得危化物爆炸、化
学污染等环境事故较多。而在西部经济、工业发展水平较为落后的省份，环境
污染类突发事件相对较少，相关博文数量也较少。

（二）环境污染类突发事件的风险演化特征

不同类型风险因子的集聚使原始风险事件具有不同的风险属性，如自然
因素引发的环境风险事件具有危害性大但持续时间短的属性，而人为因素引
发的环境风险事件往往具有较大的社会危害性。他们的演化过程有所区别，
但总体来说，环境污染类突发事件的风险演化过程可以划分为以下三个阶段：
生成与外化阶段、放大或衰减阶段，以及波及与消亡阶段。[①]

生成与外化阶段。无论是自然因素还是人为因素引发的环境风险事件，
其往往肇始于现实中的某一特定风险事件。[②] 这一事件通常是某种或者某些
风险因子累积后偶然释放生成的，并对自然与社会环境造成了外化影响，这是
环境污染类突发事件的风险演化路径的第一个阶段。一般来说，环境污染类

[①] 王刚，宋锴业.放大与衰减:环境风险的路径丕变及其内在机理——以两类环境风险事件的比较为
例[J].新视野,2017(4):77-83.

[②] 王刚，宋锴业.放大与衰减:环境风险的路径丕变及其内在机理——以两类环境风险事件的比较为
例[J].新视野,2017(4):77-83.

突发事件是多因素共同作用的结果,它的发生和演化受人口规模、城镇化水平、经济发展水平、工业化水平、环境监管等因素影响,且在不同时段,其影响因素可能存在显著差异。因此在风险的生成和外化阶段需要综合考量多种因素,对于风险的前期干预同样需要根据相应因素进行。

放大或衰减阶段。放大或衰减阶段是环境风险事件演化的关键阶段,从环境风险到社会危机的每一个演化阶段都需要进行分时分段的治理。相关部门主要根据环境风险事件的严重程度进行干预,如启动分级响应机制来应对环境污染类突发事件。国际上惯用的环境预警级别分为四种等级,分别是特别严重、严重、较重和一般,依次用红色、橙色、黄色、蓝色表示[①],一般都由政府应急管理部门根据环境风险的危险级别予以确定。当环境危机演变为社会群体性事件时,需要立刻启动指挥决策、应急联动机制处置社会危机事件,防止事态扩大。比如日本"3·11"大地震是一起典型的环境污染类突发事件,属于特别严重级别,其引发的社会危机涵盖了生命安全、财产损失、环境破坏、心理失衡等各个方面。[②] 首先核泄漏很可能导致民众患癌风险增加,且放射性物质通过水、大气、食品传播可能使许多人遭受健康威胁,这也是我国网民对这一全球性的环境污染事件尤为关注的原因之一。其次,此次日本地震震级高,引发了地壳结构的巨大变化,引发的海啸冲击了日本沿海地区,摧毁了许多地方。最后,社会恐惧加剧,比如我国出现了"含碘食品可以预防核辐射"等谣言,海南省、广东省、江苏省、浙江省等地出现了抢购食盐的情况。并且由于核事故的特殊性,该事件所造成的影响有较长的持续性。总的来说,此次日本福岛地震引发了海啸以及核事故两个次生危机事件,分别属于气象灾害和公共卫生事件,并引发了生命安全、财产损失、环境破坏、社会恐惧等社会风险,而放大或衰减阶段正是这些社会风险的集中爆发时期。此外,环境污染类突发事件引发的次生危机包括刑事案件、安全事故、气象灾害、群体性事件、公共卫生事件、洪涝灾害以及网络与安全事件。其中发生概率最高的事件为刑事案件,达 0.29(见图 5-12),因此要根据次生危机事件种类以及相应的社会风险进行有序应对。

波及与消亡阶段。这一阶段,基于环境污染类突发事件产生的风险信息

---

① 沈一兵.从环境风险到社会危机的演化机理及其治理对策——以我国十起典型环境群体性事件为例[J].华东理工大学学报(社会科学版),2015,30(6):92-105.

② 宋娟.重特大自然灾害社会风险的演化及防范对策研究[D].湘潭:湘潭大学,2014.

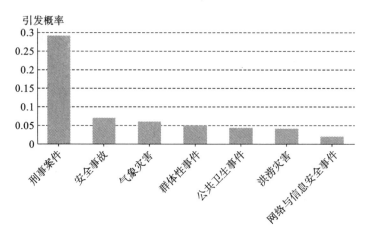

图 5-12　环境污染类突发事件引发的次生危机及概率

流在社会机构或者媒体的干预下,逐渐得到控制并消退。风险化解的过程本质上受民众参与和政府信任的驱动:一方面,个人和社会的互动推动了环境污染类突发事件的风险演化,如社会恐惧等风险可能进一步发展成危害社会秩序与公共安全并需要政府应对解决的事件,并引发其他社会危机;另一方面,较强的政府信任在一定程度上可以消解公众的负面风险感知;反之,对政府不信任则可能导致公众对风险反应过度,从而引发舆情事件。因此,政府需要建立良好的公信力,降低国家治理和社会治理的成本,有效应对环境污染类突发事件的危机。

此外,环境污染类突发事件的风险演化过程往往符合突变效应和群体效应的演化规律。

突变效应是指系统内部状态发生整体性急速的变化,它强调过程的连续性和结果的非连续性。重特大环境污染类突发事件的突变效应主要涉及某污染突发事件的发生是如何突然转化和跃迁为社会风险的。因此相关部门在应对这类突发事件时,不仅要对目前的风险状况有充分认知,更要考虑到未来有可能出现的突变效应,在更高层面上做好预防措施,及时应对可能引发的次生危机和社会风险。

群体效应指的是在一个群体之中,个体的活动受到群体的约束和引导。个体间相互发生作用,使得整个群体在心理和行为上表现出趋同现象,在群体效应下形成了社会趋同效应和从众效应。在一个团体中,随着人与人的相互影响,彼此之间的差异会越来越小,个人的行为逐渐趋于一致,或者叫作标准化,在信念、观点、行为等方面表现出一致性。群体效应可以在对抗社会风险上发挥作用,比如在重大危机事件后迅速进行社会动员,在网络平台积极开展自助和助人活动,或者通过推动舆情对特定组织或个体施压,最终在现实中产生影响。但这种做法也可能导致群体极化,即在群体中进行决策时,人们往往会向某一个极端偏斜,从而背离最佳决策。比如在情绪型网络动员中,动员和道德谴责以及情感宣泄杂糅交织,这种动员往往容易走向夸张和失实,从而造成负面的社会影响。

(三) 环境污染类突发事件的传媒预警策略

我国是一个地形、气候复杂的国度,特殊的环境条件既为众多的人口创造了丰富的资源,也给人们的生存带来了巨大挑战。随着全球气候、环境的变化,人为、自然的环境灾害频频威胁人类的生存,不仅直接造成生命财产损失,还会诱发社会风险,给社会稳定带来冲击。因此,针对环境污染类突发事件制订传媒预警策略具有现实意义。

需要特别注意的是,针对环境污染类突发事件的传媒预警应当根据其时空特征展开。比如,对于京津冀地区、长三角地区、广东省等经济发达地区,宜加强与相关地区环境部门的合作交流,及时获取当地生态环境状态预警信息,并及时向相关主体发布预警。除了经济发展状况外,产业结构同样是影响环境污染问题的重要因素,如河北省的工业体系以重工业为主,煤炭、钢铁、纺织、化工等高能耗、高污染产业占比大,特别是石家庄、保定等城市,普遍存在人口密集、产业结构单一的情况,再加上由于区域地理位置的限制,外来输送的污染物和区域内排放的污染物在没有强气流的气候条件下极容易聚集,无法向外界输送,因此往往容易出现较为严重的大气污染问题。因此,针对以重工业为主、产业结构单一的地区,传媒机构应当根据其产业重心展开预警工作。此外,针对环境污染类突发事件的时间特征,如季节特征等,也可以有侧重点地从相关部门获取信息,以便进行预警活动。如冬天是雾霾频发的季节,可以在冬天提醒市民在可能到来的雾霾天气里做好个人防护工作等。

除了针对环境污染类突发事件的时空特征展开预警,还应该对其可能引发的诸多次生危机进行提前防范。根据前文所述,环境污染类突发事件引发的次生危机包括刑事案件、安全事故、气象灾害、群体性事件、公共卫生事件、洪涝灾害以及网络与安全事件等。其中需要特别关注刑事案件类次生危机,环境污染类突发事件引发此类危机的概率高达 0.29。为了依法惩治有关环境污染类犯罪,《中华人民共和国刑事诉讼法》做了相关规定,如果突发事件属于严重污染环境事件,如在饮用水水源一级保护区等排放、倾倒、处置有放射性的废物,会归到刑事案件的范畴中。对于这一可能的次生风险,传媒机构应当及时收集周边信息,对其可能造成的严重危害进行预估,包括生命安全、财产损失等方面。

一般来说,传媒预警过程可以分为传媒预警信息收集、预警信息分析以及预警信息发布三个阶段。

环境污染类突发事件的传媒预警信息收集的主要方式是与相关政府部门进行深度合作。相关预警信息主要分成两大类。第一类是具有参考性的政府阶段性报告和污染防治相关文件,属于长效的、具有指导意义的预警信息。如 2019 年是打好污染防治攻坚战的关键年份,因此在 2019 年相关环境污染类突发事件的数量会随着监察力度的加大而增多,相应的传媒预警工作也应当与总体的污染防控政策相适应。第二类是短期的、对社会生活具有直接影响的相关预警信息,需要与政府部门进行深度合作来获取。

目前的预警信息分析大多是以人工判断、辅以智能系统进行。一方面相关领域的专家通常掌握最前沿的知识,能对可能到来的突发事件做出研判,在化解环境污染类突发事件所造成的特大风险时可以发挥重要作用。另一方面,目前的预警系统以信息技术为基础,综合运用多媒体、计算机仿真模型等手段对当地的环境污染问题展开分析。未来需要进一步精细化具体的研究环节,建立更加完善的环境污染预警体系。[①]

预警信息的发布是传媒预警的最后一环,它关系到前期收集到的预警信息和对信息的分析结果能否有效传递给受众,并对预防后期可能到来的危机具有重要意义。在预警信息发布时,首先需要针对特定地域,在特定时间发布,避免泛泛地实施预警行为;其次要丰富预警内容,尽可能对预警内容进行具体呈现,增强预警效果;最后注意要在多个平台展开预警,如专门设置预警信息的微信公众号或者微博账号等,多层次、全方位地展开预警活动。

未来针对环境污染类突发事件的控制不仅要提高污染风险的控制(应急)能力、污染源的治理水平,还要提高环境污染的监管和执法能力,建立严格的

---

① 范小杉,何萍,徐杰,等. 我国生态环境预警研究进展[J]. 环境工程技术学报,2020,10(6):996-1006.

制度保障和社会监督机制,开展环境污染隐患的全面排查工作。此外,还需加强环境污染类突发事件的区域联防联控,制定若干跨界污染事故的应急响应联动机制及环境污染区域联防联控机制,泛长三角、泛珠三角等高频风险地区可率先进行探索,建立跨省市县的三级污染事件防控应急制度,将环境风险的不确定性和环境损失降到最低。

此外,针对环境污染类突发事件引发的次生危机,也需要进行传媒预警。

社会心理的失调是环境污染类突发事件形成危机的助推剂,主要表现为:在风险积聚过程中,谣言的传播导致社会的焦虑、恐慌,不利于风险的化解;在危机的形成过程中,社会性骚乱心理不利于危机的管理,严重时会造成群体性事件,从而加速危机的蔓延。[①] 因此,首先要提前建立环境污染类突发事件传媒预警机制,明确监控指标,通过 24 小时人工采集判别和系统自动筛选,找出不同时间和地点关于环境问题内容的主题和关键词,特别选择具有一定影响力的主体和平台作为重点观测对象。当相关网络言论在一定时间内集中出现时,很有可能就是环境事件发生的强烈信号。网络舆情的分类可以按照网友的关注程度分为一般、重大、特大的等级,其等级判别可以按照网民的点击率、跟帖评论数量、主流网络平台转发量、网络媒体关注的环境舆情事件类型等来评判。[②]

为增强预警效果,预警信息的发布应规范有序。社会风险的放大往往源于信息在传播过程中出现了扭曲,如果能够找到风险放大的节点,用真实、准确而详细的信息填充信息空间,防止虚假信息滋生,可有效地预防和化解风险。由于网络平台的开放性,多元主体参与到信息的生产与传播过程中,不同于传统媒体会对信息内容进行严格把关,普通用户往往在未经事实核查的情况下发布不实信息,或者在传播过程中根据自己的主观臆断对信息内容做变形、拼贴处理。相应地,官方媒体需要对这些谣言做出澄清和回应。这些谣言和反谣言的博文同时共存正是我国日益复杂的网络舆论环境的体现。政府部门应当注重引导社会舆论,及时开展报道工作,借助媒体的力量向公众传达准确、真实的信息,告知其可能出现的后果以及应当做的准备,通过媒体强化与公众的风险沟通。

①　华艳红.论社会危机中的传播失范——由 SARS 事件和禽流感事件说起[J].浙江传媒学院学报,2004(2):10-13.

②　欧沙.公共危机视角下环境群体性事件预警研究[D].长沙:湖南农业大学,2019.

四、刑事案件类突发事件的传媒预警应用策略

(一) 刑事案件类突发事件的时空分布特征

刑事案件的时空分析是刑事案件分析的重要组成部分。越来越多的研究者发现,刑事案件表现出了一些季节性甚至是昼夜更替的时间分布特征[①],在空间分布上也有特殊的规律,因此开展刑事案件类突发事件的时空分析可以深度挖掘犯罪的显性和隐性规律,从而为传媒预警提供参考。

1. 刑事案件类突发事件的时间分布特征

从时间变迁角度来看,2009 年至 2021 年的刑事案件类突发事件的数量变化呈现先动态增长后急遽下降的趋势(见图 5-13)。2009 年至 2021 年刑事案件的数目总计 62983 个,依照发展趋势可大致分为四个阶段。

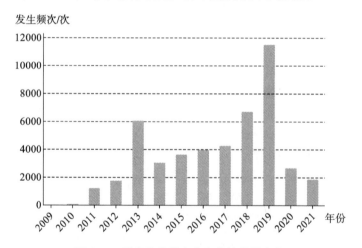

图 5-13 刑事案件类突发事件的数量变化

2009 年至 2012 年属于酝酿期,其间刑事案件类突发事件数量相对较少。同一时期,新浪微博用户数量迅速增长,更多人开始通过微博上传、分享信息,因此与刑事案件相关的博文数量小幅上升,博文中也开始慢慢出现转发符号,

---

① 孙峰华,李世泰,黄丽萍.中外犯罪地理规律实证研究[J]人文地理,2006(5):14-18.

如"//@舟小鱼://@头条新闻:针对江苏响水4人因爆炸谣言被拘事件,央视评论员称工人看到化工厂冒烟通知亲朋是常识",即昵称为"舟小鱼"的用户转发了"头条新闻"的博文。

2013年至2016年属于稳定增长期,除2013年数量急遽增长又回落后,2014年至2016年刑事案件类突发事件数量稳定增长。据新浪微博2013年第三季度相关数据显示,截至2013年9月底,微博日活跃用户数量比6月底增加了11.2%,至6020万人。虽然微博用户人数有所下降,但活跃用户数量反而增加,因此博文数量稳定增长,发布在微博上的刑事案件类突发事件也日益增多,如广东省的毒品案件等。广东属于沿海地区,受地理区位、人文环境和国内外局势等多重因素影响,毒品相关案件犯罪形势严峻复杂。其中广东省陆丰市曾是中国毒情十分严重的地区之一,2013年、2014年,当地都曾有过大规模的缉毒活动,因此广东省的刑事案件相关博文中,与陆丰地区以及毒品案件相关博文数量较多。

2017年至2019年属于爆发期,关于刑事案件的博文大量出现,平均每月涉及的刑事案件数量达到40件。其中,2017年浙江省杭州市的保姆纵火案性质恶劣、影响极大。杭州保姆纵火案是指在2017年6月22日,杭州某小区住户家中发生火灾,致使1个母亲和3个孩子死亡。经公安机关勘查、走访调查,认定该案件系一起放火刑事案件。经审查,该户保姆对放火、盗窃的犯罪事实供认不讳。同年7月1日,该保姆被依法逮捕。之后公众媒体、自媒体等介入报道,针对各方不完善之处提出质疑,引发热议。以"杭州保姆"为关键词搜索,出现9141条相关博文,其中约四分之三是2017年间发布的。

2020年至2021年属于回落期,与刑事案件相关的博文数量有所回落。自2020年,我国刑事案件数量下降,因此微博上相关的讨论减少。根据国家统计局调查显示,2020年全国群众安全感为98.4%,在15个主要民生领域现状满意度调查中,全国居民对社会治安满意度达83.6%,位列第一。

此外,刑事案件数量在时间分布上有明显的季节特征。季节特征不仅对人们的日常生活和生产活动等有着一定影响,而且对于犯罪活动也有较大影响。[①] 经实证研究表明:侵犯财产犯罪多发生在秋季和冬季,以冬季最多;而侵犯人身等案件在夏季和秋季频发,以夏季最多。

---

① 任克勤. 论刑事案件(二)——刑事案件发案的一般规律和特点探讨[J]. 公安大学学报,1994(4):76-83.

除了季节特征,刑事案件发生时间段也呈现出一定的规律性。根据数据显示,早上9时至11时是案件发生的高峰时间段(见图5-14)。一般来说,上午9时是大部分人的上班时间,大部分想要引起社会反响的恶性事件在9时前后发生,如在2014年5月17日相关博文。

"可怜的农民【安徽一村民绑炸药包冲进村部会议室致死伤】今天上午10时许,枞阳县金社乡金渡村委会正在开会时,一村民身绑炸药引爆。爆炸案致2死3伤"。

发生频次/次

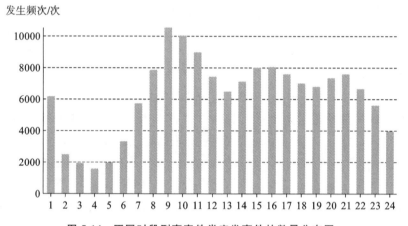

图5-14 不同时段刑事案件类突发事件的数量分布图

而晚上10时至凌晨也是案件的高发期,抢劫类恶性案件往往发生在这个时间段。晚上是大部分营业场所准备关门的时间,工作人员一般会相对放松,精神上也比较懈怠;此外,经过一天的交易,关门之前店内有较多的现金,对于犯罪者来说,收益比其他时间段要多,因此此类案件大多在夜晚发生。

刑事案件类突发事件的博文数量也有一定的起伏规律。一般来说,刑事案件类突发事件的博文数量除了和微博平台的自身发展有关,也和当时社会的治安状况有关。社会的发展往往是从无序到有序、从混乱到稳定方向演化的,社会震荡过后,治安状况逐渐变好,犯罪率逐渐降低并趋于稳定,与之相关的博文数量也会随之下降。但可能在稳定一段时间后又有"反扑"的趋势,因此博文数量也会相应上升。据数据显示,从2007年到2019年相关博文数量基本上呈现上升趋势,而2020年开始有所回落,与刑事案件本身的起伏规律较为一致。

2. 刑事案件类突发事件的空间分布特征

刑事案件类突发事件除了具有典型的时间分布特征外,也有一定的空间分布特征。从图 5-15 上可以看到,刑事案件相关博文较多的省份基本属于华东、华南地区(不包括港澳台地区)。华东地区自然环境条件优越,物产资源丰富,商品生产发达,工业门类齐全,是中国综合技术水平较高的经济区。这一区域轻工、机械、电子工业在全国占主导地位,铁路、水运、公路、航运四通八达。而华南地区属热带、亚热带气候,地理位置优越,交通运输发达,经济基础较好,是中国经济建设的前沿、对外开放的窗口。经济发达、交通便利的地区,刑事案件类突发事件也相对较多。而西藏自治区、青海省等地区经济建设相对落后,相应的博文数量也较少。

刑事案件类突发事件在城乡区域分布上也有一定的规律。一般来说,城市犯罪率较高,同时刑事案件类突发事件的类型具有多样性,涉及公民权益问题、行业利益问题、社会保障问题以及生态地质灾害等。此外,根据研究表明,城市中商业区、娱乐区是财产性、淫乐性、暴力性犯罪的高发区;经济开发区、高新技术开发区、金融区以及各种交易性场所多经济犯罪行为;车站、码头、旅馆、饭店以及公共交通线路,以流窜作案为主,主要是盗窃、诈骗、拐卖人口、抢劫等犯罪;城市风景区外来人口聚集,治安管理相对薄弱,是伤害、抢劫、强奸等犯罪的高发区。而位于城乡接合部的市镇具有城市社区和农村社区犯罪的双重特点。

农村社会环境结构较为简单,其犯罪率相较低。由于所处的地理位置不同,农村环境成了城市外围农村环境、边远农村环境、沿海农村环境、内地农村环境、集镇环境等不同的农村聚落环境类型。据犯罪学相关研究表明[①],不同的农村聚落环境具有不同的犯罪规律。城市外围农村犯罪具有城乡犯罪的二重性。边远、内地农村,传统性犯罪较为常见,有三个特点:盗窃、抢劫犯罪率高;车匪路霸抢劫、敲诈犯罪行为严重,犯罪人多为本地农民;拐卖人口、强奸犯罪行为突出。沿海农村制假、造假方面的经济犯罪突出,集镇犯罪率比一般农村要高得多。

不难看出,时空分布是刑事案件分析的重要组成部分。早在 19 世纪,地

---

① 张绍彦.犯罪学[M].北京:社会科学文献出版社,2004.

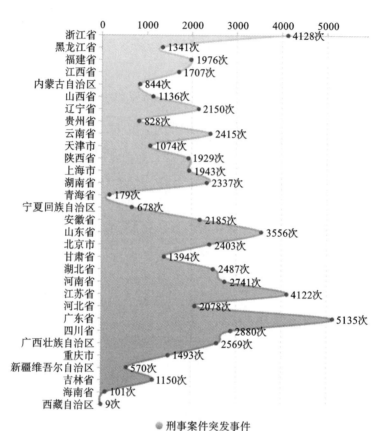

图 5-15　2017—2021 年刑事案件类突发事件的空间分布情况

图制作手段就开始在犯罪分析领域得到应用。20 世纪二三十年代,芝加哥大学的社会学家通过制图来检验青少年犯罪与社会空间之间的相关性,被认为是 20 世纪初犯罪热点制图研究的一个重要里程碑。探究刑事案件类突发事件的时空分布特征,加强对刑事案件的分析和犯罪趋势的预测,可以促进当地公安部门加大执法力度,有效抑制犯罪率的增长,对维护社会稳定具有重要作用。

(二)刑事案件类突发事件的风险演化特征

刑事案件类突发事件的风险演化过程,包括诱因产生阶段、冲突爆发阶段、冲突应对阶段和恢复阶段。

其中诱因产生阶段即为刑事案件类突发事件的孕育准备阶段,前述转型时期常态社会管理过程中的失位和不足、社会结构性张力和制度化利益表达机制有效性的缺失,以及公众社会心理在日积月累中形成的不满情绪,逐步聚积形成非常规事件发生的"燃烧物质"。[①] 此类事件往往通过非理性的方式如爆炸等方式进行,会对社会造成严重危害。

冲突爆发阶段是矛盾激化阶段。在各种因素的综合刺激作用下,恶性事件开始由隐性到显性、从静态向动态的过程,先前单纯偶然的导火索事件逐渐引发现实中的剧烈变化,如四川一公交爆炸案的事后调查显示,犯罪嫌疑人"对土地被占心怀不满,一直找有关部门但得不到解决",最后在公交上设置炸弹,造成了 17 人死亡的惨剧。

冲突应对阶段是应急处理部门最为重视的阶段。这一阶段各种次生危机事件全面爆发,可能面临社会规范的作用弱化、应对策略的失效、人员的窜逃等。综合运用各种措施有利于暂时平息事态,阻止其进一步恶化,如爆炸案、纵火案后开展救援处置工作、调查案件原因以及做出处罚、公示。一般来说,刑事案件类突发事件会导致环境污染和生态破坏事件、安全事故、群体性事件、公共卫生事件以及网络与信息安全事件等次生危机。其中导致环境污染和生态破坏事件的概率最大,约为 0.16(见图 5-16)。

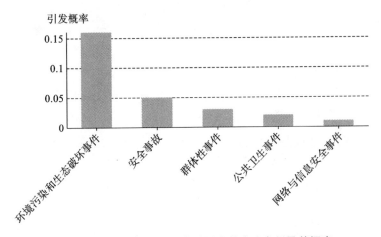

图 5-16　刑事案件类突发事件引发的次生危机及其概率

①　向良云.非常规群体性突发事件演化机理研究[D].上海交通大学,2012.

最后的恢复阶段就是政府及相关部门采取快速干预和应急管理措施之后,事件取得阶段性进展,该案件及相关次生危机的突发能量逐渐衰竭,危害级别逐渐降低,直至事态平息的事后恢复阶段。一般来说,案件会以成功侦破和犯罪嫌疑人受到审判作为结局。

社会舆情对于社会突发事件的演化具有促进作用,这种促进作用体现在社会突发事件的演化阶段上。[①] 演化阶段分为潜伏期、爆发期和衰退期。在潜伏期,网民对案件的关注度极低,网络观点是分散的,没有大规模传播,相关资讯淹没在纷杂的网络信息中,具有一定的隐蔽性。爆发期是指事件随新闻报道或受众传播不断扩散,受到更广泛的关注的时期。这一阶段事件的信息数量巨大,相关信息被大量报道,并受到网民的转载、评论,越来越多的网民得知消息并参与到讨论当中,关注事态进展,推动舆论演变。衰退期则是指随着事件的发展,事件的真相浮出水面,网民在了解到事件的真相后对事件的质疑由集中转向分散,官方对网民的质疑给出回应,网民对官方的回应趋于认同,对事件的处理结果逐渐转向接受或默认。网民情绪趋于理性,官方言论和民间舆论形成对接,网络舆论趋于平缓。这一时期网民的情绪逐渐平稳,对事件的关注度不再集中,注意力会逐渐被新的热点事件转移。

(三)刑事案件类突发事件的传媒预警策略

传媒预警是指"传媒机构发现、采集、传播危机可能发生的信息,并及时向公众与有关部门预警,以期化解危机或使其造成的损失降低到最小程度的行为"[②]。其一,传媒机构在事件的某一阶段"预测""预判"下一阶段可能出现的情况并采取有针对性措施;其二,传媒机构在某一危机事件中,积累相关信息和经验,从而更积极、有效地预测及应对类似的危机。具体而言,传媒机构需要根据刑事案件的时间分布规律和时空分布规律对可能发生的刑事案件展开信息收集工作,并及时展开预警工作。首先,通过分析不同省份地区此前的犯罪数据,可以合理推测未来可能的高频犯罪地点。比如前文数据显示,广东省、浙江省、江苏省等省份刑事案件类突发事件发生次数均超 3000 次,属于刑事案件类突发事件的重点关注地域,因此传媒机构需要在这些省份加强数据收集和分析,进而根据各个省份的案件类型和地理特征,预判将来可能出现的

① 赵廷彦.转型期东北区域社会突发事件生成原因及演化机制研究[D].吉林大学,2009.
② 喻发胜,宋会平."传媒预警"与"预警新闻"[J].青年记者 2008(21).

突发刑事案件,并及时进行传媒预警。如美国警方曾使用过一款名叫 PredPol 的软件程序,该软件程序可以通过对历史数据的分析计算出 10～20 个最有可能在警察下一次执勤时发生犯罪活动的地点。警方通过使用这个软件,使入室盗窃案下降了 32%,车辆失窃率下降了 20%。① 因此,传媒机构同样可以根据数据分析展开预警工作,提醒广大市民在特定时间段出行时避免前往某些区域、场所,以降低恶性事件发生的概率。

　　此外,时间分布特征也是刑事案件类突发事件的重要特征之一。传媒机构可以根据相关规律,有效分配传媒资源,在相应季节进行及时预警,在案件高发期加大高预警频率,在案件相对较少的时候合理进行资源配置,避免资源浪费。比如在秋冬季,预警机构须及时提醒广大群众重视自身财产安全,预防较为高发的盗窃、抢劫等犯罪。而春夏季则是人身犯罪高发的季节,提醒大家外出注意安全,尽量避免和他人发生冲突,以降低遭遇刑事案件类突发事件的概率。大部分有预谋的犯罪报复行为会选择在工作日上午的 9 时至 12 时进行,以达到最大的破坏效果,因此政府及各个机构主体不能放松对可疑人员的安检和排查。而在晚上 10 时以后,为了预防可能出现的抢劫和偷盗行为,相关商超及营业场所要加强安保力量,防患于未然。传媒机构要及时采取行动将相关信息推送给个人、相关组织、负责机关等,以便相关主体第一时间收到通知,采取紧急措施应对可能发生的危险。

　　最后,针对刑事案件类突发事件可能引发的次生危机,传媒机构也要有的放矢进行预警。一般来说,刑事案件类突发事件会导致环境污染和生态污染事件、安全事故、群体性事件、公共卫生事件以及网络与信息安全事件等次生危机。其中导致环境污染和生态污染事件的概率最大,这意味着刑事案件类突发事件发生后有可能会引发环境污染类突发事件,而这一危机若没有及时得到防范化解,会造成巨大的财产损失,甚至威胁到人民群众的生命安全。因此传媒机构需要在案件发生后,充分考虑到次生危机发生的可能性,事先对周边居民进行环境污染问题的预警以及处理方法的科普,以避免造成更大的损失和破坏。

　　在当下网络舆情日益复杂的当下,针对刑事案件相关的舆情危机进行传媒预警同样具有现实意义。具体来说,在刑事案件类突发事件发生过程中需

---

　　①　杨博涵.大数据背景下人工智能犯罪预警机制研究[J].河北公安警察职业学院学报,2020,20(3):41-45.

要切实满足受众信息需求，及时把控舆论风向，以便应对可能到来的舆情危机。

1. 切实满足受众信息需求

刑事案件是指犯罪嫌疑人或者被告人被控涉嫌侵犯了刑法所保护的社会关系，国家为了追究犯罪嫌疑人或者被告人的刑事责任而进行立案侦查、审判并给予刑事制裁（如罚金、有期徒刑、死刑、剥夺政治权利等）的案件。一般来说，刑事案件的社会危害性大、影响恶劣，如果在毫无准备和铺垫的情况下被公众知晓，可能会引发社会恐慌。大众传媒发挥社会预警职能，并不只是向公众传播政府有关机构授权发布的预警信息，而是通过自身的信息触角，发现处于"未然态"的各种危机因素，有效甄别，科学判断，及时向有关部门或公众预警。[①] 因此，在刑事案件中蕴含的冲突爆发之前，媒体须及时察觉"未然态"的危机因素并有意识地向公众披露相关信息；在刑事案件被充分曝光或者事件的风险演化至严重冲突阶段，引发民众大量关注后，媒体须及时跟进报道，有力回应民众关切，及时披露事实。在刑事案件被司法机关裁定后，媒体同样需要及时对案件审理结果做出报道，避免"断头新闻"的出现。其中前期预警需要特别加以注意。目前的信息披露大多集中在刑事案件办理过程中，事实上，如果前期预控、预警滞后，会使管控进程滞后于刑事案件的演化进程，从而延长舆情事件的演化周期，加大其社会破坏效应。

此外，由于网民对案件真相了解有限，在大众传播活动中难免会出现谣言。一是由于案件发生后，部分网民在未查明事实真相的情况下对案件细节随意揣测，又通过各种人际传播的小道消息捕风捉影，从而滋生谣言，因此媒体要及时正面回应公众质疑，防止谣言扩散；二是存在故意造谣生事的可能，某些自媒体为博得关注，对案件随意解读，散布谣言，造成有倾向性的舆论声势，往往会对案件办理造成负面影响，同时对相关人员造成伤害。不论是哪种情况，都需要媒体在谣言蔓延之前及时觉察到普通民众对于相关事实的需要，充分尊重民众的知情权，有针对性地对谣言进行澄清并对传播谣言的账户进行处罚，在应急处理阶段及时采取有效措施，以降低案件对于社会的破坏程度。

---

① 袁甲.传媒预警与新闻舆论引导建构研究——基于汶川地震的新闻报道分析[D].南昌:江西师范大学,2011.

2. 及时把控舆论风向

媒体需要通过对舆论的具体表现形式的考察,来判断社会运行风险,把控舆情走向。舆论是公众意见的集合,代表了社会上广大民众对某一问题相对集中的看法和态度,而舆论表现形式是多样的,"以言语形式来表达,构成显舆论;以情绪形式来表达,构成潜舆论;以规模行为来表达,构成行为舆论"[①]。其中,行为舆论是民众将自身的意见、态度、情绪以较为偏激的方式宣泄出来,直接给社会稳定造成影响。而以情绪形式为主要表达形式的潜舆论也有可能在某些主客观因素刺激之下演化成行为舆论,成为影响社会稳定的间接因素。由于微博平台的开放性、匿名性等特征,网民在微博平台的发言具有情绪化、非理智的特点,因此微博具有推动舆论演变、扩大舆论影响范围的作用,需要及时地把控舆论风向。具体来说,同一事件会有不同的报道和呈现方式,而同一新闻报道会被建构成不同的意义和图景,从而产生大相径庭的影响和效果。"在线的信息流动过程中,传播的意义不断生成或湮没,但因情景意义的不同,就有可能使得传播主体构建不同的意义。"[②]因此媒体可以通过调整报道角度,在一定的报道框架内进行报道评论,以维护良好的网络舆论环境。此外,媒体还需要预防次生舆情。在刑事案件类突发事件的传播过程中,某一节点、某个细节也可能引发难以预估的次生舆情,使事件脱离原本的事态走向,形成新的舆论热点,这需要媒体及时介入,引导讨论重点。

但同时也要避免媒介审判的现象出现。刑事案件相较于其他突发事件有其特殊性,它的事件结果应当由司法机关裁定。司法机关应当根据犯罪行为和犯罪情节的程度,合理量刑,其中讲求的是罪、责、罚三者之间的相互匹配,这就要求在实际审判中要以犯罪的事实、情节、性质、社会危害性等作为参照,来进行公平公正的裁决,最终认定犯罪行为人所应当承受的刑罚。而普通民众常做二元的价值判断,追求的是绝对平等和正义,这易引致一种超越司法程序的"舆论审判",当舆论审判的结果成为共识的时候,必将会对法官的依法裁决产生影响,会对程序公正造成一定程度上的破坏[③]。因此媒体在传媒预警及后续报道的全过程中,要充分尊重司法机关的审判,维护司法独立和司法

---

① 张瑞.2013—2017年突发性社会安全事件微博舆论演变研究[D].呼和浩特:内蒙古大学,2019.

② 姚君喜.传播的意义[J].现代传播(中国传媒大学学报),2006(5):7-11.

③ 徐若婷.舆论对刑事审判的影响及规制[D].郑州:郑州大学,2016

公正。

中国人民大学刑事法律科学研究中心组织选出了 2020 年 10 个具有影响力的刑事案件,如"张玉环再审无罪案""百香果女孩再审案"等。这些具有代表性的刑事案件在微博上也引发了激烈的讨论,在这些案件的侦办过程中,司法与舆论的良性互动有着积极意义,司法机关积极回应民意,努力让公众包括被害人在重大恶性案件中感受到法律的公平正义。

五、人工智能路径下突发事件传媒预警的局限性

传媒预警固然是传媒行业发展趋势之一,有其必要性与可行性,但在实行过程中,不可避免地存在各种局限因素。只有了解各种具体的局限因素,才能有的放矢,具体问题具体分析,为传媒预警清除其发展道路上的阻碍,促进传媒预警的健康发展与进步。

基于此,本章节具体阐述了突发事件的数据局限、协同预警的政策局限、传媒预警的技术局限,以全方位、多角度、多层次地对传媒预警的局限性进行详细说明。

(一)突发事件的数据局限

1. 数字鸿沟

数字鸿沟(digital divide),最早由美国国家远程通信和信息管理局(NTIA)于 1999 年在名为《在网络中落伍:定义数字鸿沟》的报告中提出,是指在全球数字化进程中,不同国家、地区、行业、企业、社区之间,由于对信息、网络技术的拥有程度、应用程度以及创新能力的差别而造成的信息落差及贫富进一步两极分化的趋势。在传媒预警中,数字鸿沟则主要指数据分散、缺乏体系,媒体无法得到传媒预警所必需的数据。

事实上,媒体与政府素有往来,但缺乏真正稳定的联系机制,稳定的数据获取渠道也就无从谈起,因此媒体的当务之急是与政府建立稳定的联系机制,以获取真实可靠的数据资源,从而打破自身的舆论引导和信息传播的固定职责,为传媒预警功能的发挥提供数据基础。数据资源作为一种无形的资产,其重要性不言而喻,而政府作为最大的数据资源享有者,却存在着数据资源共享意识差、管理不规范、独占性严重等问题。政府应加大开放力度,推进数据资

源共享化和数据库建设，让"无形的资产"发挥其最大效益。

抖音短视频曾在京举办政务媒体抖音号大会，联合包括生态环境部、国家卫生健康委员会、国资委等在内的 11 家政府机构，正式发布政务媒体抖音账号成长计划，由抖音平台帮助打造优秀的政务新媒体账号。此种互助做法值得其他媒体机构及平台学习与借鉴，媒体机构及平台可以通过帮助政府孵化新媒体账号，达到数据资源共用共享的目的，这未尝不是一种双赢的方式。

2. 数据积累

数据积累问题，指的是现在不同单位及媒体机构没有数据保存及分类归置的习惯，以致数据遗失，历史数据无从查证。在大数据时代，数据资源是传媒预警赖以发展的重要资源，不论是对突发事件的规律进行归纳总结，还是结合过往情况提出具体对策建议，都离不开对历史数据的挖掘和利用，倘若政府机构、相关部门以及媒体平台对数据资源依旧缺乏保存、整理、归纳、收集的意识，其在日新月异的新技术时代也就无法立足。谁拥有数据，谁就拥有更多的决定权。

在此种情形下，区块链技术的推广和数据库的建设就必须得到重视，将自然科学领域的计算机思维引入人文社会科学，推进突发数据库的建立，必然是一次有意义的尝试。大数据的典型特征之一即为体量大，在当今时代，如何将海量的数据资源进行妥善的保存，并在之基础上加以利用，是各行各业都应认真思考的问题。

3. 数据质量

并不是所有数据都应被全盘保存，一是因为数据体量之大，相关部门无法全盘接收，二是部分数据质量不高，以非结构化的数据为主，损害了数据本身的价值。数据本身固然有着相当多的隐含意义，但是需要运用妥当的处理方式和表现方式，把枯燥的数据以人们可接受、可理解的形式表现出来。要做到这一点，不仅需要专门的技术，更需要深刻的分析力与洞察力。

数据可视化就是这样一种技术，把数据当中隐含的信息以直观的方式表达出来，彰显了数据的内涵价值，例如财新网"数字说"的数字可视化新闻报道《境外输入病例 30 天》，利用 H5、动画等形式形象展示了境外输入病例的具体变化情况。将原本枯燥的内容进行可视化，不仅更利于人们对信息的接收，同时也成功挖掘了数据本身的价值，达到了信息传播和预警的作用，一定程度上也有益于消除公众的恐慌情绪。

经过特定技术处理的数据才是真正需要且值得保存的高质量数据,因而当前要做的,不是惋惜前人未能给我们留下足够的数据资源,而是应去思考该通过何种形式给后人留下更多有价值的数据资源。

(二)协同预警的政策局限

1. 媒体定位

长久以来,媒体的职能一直被默认为"事后报道",这一点是毋庸置疑的,但在新媒体时代,信息流通速度加快,信息发布权下沉,人人都有麦克风,传统媒体已不再像过去一样稳坐第一发布者与把关人的位置。因此,除了及时变革,进行融合转型,紧抓时效性以外,媒体应重新思考自身定位,当事后报道这一职能受到冲击,就应从其他方面探寻传统媒体在新媒体时代的存在价值。

除了事后报道外,媒体更应重新审视"事前预警"这一职责。随着大数据、算法技术的发展,事前预警已经具备充足的技术支持和数据支持。作为媒体,不应再因循守旧,逃避责任,而是应主动担当起事前预警的责任,除了作为事件本身的记录者、传播者,还应增强报道的主动性,提出具体对策建议,积极进行事前预警。

行动的转变以观念的转变为前提,如果不能从根本观念上树立"事前预警"的角色理念,那么行动也就无从谈起。除了重视观念的教育与传播,新闻媒体还应以大数据技术为核心支撑,在"大数据新闻"的概念下,呈现数据与事实之间的深层联系,进而实现提前预测的重要功能,打破"报道事实"的束缚,重塑自我在当今时代的全新价值。

2. 沟通合作

正如前文所言,目前,媒体与政府实际上是缺乏有效的沟通合作机制的,双方只有首先增进沟通交流,才能在此基础上实现数据资源的共享,实现互惠互利、合作共赢。各级政府手中拥有海量数据,如"国家人口基础信息库""法人单位信息资源库""自然资源和空间地理基础信息库"等国家基础数据资源,以及"金税、金关、金财、金审、金盾、金宏、金保、金土、金农、金水、金质"等信息系统中的数据资源等。^①媒体如能做到协同各方，打破不同平台之间的壁垒，加强与政府的合作，即可实现海量数据资源的共享与运用。

2021年4月22日，湖南省人民政府发展研究中心与湖南广播电视台广播传媒中心举行战略合作协议签约仪式，共同搭建"广电＋互联网＋政务服务"融媒体大数据共享平台，加快推进政务服务信息化、制度化、标准化、便利化和公开透明。双方将在湖南省政务服务大厅和湖南广播电视台建立直播间、文创产业研究基地等平台，开设"直通省政府"等专栏，加强文化和创意产业研究，打造具有全国影响力的政务服务融媒体样板栏目；同时，建立信息共享机制，共同推动门户网站、App移动端、政务服务平台与融媒体平台对接，提升"互联网＋政务服务"应用成效，共同推动"省长信箱"与"为民热线"等专栏信息共享，派驻专人处理有关事项，不断提升为民服务效率和群众满意度。^②这种合作方式不失为一种值得模仿的尝试，通过"政府＋媒体"共同搭建数据共享平台，推动数据资源的公开化、透明化，以更好地挖掘数据资源的价值。

3. 法律条款

传媒预警的发展少不了相应法律条款的支持，法律限制了数据资源共享的范围和程度，也决定了媒体有没有发布突发事件预警信息的权利。

在数据资源的共享层面，"实施国家大数据战略，推进数据资源开放共享"已经被纳入"十三五"规划建议。国务院印发的《促进大数据发展行动纲要》也要求，大力推动政府信息系统和公共数据互联开放共享，加快政府信息平台整合，消除信息孤岛，推进数据资源向社会开放。由此可见，在数据资源的共享层面，是有相关文件的明确规定和国家支持的，因而其推动较为顺畅，如多地媒体和政府加强合作共建平台，共享数据资源等。除此之外，我国还形成了以《网络安全法》《数据安全法》和《个人信息保护法》为基础的法律框架体系，构建了统一协调的法律规范。

然而在传媒预警层面，迄今为止尚无明确的法律条款，传媒预警既需要法律条款的强制性推动，亦需要法律保障以顺利进行。传媒预警是一项巨大的工程，不论是在数据的获取，还是在资源的调配与使用层面，目前均存在诸多

---

①　喻发胜，赵澜．理念、机制、技术与未来：传媒预警功能的实现路径探析[J]．中国编辑，2019(11)：13-18，29．

②　沙兆华．省政府发展研究中心牵手湖南广电共建融媒体大数据共享平台[N]．湖南日报，2021-4-22．

障碍,因此,明确的法律条款是传媒预警的基础工作顺利开展的重要保证。国家应加快传媒预警的相关立法,出台明确的法律规定,保障传媒预警这一行为的正当性与合法性,推动媒体职能变革。

(三)传媒预警的技术局限

1. 技术队伍

传媒预警的顺利施行离不开人才与技术的支持,而目前媒体的技术队伍薄弱,无法满足传媒预警的技术需求。习近平总书记在 2019 年首次提出"四全媒体",即全程媒体、全息媒体、全员媒体和全效媒体,从四个维度深化全媒体的内涵。全程媒体,即全视角、全过程、全方位的信息呈现。这对媒体的人才技术队伍也提出了全新的要求。要想顺利推进传媒预警的常态化、普及化,对数据的处理和数据结果的多元表现形式无不要求打造优秀的全媒体人才队伍。而大部分媒体记者的基本技能仍停留在"采写编排",与新媒体时代的要求相距甚远。寻求优秀的全媒体人才以扩充技术队伍迫在眉睫。

习近平总书记在党的新闻舆论工作座谈会上强调,媒体竞争关键是人才竞争,媒体优势核心是人才优势。新闻舆论工作者要努力成为全媒体型、专家型人才。在媒体融合不断深入发展的趋势下,新闻媒体要及时更新自己的技术队伍,其根本在于培养专家型、全媒体型人才,同时要进一步深化人事制度改革,设立合适的晋升、激励、考核制度,选拔出真正优秀且适应全媒体时代变革的技术人才。

2. 技术设备

目前来说,媒体的技术设备配置存在较为严重的两极分化情况,传媒预警除了需要优秀的人才队伍,也离不开先进的技术设备支撑。对于《人民日报》等官方媒体而言,自开始转型以来,其作为主流媒体便手握最佳技术资源,从云服务,到视频直播、智能推荐公共服务接口等,《人民日报》始终走在创新的前列,配备最先进的技术,为整个媒体行业做出了优秀表率。在这种情况下,进行传媒预警的尝试便较为容易。

与此形成鲜明对比的则是更多媒体并不具备这种条件,传媒预警如同全媒体矩阵建设一样是一项需要上下联动的工程,而新媒体行业又是一项高投入、重装备的社会行业,多数普通县级融媒体缺乏自给自足的基本条件,依旧还在依靠政策帮扶,缺乏独立完成传媒预警的基本条件,因此也就无法发挥县级融媒体"最后一公里"的作用。终端、设备、性能的升级无法惠及所有媒体,造成新的"数字鸿沟"。

3. 技术产品

目前在传媒预警方面,尚无成熟的传媒预警技术产品。传媒预警的形式在如今复杂多变的场景中不应局限于文字信息传播,很多灾难的发展具有随机性和突发性,往往让人措手不及,因而作为传媒预警的主体,媒体应探索传媒预警的多种可能形式,以达到最佳预警效果,提升传媒预警的全面覆盖性。

例如,在 2019 年,新潮传媒联合成都高新减灾研究所、酷云互动,合作推出了我国首个"电梯地震预警"系统,其已正式接入全国地震预警系统,有效覆盖了电梯环境,尤其是在地震高发的西南地区,覆盖面较为广泛。电梯在地震中往往是极为危险的地方之一,如果能做到及时预警,即可有效减少因地震被困电梯的人员伤亡。

以上做法虽值得广大媒体平台借鉴,但即时信息的瞬间下达背后要有相应的智能系统作为支撑,创新的技术产品输出离不开先进的技术设备支撑,因而创新观念固然是一方面,但产品和技术的更新依旧是亟待解决的问题。